中南大學
地球科學
學術文庫

丙申 何繼善

中南大学地球科学学术文库

中南大学地球科学与信息物理学院　组织编撰

基于非结构化网格的复杂地电磁问题计算

Finite-element Simulation of Complex Geo-electromagnetic Data Based on Unstructured Grids

周　峰　任政勇　汤井田　陈　煌　著

有色金属成矿预测与地质环境监测教育部重点实验室
有色资源与地质灾害探查湖南省重点实验室　联合资助

中南大學出版社
www.csupress.com.cn
·长　沙·

图书在版编目（CIP）数据

基于非结构化网格的复杂地电磁问题计算／周峰等
著. —长沙：中南大学出版社，2019.10
ISBN 978 – 7 – 5487 – 3794 – 0

Ⅰ.①基… Ⅱ.①周… Ⅲ.①电磁法勘探—数值模拟
—研究 Ⅳ.①P631.3

中国版本图书馆 CIP 数据核字（2019）第 232055 号

基于非结构化网格的复杂地电磁问题计算
JIYU FEIJIEGOUHUA WANGGE DE FUZA DIDIANCI WENTI JISUAN

周　峰　任政勇　汤井田　陈　煌　著

□责任编辑	伍华进	
□责任印制	易红卫	
□出版发行	中南大学出版社	
	社址：长沙市麓山南路	邮编：410083
	发行科电话：0731 – 88876770	传真：0731 – 88710482
□印　　装	长沙市宏发印刷有限公司	

□开　　本	710 mm×1000 mm 1/16　□印张 12　□字数 244 千字　□插页 2	
□版　　次	2019 年 10 月第 1 版　□2019 年 10 月第 1 次印刷	
□书　　号	ISBN 978 – 7 – 5487 – 3794 – 0	
□定　　价	78.00 元	

图书出现印装问题，请与经销商调换

内容简介

Introduction

本书开展了基于三种不同求解系统的可控源电磁法(CSEM)数值模拟研究：双旋度结构电场方程、双旋度结构 $\boldsymbol{A}-\boldsymbol{\Phi}$ 耦合势方程和拉普拉斯结构的 $\boldsymbol{A}-\boldsymbol{\Phi}$ 耦合势方程，系统阐述了三维(3D)CSEM 数值模拟的基本理论及求解系统的性能。全书共 7 章：第 1 章介绍了 CSEM 数值模拟的背景、工作原理、国内外研究现状及进展情况；第 2 章介绍了电偶源在任意层状介质的基本原理，包括电偶源在任意层状介质解析表达式的推导、Hankel 积分推导以及水平电偶源 1D 数值计算；第 3 章主要介绍了基于电场双旋度方程的 3D CSEM 正演基本理论，探讨了基于偶极子源的场源加载技术及边界条件等内容；在此基础之上，推导了 3D CSEM 正演的基本公式，并设计了相应的地电模型进行数值分析；第 4 章介绍了基于双旋度结构的 $\boldsymbol{A}-\boldsymbol{\Phi}$ 耦合势方程的 3D CSEM正演基本理论，推导了基于任意场源加载的基本表达式以及双旋度结构 $\boldsymbol{A}-\boldsymbol{\Phi}$ 耦合势的 3D CSEM 有限元系统方程，并对典型地电模型进行了数值计算；第 5 章介绍了拉普拉斯结构 $\boldsymbol{A}-\boldsymbol{\Phi}$ 耦合势方程的 3D CSEM 正演基本理论，推导了拉普拉斯结构 $\boldsymbol{A}-\boldsymbol{\Phi}$ 耦合势的 3D CSEM 有限元系统方程，设计了相应的地电模型，对不同迭代和直接求解器的收敛性进行了较为系统的分析和探讨；第 6 章主要对比分析了三种 CSEM 系统方程的求解性能，包括收敛性、时间消耗、内存需求及其求解精度等；第 7 章介绍了一种有限元－积分方程耦合的 3D CSEM 正演的基本理论，包括张量格林函数的积分计算、张量格林函数奇异性去除技术以及 3D CSEM 满足的有限元－积分方程耦合的基本公式，同时设计了相应的地电模型分析了该方法的求解精度及效率等。

本书将常规的有限元、积分方程法及有限元与积分方程耦合技术应用到 3D CSEM 正演中，主要为地球物理专业的教师、研究生、本科生以及从事地球物理数值模拟的工程技术人员提供参考。

作者简介

About the Author

周　峰　男，汉族，博士，讲师。1989 年 10 月出生于江西临川，2019 年毕业于中南大学地球科学与信息物理学院，获得地球探测与信息技术博士学位。现任教于东华理工大学地球物理与测控技术学院，主要从事频率域电磁法正反演研究。发表的论文被 SCI 收录 6 篇、EI 收录 2 篇，软件著作权 3 项。主持中南大学有色金属成矿预测与地质环境监测教育部重点实验室开放基金项目 1 项，中南大学研究生自主探索项目 1 项，参与国家自然科学基金重点项目、国际合作与交流项目（中国 - 瑞典）及湖南省杰出青年基金项目等 5 项。

任政勇　男，汉族，博士，教授、博士生导师，国家优秀青年科学基金项目获得者。1983 年 2 月出生于四川绵阳，2012 年毕业于苏黎世瑞士联邦理工学院（ETH Zurich），获得应用地球物理博士学位。2016—2019 年期间多次以乌普萨拉大学博士生合作导师身份访问乌普萨拉大学。主要从事地球物理数据的正演模拟与反演成像方法方面的研究。入选中南大学“升华猎英海外人才计划”“创新驱动人才计划”。2016 年和 2017 年分别获得“刘光鼎地球物理青年科学技术奖”和“傅承义青年科技奖”等奖项。主持国际合作交流项目（中国 - 瑞典），国家自然科学基金面上项目，湖南省自然科学杰出基金项目、面上项目，青年“973”项目子课题等 5 项。发表论文 60 多篇，其中第一作者或通讯作者发表的论文被 SCI 收录 34 篇。现担任中国国家自然科学基金评阅专家，是 CGU、SEG、EGU、AGU 的在册会员，长期担任 10 多种地学及地球物理国际 SCI 期刊的审稿人，获 *Journal of Applied Geophysics* 和 *Journal of Asian Earth Sciences* 期刊 2018 年度杰出审稿专家称号，担任中国国际地球电磁学术会议秘书（第 12 届，2015）

和专题召集人（第 14 届，2019）、国际电磁感应学术研讨会委员会委员（2020，土耳其）。

汤井田　男，汉族，博士，教授、博士生导师，无党派人士，政府特殊津贴及教育部“优秀青年教师”获得者。1965 年 9 月出生于江苏省连云港，1981—1988 年就读于长春地质学院应用地球物理系，获学士和硕士学位，1992 毕业于中南工业大学地球探测与信息技术专业，获工学博士学位，1994 年晋升教授，1998 年被评为博士生导师，同年以高级访问学者留学美国劳仑兹（伯克利）国家实验室。兼任中国地球物理学会理事、美国 SEG 会员、中国地质学会勘探地球物理专业委员会委员、教育部高等学校地球物理学与地质学类专业教学指导委员会委员、工程地球物理学报编委等。主要从事电磁场理论、应用及信号处理的研究。在 *Journal of Geophysical Research – Solid Earth*、*Geophyical Journal International*、*Geophysics* 和《地球物理学报》等期刊发表学术论文 160 余篇。主持国家科技专项，国家“863”高技术研究发展计划，国家自然科学基金重点项目、面上项目，湖南省自然科学基金等项目近 20 项。出版专著 7 本，授权国家发明专利 10 多项，曾获国家技术发明二等奖，中国有色金属工业总公司科技进步一等奖，湖南省科技进步一等奖、二等奖等 9 项。

陈煌　男，汉族，学士。1995 年出生于重庆市永川区，2011—2015 年就读于中南大学地球科学与信息物理学院，获得地球信息科学与技术专业学士学位。现为中南大学地球科学与物理学院博士研究生。主要从事重力及地电磁法正反演研究，发表的论文被 SCI 收录 8 篇，授权专利和软件著作权各 2 项。主持中南大学有色金属成矿预测与地质环境监测教育部重点实验室开放基金项目 1 项、湖南省研究生科研创新项目重点项目 1 项、中南大学自由探索项目 1 项，参与国家自然科学基金重点项目、国际合作与交流项目（中国 – 瑞典）及湖南省杰出青年基金项目各 1 项。

总序

Preface

中南大学地球科学与信息物理学院具有辉煌的历史、优良的传统与鲜明的特色，在有色金属资源勘查领域享誉海内外。陈国达院士提出的地洼学说(陆内活化)成矿学理论，影响了半个多世纪的大地构造与成矿学研究及找矿勘探实践。何继善院士发明电磁法系统探测方法与装备，获得了巨大的找矿勘探效益。所倡导与践行的地质学与地球物理学、地质方法与物探技术、大比例尺找矿预测与高精度深部探测的密切结合，形成了品牌效应的“中南找矿模式”。

有色金属属于国家重要的战略资源。有色金属成矿地质作用最为复杂，找矿勘查难度最大。正是有色金属资源宝贵性、成矿特殊性与找矿挑战性，铸就了中南大学地球科学发展的辉煌历史，赋予了找矿勘查工作的鲜明特色。六十多年来，中南大学地球科学研究在地质、物探、测绘、探矿工程、地质灾害和地理信息等领域，在陆内活化成矿作用与找矿勘查、地球物理探测技术与装备制造、深部成矿过程模拟与三维预测、复杂地质工程理论与新技术以及地质灾害监测等研究方向，取得了丰硕的研究成果，做出了巨大的科技贡献，产生了广泛的社会影响。当前，中南大学地球科学研究，瞄准国际发展方向和国家重大需求，立足于我国复杂地质背景下资源勘查与环境地质的理论与方法创新研究，致力于多学科联合开展有色金属资源前沿探索与应用研究，保持与提升在中南大学“地、采、选、冶、材”特色与优势学科链中的地位和作用，已发展成为基础坚实、实力雄厚、特色鲜明、国际知名、国内一流的以有色金属资源为主兼顾油气、岩土、地灾、环境领域的人才培养基地和科学研究中心。

中南大学有色金属成矿预测与地质环境监测教育部重点实验室、有色资源与地质灾害探查湖南省重点实验室，联合资助出版“中南大学地球科学学术文库”，旨在集中反映中南大学地球科学与信息物理学院近年来取得的系列研究成果。所依托的主要研究机构包括：中南大学地质调查研究院、中南大学资源勘查与环境地质研究院和中南大学长沙大地构造研究所。

本书库内容主要涵盖：继承和发展地洼学说与陆内活化成矿学理论所取得的重要研究进展，开发和应用双频激电仪、伪随机和广域电磁法系统所取得的重要研究成果，开拓和利用多元信息找矿预测与隐伏矿大比例尺定位预测所取得的重要找矿成果，探明和研发深部“第二勘查空间”成矿过程模拟与三维定量预测方法所取得的重要研究成果，预警和防治复杂地质工程与矿山地质灾害所取得的重要技术成果。本书库中提出了有色金属资源勘查理论、方法、技术和装备一体化的系统研究成果，展示了多项突破性、范例式、可推广的找矿勘查实例。本书库对于有色金属资源预测、地质矿产勘探、地质环境监测、地质灾害探查以及地质工程预防，特别对于有色金属深部资源从形成规律到分布规律理论与应用研究，具有重要的借鉴作用和参考价值。

感谢中南大学出版社为策划和出版该文库所给予的大力支持。感谢何继善先生热情指导和题词。希望广大读者对本书库专著中存在的不足和错误提出宝贵的意见，使“中南大学地球科学学术文库”更加完善。

是为序。

2016 年 10 月

前言

Foreword

经过近百年的发展，地球物理工作者已经将各种各样的数值模拟方法应用于地球物理正演模拟中。在众多数值算法中，应用最为广泛的数值方法有：有限单元法(FEM)、有限差分法(FDM)和积分方程法(IE)，三种数值方法之间各有优势和不足。其中FDM是最早应用到地球物理数值中，主要是因为其原理简单，编程较易实现，但该类方法往往需要采用结构网格离散求解区域，从而很难满足任意复杂地形条件下、任意形态地电模型的正演模拟研究需要。IE是一种精度较高的数值算法，因此，常用于测试新开发的正演算法正确性及求解精度，但因IE进行数值模拟计算形成的系数矩阵为密实矩阵，而对密实矩阵的处理需要消耗大量计算内存和时间，同时该方法不能处理地形而受到很大的应用限制。与此同时，FEM因其灵活性最大，能很好地克服以上问题，尤其是随着非结构化网格的广泛使用，该方法近几十年来在地球物理正演模拟中得到了广泛的应用。该数值模拟方法与非结构化网格相结合，有效解决了任意复杂模型、任意起伏地形离散化问题，非结构化网格的使用大大减小了由网格离散带来的数值误差，同时采用有限元离散能够很好地实现程序的模块化和统一化，提高程序的编写效率。

除此之外，本书重点内容是采用有限元技术对目前常用于可控源电磁法的求解系统进行较为系统的分析。主要内容包括有电场双旋度公式，由于双旋度算子离散系统矩阵会导致NULL解的存在，从而使最后的系统矩阵存在较高的条件数，导致常规的预条件迭代求解器很难满足其求解需求，从而转向稳健的直接求解器进行求解，但是直接求解器求解线性方程需要消耗较大内存需求，不适合后期三维可控源电磁法反演研究。为此，地球物理工作者将目光转向求解性能较好的位场公式。目前存在两种比较流行的位场公式，一种是 $\boldsymbol{T}-\boldsymbol{\Omega}$ 公式；另一种是 $\boldsymbol{A}-\boldsymbol{\Phi}$ 公式。$\boldsymbol{T}-\boldsymbol{\Omega}$ 位场公式不适合求解三维可控源电磁法问题。相反，$\boldsymbol{A}-\boldsymbol{\Phi}$ 公式对于宽频段的电磁感应问题的研究是非常有效的。目前基于 $\boldsymbol{A}-\boldsymbol{\Phi}$ 公式的有限元求解技术大致可以分成两类，一类是采用矢量形函数和节点形函数来离散求解系统；另一类是通过强加 Coulomb 规范条件 $\nabla\cdot\boldsymbol{A}=0$，使双旋度算子转化成拉普拉斯算子，采用节点有限元来求解整个系统。所以本书主要的内容是采用有限元数值模拟技术，对电场方程和两种 $\boldsymbol{A}-\boldsymbol{\Phi}$ 耦合势的 CSEM 求解系统进行系统分析，探讨它们之间收敛性能、内存需求以及求解精度，为广大地球物理工作者进行 CSEM 数值计算提供参考。

在本书的撰写过程中，得到诸多老师和同学的帮助，书中大部分研究内容得到了任政勇老师和汤井田老师较为系统的指导，陈煌和陈超健参与了 FEM 和 IE 的有关内容研究，胡双贵参与了 Hankel 积分计算的工作。此外，本课题组针对 FEM 在电磁法数值模拟及其反演成像方面做了大量的研究工作，这些研究工作为本书的撰写提供了扎实的基础，课题组成员包括皇祥宇博士、邱乐稳硕士、钟乙源硕士等，在此不一一列举，本书的完成和他们的工作密不可分。

本书是在国家自然科学基金项目（项目编号：41830107，4171101400）、湖南省杰出青年基金项目（2019JJ20032）、中南大学有色金属成矿预测与地质环境监测教育部重点实验室基金（2019YJS20，2018YSJS08）、中南大学地球科学学术文库出版基金的资助下完成的。中南大学出版社的编辑在本书的出版过程中做了大量细致的编辑、校核工作，在此一并表示诚挚的谢意。

由于作者水平有限，书中难免存在疏漏、不足之处，敬请广大读者批评指正。

目录

Contents

第1章 绪 论

1.1 引言

电磁法是以岩矿石的电性参数为基础，通过研究天然场源或人工场源对地下激励下的电磁场随频率或时间变化的响应特征及其在空间的分布规律，利用这些特征来探明地下介质电性参数分布规律的一类地球物理勘探方法。另外，根据电性参数的不同，该类地球物理勘探方法可分为探地雷达、激发极化法、直流电阻率法和电磁法。电磁法又可分为时间域电磁法和频率域电磁法。总之，电磁法种类较其他地球勘探方法种类多，据不同观测装置、探测尺度以及探测特点来适用于不同勘探环境以及地质任务，电磁法已被广泛应用到矿产资源勘查、水文与工程勘查、环境地质调查、地下水和地热勘探、煤田勘查、油气普查等领域，也是目前应用最广泛的地球物理勘探方法之一[1-4]。

随着国家经济的快速发展，矿产资源成为制约我国经济发展的重要因素之一。虽然我国国土面积广阔，矿产资源种类繁多，但人均矿产资源占有量总体偏低，导致国内矿产资源产量远不能满足国内经济发展的需求。另外，对于勘探环境(如地形条件)较好区域，矿产资源勘探覆盖率和开采率较高，使得该区域的矿产储藏率逐渐降低，迫使现有的矿产资源勘探的重点转向地形条件复杂以及勘探环境复杂的西部地区。除此之外，随着近几年电子仪器设备等相关技术的飞速发展，电磁探测方法仪器、观测方式、数据采集技术得到飞速发展，产生了大量的三维电磁数据集，但目前低维解释技术不能满足现实需求。

可控源电磁法(CSAMT)具有观测范围广、工作效率高、测量精度高、适应性强、抗干扰能力强等优点，且对二维、三维地质结构的探测能力强、分辨力高，特别适合三维勘探。近年来可控源电磁法勘探技术在深部资源勘探、地下水以及工程勘查等领域获得了广泛应用，并取得了较好的勘探效果[1-4]。但是，受限于起伏地形，可控源电磁法三维反演的发展缓慢，导致现有资料解释技术已无法满足现实需求，使得能够处理任意复杂地质结构的高效、高精度的正演求解器成了三维可控源电磁法反演研究的热点问题。另外，正演模拟求解是直接认识场分布的一种直观途径，是深入理解电磁场内在规律的重要手段。因此，本书拟开展基于非结构网格的三维可控源电磁法感应问题的研究，拟分析几种正演求解器的精度、效率以及是否能够处理任意复杂地形等相关特性，为今后开展高效率、高精度的三维频率域可控源电磁法反演及资料解释奠定扎实基础。

1.2 可控源电磁法的工作原理

可控源电磁法根据勘探环境的不同分为海洋可控源电磁法和陆地可控源电磁法。陆地可控源电磁法又可分为多种勘探形式，如可控源音频大地电磁法(CSAMT)、广域电磁法(WFEM)和磁性源频率域测深法(MELOS)等[5-7]；根据观测响应不同还可以分为频率域可控源电磁法(FDEM)和时间域瞬变电磁法(TDEM)等。另外，与平面波电磁法相比，人工场源的电磁法由于引入人工场源，大大提高了观测信号的信噪比、工作效率以及抗干扰能力。

1.2.1 陆地可控源电磁法

1)磁性源频率域电磁法

图1-1展示了一种常见的频率域磁性源电磁法的工作装置，该装置是利用位于地表上的两个分离小型的磁偶极源所组成[8,9]。利用线圈的交变电流在周围产出感应电流，该感应电流在地下激励导电岩体后产生二次磁感应强度，通过观测点处的感应线圈来测量地下总磁感应强度 B，该总磁感应强度是由背景场 B_p 和二次磁感应强度 B_s 所组成。此法通过对二次磁感应强度 B_s 进行反算来获取地下结构子界面的映像，被广泛应用到矿产勘查、近地表的地下水资源勘查以及工程和环境勘查等领域[10-15]。

2)电性源频率域可控源电磁法

可控源电磁法是由 Strangway 和 Goldstein 于1971年提出，为了克服 MT 方法场源的随机性和信号弱等特点，通过接地导线作为场源，在远区测量相互正交的电场、磁场切向分量，并利用它来计算卡尼亚视电阻率的一种地球物理电磁勘探方法，其工作原理如图1-2所示。该方法由于引入人工场源，从而大大改善了观测信号的质量，提高了观测数据的信噪比。20世纪80年代由于可控源电磁法理论和仪器设备得到快速发展，使得其应用领域扩展到了石油、天然气、金属矿、地热、水文、环境等各个勘探领域，从而成为了一种广受重视的地球物理方法[6]。

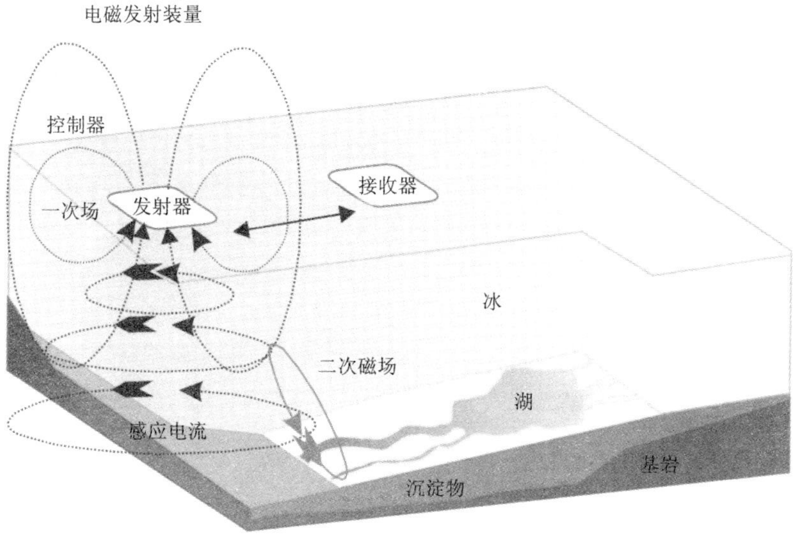

图1-1 磁性源频率域电磁法观测装置示意图[16]

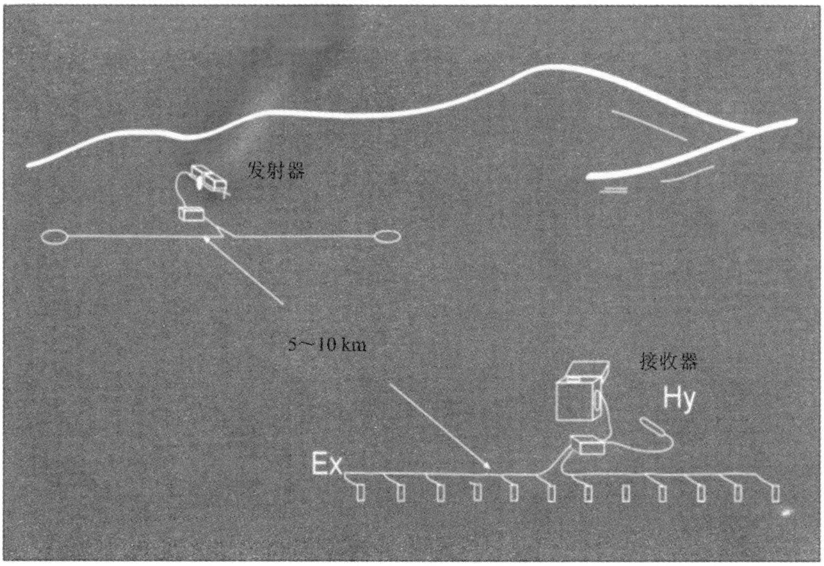

图1-2 可控源电磁法观测装置示意图(www.chinabaike.com)

1.2.2 海洋可控源电磁法

海洋 CSEM 方法始于 20 世纪 70 年代，国外学者开始开展海洋 CSEM 和海洋 MT 实验研究[17-21]。利用海底拖曳的电偶极子产生信号，在海底接收海底地层和海水的电场响应，由于响应特征不仅要考虑电磁感应影响，也要考虑电流畸变影响，使得这些参数属性被成功应用于海底油气资源和天然气水合物勘探中，其工作方式如图 1-3 所示。此后，国内外学者对海洋 CSEM 观测系统、仪器装备以及响应特征进行了大量的研究工作[22-37]。

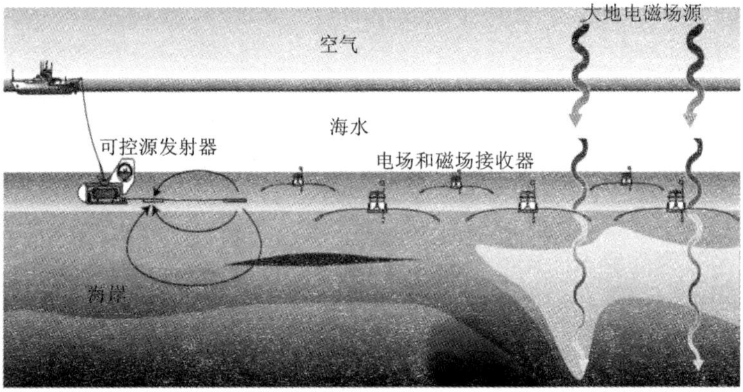

图 1-3 海洋可控源电磁法工作原理[36]

1.3 频率域电磁法数值模拟发展现状

目前，解决电磁法正演问题的途径分为三类：物理模拟方法、解析法和数值模拟方法。物理模拟方法主要是通过水槽或沙土来建立真实的地下模型，同时通过测量该模型产生的电磁场值来刻画实际模型的响应，该方法在模拟实际模型过程中相当复杂且受外部环境影响较大，很难进行大规模处理；解析法是指具有解析表达式的模型，如规则球体、板状体和水平层状介质等，但是对于复杂起伏地形或复杂介质的异常体模型，是不存在解析表达式，也无法刻画其电磁场的响应特征；数值模拟方法是根据电磁法满足的偏微分方程结合场的边界条件，使用数值手段来模拟场分布，从而达到根据物性分布来认识场分布的目的，由于其能够模拟任意复杂模型响应，从而得到了广泛使用。目前处理三维电磁数值模拟常用的方法[38-45]包含积分方程法、有限差分法(有限体积法)和有限单元法。

1.3.1 积分方程法

20 世纪 70 年代，Dmitriev 首次将积分方程法引入电磁法数值模拟中[46]。1974 年 Raiche 对比了积分方程迭代解法和直接解法的优缺点，并认为迭代解法优于直接解法[47, 48]；Hohmann 推导了与 Raiche 类似的积分公式，不同之处在于其采用矩量法，实现了方程的离散，并采用 Choleski 分解法实现了三维电磁法正演计算[49]；Ting 和 Hohmann 采用积分方程技术实现了对均匀半空间下大地电磁三维正演响应的研究[50]；Newman 实现了时域积分方程法在层状介质中的应用[51]；Xiong 和 Tripp 利用异常体、空间以及格林函数的对称性，对其进行了分块迭代求解，大大改善了积分方程法正演求解耗时问题以及内存消耗问题[52, 53]。虽然积分方程法的直接法和迭代法在内存消耗以及求解耗时方面得到优化，但是很难大规模应用于实践问题中。针对上述问题国内外学者开展了一系列近似解法，扩展了积分方程在三维电磁法方面的应用范围。Born 近似方法最早用于求解异常体散射场，但该方法仅适用于电阻率差异较小以及频率很低的情况，很难适用于地球物理。后来 Hahashy 提出了扩展的 Born 近似方法，此方法提高了 Born 近似的计算精度[54]。之后 Torres - Verdin 和 Habashy 进一步对算法进行改善[55 - 58]。在积分方程法近似求解方面，Utah 的 CEMI 课题组做了很多工作，发展了一系列近似求解方法，如拟线性近似法(QL)、拟线性系列(QL series)的近似法、准解析近似法以及准解析系列近似法等[59 - 64]。

积分方程技术在国内发展相对较晚，陈久平实现了层状介质的三维积分方程法正演研究[65]；鲍光淑等用积分方程讨论了均匀半空间下频域三维电磁散射问题[66]；张辉利用体积方程法模拟了三维可控源电磁问题[67 - 69]；汤井田系统地分析了地球物理中的正反演技术，并对积分方程法进行了系统描述，总结了该方法的优缺点[70]。陈桂波利用积分方程法模拟了 VTI 各向异性地层中三维电性异常体的电磁响应[71 - 73]；李帝铨等介绍了“地 - 电离层”模式有源电磁场的三维积分方程法正演模拟[74, 75]；霍振华等系统阐述了地球物理学中的电磁场积分方程正演[76]；任政勇和汤井田等开展了基于解析的张量格林函数积分求解技术，实现了高精度求解任意地电模型的地电感应问题的正演研究[77, 78]。

1.3.2 有限差分法

有限差分数值模拟方法是最早被应用到数值模拟中，由于其理论简单、网格离散简明、实现较为方便而得到广泛应用。1966 年 Yee' s 网格被引入到 Maxwell 方程组求解，极大地促进了有限差分法在地球物理电磁法数值模拟的应用[79]。20 世纪 90 年代初，由于计算资源的匮乏以及硬件技术发展的滞后，三维电磁法数值模拟算法的研究寸步难行，直到 20 世纪 90 年代后期微型计算机的快速发展，电磁的三维正演求解才开始得到应用。如 Mackie 等[80-82]开展了三维有限差分大地电磁正演研究，并与积分方程法进行了对比分析，之后其采用共轭梯度算法来加速方程组求解和降低内存消耗；Smith 等[83]开展了电场方程的交错有限差分大地电磁正演研究，但是空气的电导率极小与地下电导率存在严重的突变现象，使得旋度算子在空气空间被离散而导致空解存在，从而影响解的稳定性。为了解决此类问题，需要对电场进行散度校正以改善此类方程的条件数，加速方程组的求解[84]。随着电磁法技术不断发展，学者们开始关注性噪比较高的有源电磁正演技术的研究，如 Newman 等[85]开展了交错有限差分的航空电磁法正演研究；Hou 等[86]开展了耦合势井中有源电磁法各向异性介质三维正演研究；Weiss 等[87]开发了一套多场源加载方式耦合势三维地电磁感应的有限体积求解系统。另外，我国地球物理研究人员如沈金松[88]、谭捍东和余钦范等[89]、邓居智和谭捍东等[90]、陈辉和殷长春等[91]、张烨和汪宏年等[92]、李焱和胡祥云等[93]、杨波和徐义贤等[94]、孙怀凤等[95]、彭荣华和胡祥云等[96, 97]、Du 等[98]、周建美等[99, 100]、张双狮[101]、董浩和魏文博等[102]在开展三维有限差分电磁技术的正反演研究方面同样做了大量工作。虽然，交错有限差分发展较为成熟，应用较为广泛，但是其刻画任意复杂介质以及任意起伏地形的能力方面存在明显的缺陷，为此不少地球物理工作者致力于有限元技术来解决目前地球物理面临的地形以及复杂地质结构的问题。

1.3.3 有限单元法

有限单元法相对有限差分法和积分方程法来说具有能够模拟任意复杂介质和起伏地形的能力[19, 103-107]。Coggon 等[108]最早将有限单元法应用到电磁问题的求解中；Reddy 等[109]开展了基于电场的三维大地电磁法有限元求解；Pridmore 等[110]基于上述方法开展了频率域可控源电磁法正演模拟；Mitsuhata[111]开展了复杂地形条件下频率域可控源电磁法 2.5 维正演模拟；闫述等[112, 113]开展了电性源的三维电磁有限元数值模拟研究；黄临平等[114]实现了复杂条件下三维电磁场有限元数值模拟研究；之后，Ansari 等[115]、Nam 等[116]、张继峰等[117]、Schwarzbach 等[118]、Ren 等[119, 120]、蔡红柱等[121]、杨军等[122, 123]、李建慧等[124]、Yin 等[125]、张林成等[126]、殷长春等[127]、彭荣华[128]、李勇等[105, 129]、韩波[130]、张钱江[131]、曹晓月等[132]采用了有限元技术对频率域电磁法开展了大量的研究。然而，上述的研究工作大多数是基于电场方程直接解法来实现的，但当求解规模较大时，直接解法受到计算机内存消耗以及低频崩溃等问题的困扰，从而困扰着后续开展大规模三维电磁反演的研究。

为此，国内外学者在改善系统矩阵的条件数方面做了大量的研究工作。比如将电场或磁场求解系统转为位场公式，通过不同位场公式来构建电磁求解系统，降低电磁求解系统的条件数以及低频崩溃问题，然后利用迭代求解器求解系统矩阵，从而达到快速求解的目的。如 Mitsuhata[133] 开展了电场矢量位和磁场标量位的 $\boldsymbol{T}-\boldsymbol{\Omega}$ 方法的大地电磁三维正演模拟；徐志峰和吴小平[134] 开展了节点有限元的 $\boldsymbol{A}-\boldsymbol{\Phi}$ 三维可控源电磁法正演模拟，并通过引入罚函数来提高方程的解的唯一性；Puzyrev 等[135] 推导了二次场的 $\boldsymbol{A}-\boldsymbol{\Phi}$ 耦合势满足的三维可控源电磁控制方程，并通过节点有限元进行离散，最终实现了并行的三维海洋可控源电磁法正演求解；Ansari 等[136] 开展了总场 $\boldsymbol{A}-\boldsymbol{\Phi}$ 耦合势的三维可控源电磁法正演模拟研究；叶益信等[137] 开展了二次场的 $\boldsymbol{A}-\boldsymbol{\Phi}$ 耦合三维海洋可控源并结合后验误差技术实现了自适应正演模拟。

综上所述，常用于模拟三维地电磁感应问题的求解系统，包括电场公式[96, 118, 120, 125, 138-153]，磁场公式以及位场公式(如矢量和标量位)。在低频段，磁场公式在空气空间变得没有意义，导致了磁场公式很难得到一个正确求解[154]。电场公式由于双旋度算子离散系统矩阵会导致 NULL 解的存在，从而导致最后系统矩阵存在较高的条件数，需要稳健的直接求解器进行求解(如 Pardiso 和 MUMPS)[155, 156]。而目前两种比较流行的位场公式被广泛应用，一种是 $\boldsymbol{T}-\boldsymbol{\Phi}$[133] 公式；另一种是 $\boldsymbol{A}-\boldsymbol{\Phi}$ 公式。$\boldsymbol{T}-\boldsymbol{\Phi}$ 位场公式不得不假设总电流密度在空气空间中消失，导致其很难处理高频电磁感应问题(高频电磁不能忽略位移电流)。相反，$\boldsymbol{A}-\boldsymbol{\Phi}$ 公式对于宽频段的电磁感应问题的研究非常有效。当前，国内外学者利用 $\boldsymbol{A}-\boldsymbol{\Phi}$ 公式已经在低频电磁感应问题领域做了深入研究[87, 136, 157-160]。目前，基于 $\boldsymbol{A}-\boldsymbol{\Phi}$ 公式的有限元求解技术大致可分解成两类：一类是采用矢量形函数和节点形函数来离散求解系统，其通过高斯定理，将磁场由磁场矢量位 $\boldsymbol{A}$ 表示，电场通过磁场矢量位 A 和电场标量位 $\boldsymbol{\Phi}$ 来表示。通过 Faraday's 定理，基于双旋度结构的 $\boldsymbol{A}-\boldsymbol{\Phi}$ 满足的电磁感应问题被推导，其采用矢量有限元进行求解，其磁场矢量位 $\boldsymbol{A}$ 的散度自由条件由于矢量形函数使用而自然满足[136, 161-163]；另一类通过强加 Coulomb 规范条件，导致双旋度结构的算子转化成拉普拉斯结构的算子，此外，Coulomb 规范条件被强加 $\nabla\cdot\boldsymbol{A}=0$ 来保证 $\boldsymbol{A}$ 在整个求解区域是连续的，并通过节点有限元来求解整个系统[41, 134, 135, 164-168]。

虽然国内外学者对两种 $\boldsymbol{A}-\boldsymbol{\Phi}$ 系统进行过电磁法数值模拟研究，但未进行过系统分析，本书的研究思路是采用有限元数值模拟技术，对电场方程和两种 $\boldsymbol{A}-\boldsymbol{\Phi}$ 耦合势的 CSEM/MT 求解系统进行系统分析，探讨它们之间收敛性能、内存需求以及求解精度，为后期开展大尺度三维电磁反演研究奠定基础。

第 2 章　电偶源在任意层状介质基本理论

2.1　电偶源在任意层状介质解析表达式推导

设时间因子为 $e^{-i\omega t}$，电偶源的满足的 Maxwell 方程[169]：

$$\nabla\times \boldsymbol{E} = \mathrm{i}\omega \boldsymbol{B} \tag{2-1}$$

$$\nabla\times \boldsymbol{B} = \mu\chi \boldsymbol{E} + \mu \boldsymbol{J}_s \tag{2-2}$$

其中：$\boldsymbol{J}_s = \boldsymbol{I}\delta(r-r_0)$ 表示为电偶极源；$\delta(r-r_0)$ 为 delta 函数；使用矢量位 A，磁场 B 的表达式为：

$$\boldsymbol{B} = \nabla\times \boldsymbol{A} \tag{2-3}$$

对公式(2－3) 左右两边旋度，可得：

$$\nabla\times \boldsymbol{B} = \nabla\times\nabla\times \boldsymbol{A} = \mu\chi \boldsymbol{E} + \mu \boldsymbol{J}_s \tag{2-4}$$

然而，电场 $\boldsymbol{E}$ 可用下面的表达式表示：

$$\boldsymbol{E} = \mathrm{i}\omega \boldsymbol{A} + \nabla U \tag{2-5}$$

将公式(2－5) 代入到公式(2－4) 中可得：

$$\nabla\times\nabla\times \boldsymbol{A} = \mu\chi(\mathrm{i}\omega \boldsymbol{A} + \nabla U) + \mu \boldsymbol{J}_s \tag{2-6}$$

上述公式化简为：

$$\nabla\nabla\cdot \boldsymbol{A} - \nabla^2 \boldsymbol{A} = \mu\chi(\mathrm{i}\omega \boldsymbol{A} + \nabla U) + \mu \boldsymbol{J}_s \tag{2-7}$$

通过公式(2－7) 可知，矢量位 A 的散度满足下面表达式：

$$U = \frac{1}{\mu\chi}\nabla\cdot \boldsymbol{A} \tag{2-8}$$

结合公式(2－5) 和公式(2－8)，可得：

$$\boldsymbol{E} = i\omega \boldsymbol{A} + \frac{1}{\mu\chi}\nabla(\nabla\cdot \boldsymbol{A}) \tag{2-9}$$

通过公式(2－8)，可获取非齐次 Helmholtz 方程：

$$\nabla^2 \boldsymbol{A} + i\omega\mu\chi \boldsymbol{A} = -\mu \boldsymbol{J}_s \tag{2-10}$$

根据前人的描述以及相关推导，对于任意层状介质，结合相应的边界连续条件可得出波数域 A 相应表达式，下面直接给出其具体表达式为：

$$\boldsymbol{A}(r) = \frac{1}{2\pi}\int_0^{\infty} \boldsymbol{A}(\lambda, z)\, J_0(\lambda r)\lambda \mathrm{d}\lambda \tag{2-11}$$

其中：$\hat{A}(\lambda, z)$ 是波数域势函数；$\lambda = \sqrt{k_x^2 + k_y^2}$ 为波数；$r = \sqrt{(x - x_s)^2 + (y - y_s)^2}$。为了获得相应波数的势函数的表达式，需要假设源的方向，并对矢量位 $\boldsymbol{A}$ 进行傅立叶变换，可得：

$$-\frac{\mathrm{d}^2\boldsymbol{A}}{dz} + \gamma^2\boldsymbol{A} = \mu\boldsymbol{J} \tag{2-12}$$

下面给出了水平电偶源和垂直电偶源在任意层状介质下递推公式。

对于 x 方向源激发时，波数域的势为 $\boldsymbol{A} = (\hat{A}_x, 0, \hat{A}_z) = \left(\hat{A}_x, 0, \frac{\partial\hat{\Lambda}_z}{\partial x}\right)$，空间域矢量位 $\boldsymbol{A}$ 各分量的表达式为：

$$A_x(r) = \frac{1}{2\pi}\int_0^{\infty}\hat{A}_x(\lambda, z)J_0(\lambda r)\lambda\mathrm{d}\lambda \tag{2-13}$$

$$A_{xz}(r) = \frac{1}{2\pi}\frac{\partial}{\partial x}\int_0^{\infty}\hat{\Lambda}_z(\lambda, z)J_0(\lambda r)\lambda\mathrm{d}\lambda \tag{2-14}$$

对于 y 方向源激发时，波数域的势为 $\hat{A} = (0, \hat{A}_y, \hat{A}_z) = \left(0, \hat{A}_y, \frac{\partial\hat{\Lambda}_z}{\partial y}\right)$，空间域矢量位 $\boldsymbol{A}$ 各分量的表达式为：

$$A_y(r) = \frac{1}{2\pi}\int_0^{\infty}\hat{A}_y(\lambda, z)J_0(\lambda r)\lambda\mathrm{d}\lambda \tag{2-15}$$

$$A_{yz}(r) = \frac{1}{2\pi}\frac{\partial}{\partial y}\int_0^{\infty}\hat{\Lambda}_z(\lambda, z)J_0(\lambda r)\lambda\mathrm{d}\lambda \tag{2-16}$$

对于 z 方向源激发时，波数域的势为 $\boldsymbol{A} = (0, 0, A_z)$，空间域矢量位 $\boldsymbol{A}$ 各分量的表达式为：

$$A_{zz}(r) = \frac{1}{2\pi}\int_0^{\infty}\hat{\Lambda}_z(\lambda, z)J_0(\lambda r)\lambda\mathrm{d}\lambda \tag{2-17}$$

其中，x 和 y 方向电偶源，波数域的矢量位 x 和 y 分量的表达式为：

$$\hat{A}_{xi}\text{ 或 }\hat{A}_{yi} = a_i\mathrm{e}^{\gamma_i(z-z_{i+1})} + b_i\mathrm{e}^{-\gamma_i(z-z_i)} + \delta_{ij}\frac{\mu}{2\gamma_j}\mathrm{e}^{-\gamma_j|z-z_s|} \tag{2-18}$$

$$\hat{A}_{zi} = c_i\mathrm{e}^{\gamma_i(z-z_{i+1})} + d_i\mathrm{e}^{-\gamma_i(z-z_i)} - \frac{\gamma_i}{\lambda^2}\left[a_i\mathrm{e}^{\gamma_i(z-z_{i+1})} - b_i\mathrm{e}^{-\gamma_i(z-z_i)}\right] \tag{2-19}$$

其中：z_i 表示为第 i 层顶部深度；$\gamma_i = \mathrm{sqrt}(\lambda^2 - \mathrm{i}\omega\mu\chi_i)$；$j$ 表示为源所在的层；$\delta_{ij} = \begin{cases}1 & i = j\\0 & i \neq j\end{cases}$ 表示 delta 函数。递推公式可以从源上面以及下面系数比获得，如 $R_i^- = \frac{b_i}{a_i}$，$S_i^- = \frac{d_i}{c_i}$，$R_i^+ = \frac{a_i}{b_i}$，$S_i^+ = \frac{c_i}{d_i}$，下面给出其相关系数的具体表达式：

$$R_i^- = \frac{(r_i^- + R_{i-1}^-\mathrm{e}^{-\gamma_{i-1}h_{i-1}})\mathrm{e}^{-\gamma_i h_i}}{1 + r_i^- R_{i-1}^-\mathrm{e}^{-\gamma_{i-1}h_{i-1}}} \tag{2-20}$$

$$R_i^+ = \frac{(r_i^+ + R_{i+1}^+ e^{-\gamma_{i+1}h_{i+1}})e^{-\gamma_i h_i}}{1 + r_i^+ R_{i+1}^+ e^{-\gamma_{i+1}h_{i+1}}} \tag{2-21}$$

其中：$h_i = z_{i+1} - z_i$

$$r_i^- = \frac{\gamma_i - \gamma_{i-1}}{\gamma_i + \gamma_{i-1}} \tag{2-22}$$

$$r_i^+ = \frac{\gamma_i - \gamma_{i+1}}{\gamma_i + \gamma_{i+1}} \tag{2-23}$$

$$S_i^- = \frac{(s_i^- + S_{i-1}^- e^{-\gamma_{i-1}h_{i-1}})e^{-\gamma_i h_i}}{1 + s_i^- S_{i-1}^- e^{-\gamma_{i-1}h_{i-1}}} \tag{2-24}$$

$$S_i^+ = \frac{(s_i^+ + S_{i+1}^+ e^{-\gamma_{i+1}h_{i+1}})e^{-\gamma_i h_i}}{1 + s_i^+ S_{i+1}^+ e^{-\gamma_{i+1}h_{i+1}}} \tag{2-25}$$

其中：

$$s_i^- = \frac{\gamma_i \chi_{i-1} - \gamma_{i-1}\chi_i}{\gamma_i \chi_{i-1} + \gamma_{i-1}\chi_i} \tag{2-26}$$

$$s_i^+ = \frac{\gamma_i \chi_{i+1} - \gamma_{i+1}\chi_i}{\gamma_i \chi_{i+1} + \gamma_{i+1}\chi_i} \tag{2-27}$$

其循环过程如下：

$$\begin{aligned} &r_1^- = 0,\ r_i^- = \frac{\gamma_i - \gamma_{i-1}}{\gamma_i + \gamma_{i-1}},\ i = 2, 3, \cdots, j \\ &r_N^+ = 0,\ r_i^+ = \frac{\gamma_i - \gamma_{i+1}}{\gamma_i + \gamma_{i+1}},\ i = N-1, N-2, \cdots, j \end{aligned} \tag{2-28}$$

$$\begin{aligned} &s_1^- = 0,\ s_i^- = \frac{\gamma_i \chi_{i-1} - \gamma_{i-1}\chi_i}{\gamma_i \chi_{i-1} + \gamma_{i-1}\chi_i},\ i = 2, 3, \cdots, j \\ &s_N^+ = 0,\ s_i^+ = \frac{\gamma_i \chi_{i+1} - \gamma_{i+1}\chi_i}{\gamma_i \chi_{i+1} + \gamma_{i+1}\chi_i},\ i = N-1, N-2, \cdots, j \end{aligned} \tag{2-29}$$

$$\begin{aligned} &R_i^- = \frac{(r_i^- + R_{i-1}^- e^{-\gamma_{i-1}h_{i-1}})e^{-\gamma_i h_i}}{1 + r_i^- R_{i-1}^- e^{-\gamma_{i-1}h_{i-1}}},\ i = 2, 3, \cdots, j \\ &R_1^- = 0 \end{aligned} \tag{2-30}$$

$$\begin{aligned} &R_i^+ = \frac{(r_i^+ + R_{i+1}^+ e^{-\gamma_{i+1}h_{i+1}})e^{-\gamma_i h_i}}{1 + r_i^+ R_{i+1}^+ e^{-\gamma_{i+1}h_{i+1}}},\ i = N-1, N-2, \cdots, j \\ &R_N^+ = 0 \end{aligned} \tag{2-31}$$

$$\begin{aligned} &S_i^- = \frac{(s_i^- + S_{i-1}^- e^{-\gamma_{i-1}h_{i-1}})e^{-\gamma_i h_i}}{1 + s_i^- S_{i-1}^- e^{-\gamma_{i-1}h_{i-1}}},\ i = 2, 3, \cdots, j \\ &S_1^- = 0 \end{aligned} \tag{2-32}$$

$$S_i^+ = \frac{(s_i^+ + S_{i+1}^+ e^{-\gamma_{i+1}h_{i+1}})e^{-\gamma_i h_i}}{1 + s_i^+ S_{i+1}^+ e^{-\gamma_{i+1}h_{i+1}}},\ i = N-1,\ N-2,\ \cdots,\ j$$

$$S_N^+ = 0 \tag{2-33}$$

因此，源所在层 j 的系数为：

$$a_j = (e^{-\gamma_j|z_{j+1}-z_s|} + R_j^- e^{-\gamma_j|z_j-z_s|})\frac{R_j^+ e^{\gamma_j h_j}}{1 - R_j^+ R_j^-}\frac{\mu}{2\gamma_j} \tag{2-34}$$

$$b_j = (R_j^+ e^{-\gamma_j|z_{j+1}-z_s|} + e^{-\gamma_j|z_j-z_s|})\frac{R_j^- e^{\gamma_j h_j}}{1 - R_j^+ R_j^-}\frac{\mu}{2\gamma_j} \tag{2-35}$$

$$c_j = (-e^{-\gamma_j|z_{j+1}-z_s|} + S_j^- e^{-\gamma_j|z_j-z_s|})\frac{S_j^+ e^{\gamma_j h_j}}{1 - S_j^+ S_j^-}\frac{\mu}{2\lambda^2} \tag{2-36}$$

$$d_j = (-S_j^+ e^{-\gamma_j|z_{j+1}-z_s|} + e^{-\gamma_j|z_j-z_s|})\frac{S_j^- e^{\gamma_j h_j}}{1 - S_j^+ S_j^-}\frac{\mu}{2\lambda^2} \tag{2-37}$$

源层以上反射系数为：

$$a_i = \frac{a_{i+1}e^{-\gamma_{i+1}h_{i+1}} + b_{i+1}}{1 + R_i^- e^{-\gamma_i h_i}} + \frac{\delta_{i+1,j}}{2}\frac{\mu}{\gamma_j}\frac{e^{-\gamma_j|z_j-z_s|}}{1 + R_i^- e^{-\gamma_i h_i}},\ i = j-1,\ j-2,\ \cdots,\ 1$$

$$b_i = a_i R_i^-,\ i = j-1,\ j-2,\ \cdots,\ 1 \tag{2-38}$$

$$c_i = \frac{c_{i+1}e^{-\gamma_{i+1}h_{i+1}} + d_{i+1}}{1 + S_i^- e^{-\gamma_i h_i}} + \frac{\delta_{i+1,j}}{2}\frac{u_0}{\lambda^2}\frac{e^{-\gamma_j|z_j-z_s|}}{1 + S_i^- e^{-\gamma_i h_i}},\ i = j-1,\ j-2,\ \cdots,\ 1$$

$$d_i = c_i R_i^-,\ i = j-1,\ j-2,\ \cdots,\ 1 \tag{2-39}$$

源层以下反射系数为：

$$b_i = \frac{b_{i-1}e^{-\gamma_{i-1}h_{i-1}} + a_{i-1}}{1 + R_i^+ e^{-\gamma_i h_i}} + \frac{\delta_{i-1,j}}{2}\frac{\mu}{\gamma_j}\frac{e^{-\gamma_j|z_{j+1}-z_s|}}{1 + R_i^+ e^{-\gamma_i h_i}},\ i = j+1,\ j+2,\ \cdots,\ N$$

$$a_i = b_i R_i^+,\ i = j+1,\ j+2,\ \cdots,\ N \tag{2-40}$$

$$d_i = \frac{d_{i-1}e^{-\gamma_{i-1}h_{i-1}} + c_{i-1}}{1 + S_i^+ e^{-\gamma_i h_i}} - \frac{\delta_{i-1,j}}{2}\frac{u_0}{\lambda^2}\frac{e^{-\gamma_j|z_{j+1}-z_s|}}{1 + S_i^+ e^{-\gamma_i h_i}},\ i = j+1,\ j+2,\ \cdots,\ N$$

$$c_i = d_i S_i^+,\ i = j+1,\ j+2,\ \cdots,\ N \tag{2-41}$$

当源的方向为 z 方向时，

$$\hat{\Lambda}_z(\lambda,\ z) = c_i e^{\gamma_i(z-z_{i+1})} + d_i e^{-\gamma_i(z-z_i)} + \delta_{ij}\frac{\mu}{2\gamma_j}e^{-\gamma_j|z-z_s|} \tag{2-42}$$

$$c_j = (e^{-\gamma_j |z_{j+1}-z_s|} + S_j^- e^{-\gamma_j |z_j - z_s|}) \frac{S_j^+ e^{\gamma_j h_j}}{1 - S_j^+ S_j^-} \frac{\mu}{2\gamma_j} \tag{2-43}$$

$$d_j = (S_j^+ e^{-\gamma_j |z_{j+1}-z_s|} + e^{-\gamma_j |z_j - z_s|}) \frac{S_j^- e^{\gamma_j h_j}}{1 - S_j^+ S_j^-} \frac{\mu}{2\gamma_j} \tag{2-44}$$

上述的每一层的递推系数本书采用快速 Hankel 积分进行求解，假若每一层的递推系数计算完成，我们可以通过这些系数并结合公式(2 - 3) 和公式(2 - 9) 计算任意层电磁场的值。

2.2 Hankel 积分变换

2.2.1 Hankel 积分推导

2.1 节中详细推导了电偶源在任意层状介质解析表达式，但每一层系数求解都涉及了 Hankel 积分的求解，其具体的表达式为：

$$F(r) = \int_0^{\infty} f(k) g(kr) \mathrm{d}k \tag{2-45}$$

式中：$g(kr)$ 为一个震荡的贝塞尔函数；$f(k)$ 为反映地下物理性质的内核函数。由于 $g(kr)$ 的震荡行为，使得高精度求解这类积分变得尤为重要。目前，常用求解办法有：基于数值滤波的快速汉克尔积分变换和基于高斯积分的连分式计算方法。

Hankel 积分变换公式为：

$$F(r) = \int_0^{\infty} f(k) J_i(kr) \mathrm{d}k \tag{2-46}$$

式中：J_i 为第 i 阶第一类贝塞尔函数。

2.2.2 快速 Hankel 积分

当前，滤波系数法在电磁法 1D 和 2.5D 正演使用最为普遍，其在 1971 年被 Ghosh 提出，具体处理的过程为[171]：

将 $r = e^x$ 和 $\lambda = e^{-y}$ 代入公式(2 - 45)，可得

$$e^x F(e^x) = \int_{-\infty}^{\infty} f(e^{-y}) J_i(e^{x-y}) e^{x-y} \mathrm{d}y \tag{2-47}$$

将式(2 - 47) 简化成卷积积分：

$$I(x) = \int_{-\infty}^{\infty} f(y) h(x-y) \mathrm{d}y = \int_{-\infty}^{\infty} f(x-y) h(y) \mathrm{d}y \tag{2-48}$$

将式(2 - 48) 离散：

$$I(j) = \sum_{i=-\infty}^{\infty} f(j-i) h(i) \tag{2-49}$$

其中：$f(j-i)$ 为核函数；$h(i)$ 为滤波系数。Anderson(1979) 在此基础上将式 (2-47) 写成如下形式[172]：

$$rF(r) \approx \sum_{i=1}^{n} f(b_i/r)h_i \tag{2-50}$$

$$b_i = \lambda_i r = e^{ai},\ i = -l,\ -l+1,\ \cdots,\ l$$

式中：$l = (n-1)/2$；a 为间距系数；n 为滤波点数。

快速 Hankel 积分变换自从引入地球物理领域以来，得到不断发展，形成多套不同求解精度滤波系数，其具体求解公式如下：

$$rf(r) = \sum_{i=1}^{n} k(\lambda_i)W_i \tag{2-51}$$

其中：k 是核函数；中间变量 $\lambda_i = (1/r) \times 10^{[a+(i-1)s]}$；$i = 1, 2, \cdots, n$；$r$ 为积分变量；a 是偏移距；s 是采样间隔。

Guptasarma 在 1997 年基于 Wiener - Hopf 残差最小原理[173]，计算得到了两套 Hankel 积分滤波系数，用于求解零阶贝塞尔函数积分的61 点和120 点汉克尔滤波系数和求解1 阶贝塞尔函数积分的47 点和140 点汉克尔滤波系数。对于120 点和140 点滤波系数涉及的相关参数：120 点滤波系数的偏移距 $a = -8.38850000$，采样间隔 $s = 0.090422646867$；140 点滤波系数的偏移距 $a = -7.91001919$，采样间隔 $s = 0.087967143957$。F. N. Kong 在 2007 年在计算海洋电磁场时，提出了一种直接求取汉克尔滤波系数的方法，得到一套201 点滤波系数，其求解精度在 Kerry Key 的一维海洋 CSEM 计算程序得到同样的验证，求解较高的求解精度，其具体参数为偏移距 $a = -5.385251575600323$，采样间隔 $s = 0.05385251575600414$，Kerry Key 在其程序开发了一种无穷积分求解办法，被命名为 QWE 方法，该方法相比滤波系数法具有更高的求解精度，但是其面临求解效率问题。

2.3　算例分析

2.3.1　水平电偶源在一维层状介质下的解算法验证

为了验证本书开发的水平电偶源在任意层状介质的解的正确性，本次研究设计了如图 2-1 所示的三层海水模型，海水层的厚度为 1000 m，海水的电阻率为 0.3 Ω·m，基底的电阻率为 1 Ω·m，在坐标为(0 m, 0 m, 900 m) 处放置一个沿 y 水平方向的电偶源，发射频率为1 Hz，发射电流为1 A，偶极源长度为1 m，在沿着海底 y 方向布设一条观测剖面，观测点 y 方向范围为 −4 ~ 4 km，$y = 500$ m，$z = 1000$ m。分别测试了不同滤波系数下电场 E_x、E_y 以及 E_z 的值，并与公开算法进行对比验证。

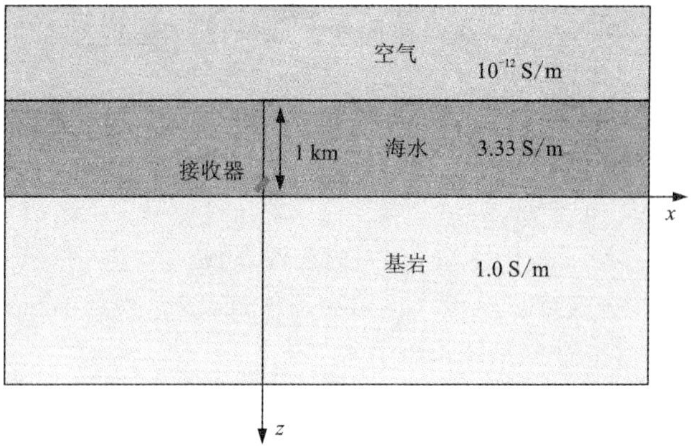

图 2－1　海水层状模型

图2－2展示了本书开发的程序得到的电偶源在海水层状介质的场值与Kerry. K程序dipole 1D计算的结果对比曲线图。本书开发的算法测试了三种Hankel积分求解的结果，三种Hankel积分得到的结果与公开算法的结果具有高度吻合，如图2－2(a)和图2－2(b)所示。从电场实部和虚部的绝对误差图2－2(c)和图2－2(d)中可以知道，121点滤波系数误差相比201点和241点滤波系数误差较大些，但总体的绝对误差基本位于10^{-15}水平以内，结果表明该算法准确、可靠。

2.3.2　水平电偶源在1D Canonical油气模型算法验证

设计一种1D Canomical海底油气测试，海水层的厚度为1000 m，海水的电阻率为0.3 Ω·m，海底基岩的电阻率为1 Ω·m，在距离海底1000 m处存在一个高阻薄层介质，介质的电阻率为100 Ω·m，高阻薄层的厚度为100 m，具体模型如图2－3所示。然而在坐标为(0 m, 0 m, 900 m)处置于一个沿y水平方向电偶源，发射频率为1 Hz，发射电流为1 A，偶极源的长度为1 m，在沿着海底x方向布设一条观测剖面，观测点x方向的范围为－4 ~ 4 km，$y=z=0$。测试了241点滤波系数下电场E_x、E_y以及E_z的值，并与公开算法进行对比验证。

图2－4展示了本书开发的程序计算得到的电偶源在1D Canonical油气模型的场值与Kerry公开的程序dipole 1D计算的结果对比曲线图。本书开发的算法测试了三种Hankel积分求解的结果，三种Hankel积分得到的结果与公开算法得到的结果高度吻合，如图2－4(a)和图2－4(b)所示。从电场实部和虚部的绝对误差图2－4(c)和如图2－4(d)中可以知道，121点滤波系数误差相比201点和241点滤波系数误差较大些，但总体的绝对误差基本位于10^{-15}水平以内，该结果进一步表明本次使用的算法准确、可靠。

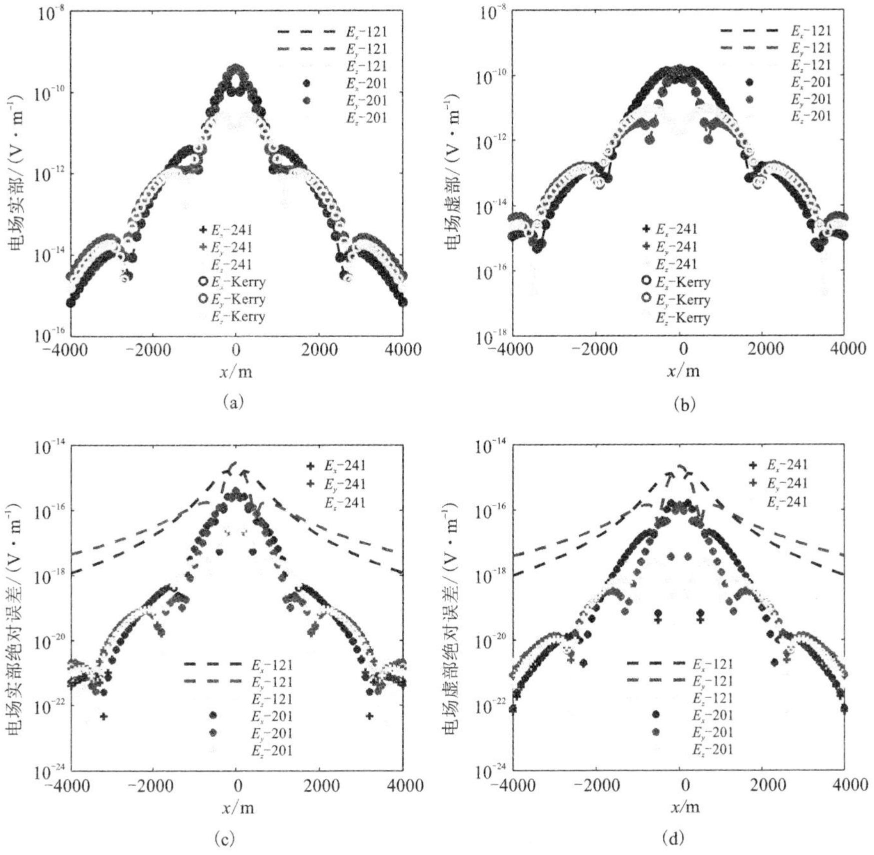

图 2－2　1 Hz 海水层状模型电场实虚部的场值与 Kerry 公开的程序计算的结果对比曲线图

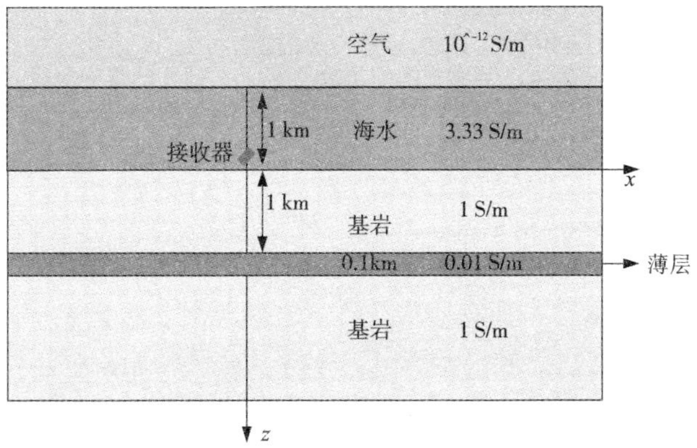

图 2－3　1D Canonical 油气模型

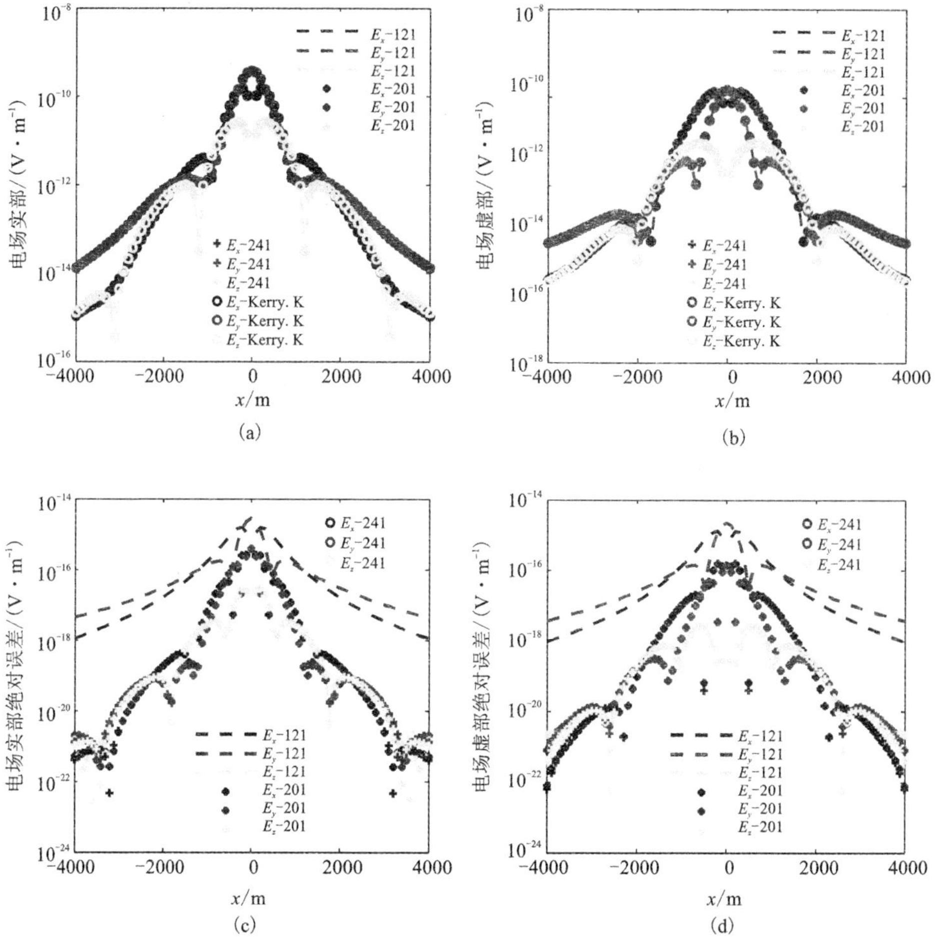

图 2-4　1 Hz Canonical 模型电场实虚部的场值与 Kerry 公开的程序计算的结果对比曲线图

2.4　小结

本章基于势方程推导了任意层状介质下电偶源激发解析表达式，并开发了响应的正演程序，通过层状介质模型测试，分析了算法的正确性。算法采用滤波系数进行求解，并分析了不同滤波系数正演求解精度，测试结果表明，不同滤波系数正演存在差异，除场源附近外正演求解精度明显降低，总体而言计算结果都能够满足精度要求。

第 3 章　基于电场方程的三维 CSEM 有限元正演模拟

可控源电磁法(controlled source electromagnetic method) 是研究中浅部电性结构的主要地球物理方法之一，已广泛应用于固体矿产、水文、石油天然气普查、地热田勘探、环境地质调查及环境与工程地球物理勘查等领域[5-7]。目前，国内外学者致力于解决任意复杂地形的地电结构的 CSEM 三维正演模拟研究，因此寻求快速、高精度的 CSEM 三维正演方法具有重要的学术意义。为此，本章开展了基于非结构化四面体网格电场双旋度方程的三维可控源电磁法正演模拟研究。首先，从 Maxwell 方程出发，推导基于电场方程的 CSEM 满足的边值问题；其次，利用形函数积分方法和局部网格加密技术开展场源积分以及降低场源奇异性；最后，利用偶极源子叠加来替代任意场源加载问题，可实现场源的任意形式的加载，极大地丰富了程序的适用性。

3.1　三维可控源电磁法满足的边值问题

在可控源电磁法勘探中，电磁感应问题需要通过有界区域 Ω 和已知边界条件求解得到电磁响应(图 2 - 1)。在有界区域 Ω 内，可控源电磁法满足 Maxwell 方程组，其频率域表达式(取时间因子 $e^{-i\omega t}$)：

$$\nabla\times \boldsymbol{E} = -\zeta \boldsymbol{H} + \boldsymbol{J}_m^s \tag{3-1}$$

$$\nabla\times \boldsymbol{H} = \chi \boldsymbol{E} + \boldsymbol{J}_e^s \tag{3-2}$$

$$\nabla\cdot \boldsymbol{B} = 0 \tag{3-3}$$

$$\nabla\cdot \boldsymbol{D} = \rho_Q \tag{3-4}$$

其中：$\boldsymbol{E}$ 为电场(V/m)；$\boldsymbol{H}$ 为磁场(A/m)；$\boldsymbol{B}$ 为磁感应强度(Wb/m^2)；$\boldsymbol{J}_s$ 为外部激发源(A/ m^2)；$\boldsymbol{D}$ 为位移电流密度(A/m^2)；ρ_Q 为自由电荷；$\zeta = -i\omega\mu$ 为阻抗率；$\chi = \sigma - i\omega\varepsilon$ 为导纳率($i = \sqrt{-1}$ 为虚部单位；ω 为角频率；μ 为磁导率；σ 为电导率)；ε 为介电常数；J_m^s、J_e^s分别表示外部激发的磁偶源和电偶源。

为了消除磁场，将公式(3 - 2) 代入到公式(3 - 1) 中，可得：

$$\nabla\times \frac{1}{\zeta}\nabla\times \boldsymbol{E} + \chi \boldsymbol{E} = -\boldsymbol{J}_e^s + \frac{1}{\zeta}\nabla\times \boldsymbol{J}_m^s \tag{3-5}$$

公式(3 - 5)是三维可控源电磁满足的电场方程，令$\boldsymbol{J}_s = -\boldsymbol{J}_e^s + \frac{1}{\zeta}\nabla\times\boldsymbol{J}_m^s$加上相应的边界条件，采用矢量有限元技术对方程进行求解，可获取所需要的电场、磁场、视电阻率和相位等参数。

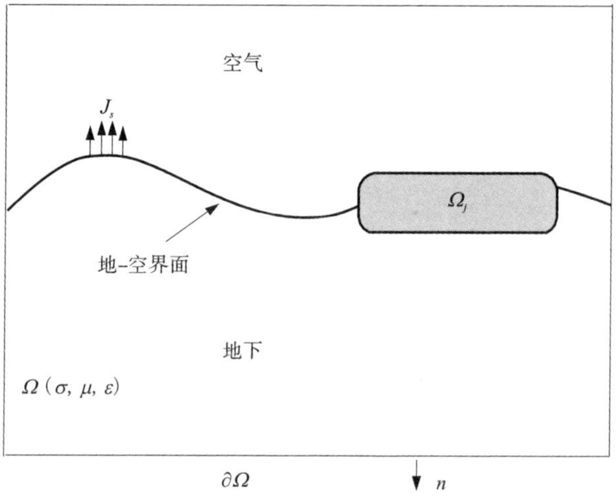

图 3 - 1　可控源电磁法几何模型示意图

(其中，J_s 表示为可控源电磁法单个或多个电性源，Ω_j 表示观测点的区域)

在频率域可控源电磁法正演模拟中，在合成最后的系数矩阵时，我们需要考虑边界条件的加载，为了简化求解，通常采用 Dirichlet 边界条件，将外边界取得足够远，使得电场在边界上满足$\boldsymbol{n}\times\boldsymbol{E}|_{\partial\Omega}=0$以及$\boldsymbol{n}\cdot\boldsymbol{E}|_{\partial\Omega}=0$；或者将偶极子源在均匀半空间或层状介质产生的一次场强加到截断边界上来消除边界影响，能够有效地减少边界反射，同时确保解的唯一性。

3.2　电场方程的可控源电磁法的矢量有限元系统

伽辽金方法[177, 178]是真解和近似解之间逐渐逼近的方法，通过真解和近似解之间的加权残差，将其值取最小从而获取求解区域内及边界上的加权积分。利用该方法将偏微分方程问题简化成线性方程问题，然后将线性方程简化，最终达到求解微分方程求解的目的。本书通过 Galerkin 矢量有限单元法对 3D CSEM 控制方程进行离散，来获取最终的求解系统，具体推导过程如下。

3.2.1 单元分析

首先，将整个求解区域进行离散，采用 Hang Si 博士[179] 开发的 Tetgen 程序将整个求解区域离散成如图 3 - 2 所示的非结构化四面体网格。为了求解方程式(3 - 5)，采用有限元对方程进行离散，设残差为 $\boldsymbol{R}$，其表达式为：

$$\boldsymbol{R} = \nabla\times\frac{1}{\zeta}\nabla\times\boldsymbol{E} + \chi\boldsymbol{E} - \boldsymbol{J}_s \tag{3-6}$$

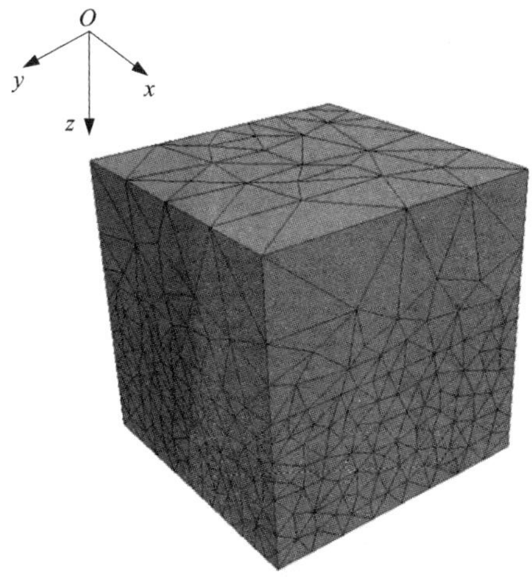

图 3 - 2　非结构化四面体网格

定义 $\boldsymbol{E}\in\boldsymbol{H}(\mathrm{curl},\Omega)$，$\boldsymbol{H}(\mathrm{curl},\Omega) = \{\boldsymbol{V}\in L^2(\Omega),\ \nabla\times\boldsymbol{V}\in L^2(\Omega)\}$ 为矢量 Hilbert 空间，L^2 为平方可积函数，然后在空间内的内积为[120]：

$$\| v \|_{L^2,\Omega} = \iiint_{\Omega} |v|^2 \mathrm{d}v,\ \Omega\subset R^3 \tag{3-7}$$

$$\| v \|_{L^2,F} = \iint_{F} |v|^2 \mathrm{d}s,\ F\subset\partial\Omega\subset R^2 \tag{3-8}$$

然后，将公式(3 - 6) 与矢量测试函数 $\boldsymbol{V}\in\boldsymbol{H}(curl,\Omega)$ 进行矢量点乘，其表达式为：

$$B(\boldsymbol{E},\boldsymbol{V}) = \iiint_{\Omega}\boldsymbol{V}\cdot\left(\nabla\times\frac{1}{\zeta}\nabla\times\boldsymbol{E} + \chi\boldsymbol{E}\right)\mathrm{d}v \tag{3-9}$$

并对公式(3 - 9) 应用第一矢量格林定量[104]，以上公式可以化简为：

$$B(\boldsymbol{E},\boldsymbol{V}) = \iiint_{\Omega}\frac{1}{\zeta}(\nabla\times\boldsymbol{E}\cdot\nabla\times\boldsymbol{V} - k^2\boldsymbol{E}\cdot\boldsymbol{V})\mathrm{d}v + \iint_{\partial\Omega}\boldsymbol{V}\cdot\left(-\boldsymbol{n}\times\frac{1}{\zeta}\nabla\times\boldsymbol{E}\right)\mathrm{d}s \tag{3-10}$$

$$D(\boldsymbol{V}) = \iiint_{\Omega} \boldsymbol{V} \cdot \boldsymbol{J}_s \mathrm{d}v \tag{3-11}$$

假设电导率在子单元内为常数，并将未知数置于四面体边单元上，如图3－3所示，表3－1为节点和棱边对应关系。利用一阶矢量基函数来表示子单元内的电场，其表达式为：

$$\boldsymbol{E} = \sum_{i=1}^{6} E_i \boldsymbol{N}_i \tag{3-12}$$

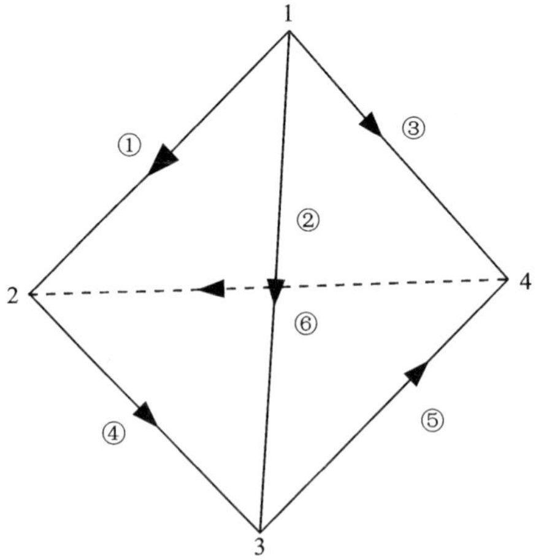

图3－3　四面体单元棱边和节点关系分布图[104]

表3－1　四面体单元节点和边对应关系[104]

棱边 i	节点 i_1	节点 i_2
1	1	2
2	1	3
3	1	4
4	2	3
5	3	4
6	4	2

若将形函数 N 设置为测试函数 V 时，这一过程为经典 Galerkin 有限元方法，因此，公式(3－11)和公式(3－10)可进一步化简，并令 $B(\boldsymbol{E}, \boldsymbol{N}) = D(g_t, \boldsymbol{N})$，可得

$$\iiint_{\Omega} \frac{1}{\zeta}(\nabla\times \boldsymbol{E} \cdot \nabla\times \boldsymbol{N} - k^2\boldsymbol{E} \cdot \boldsymbol{N})\mathrm{d}v = \iiint_{\Omega} \boldsymbol{V} \cdot J_s \mathrm{d}v \tag{3-13}$$

整个求解区域 Ω 剖分成由四面体单元组合成网格 $\hbar_n$，$\hbar_n = \cup_1^{N_t}$，N_t 是求解区域总的四面体的个数，因此求解系统被离散为如下表达式：

$$\sum_{j=1}^{N_{\text{edges}}} \iiint_{\Omega} \frac{1}{\zeta}(\nabla\times \boldsymbol{N}_i \cdot \nabla\times \boldsymbol{N}_j - k^2 \boldsymbol{N}_i \cdot \boldsymbol{N}_j)\,\mathrm{d}v E_j = \iiint_{\Omega} \boldsymbol{V} \cdot \boldsymbol{J}_s \mathrm{d}v \quad (3-14)$$

其中，N_{edges} 表示为求解区域边单元的总个数。

3.2.2　线性插值基函数

如图 3－3 所示的四面体单元中，在单元内部未知函数 φ 表示如下(Jin, 2002)：

$$\varphi(x, y, z) = a^e + b^e x + c^e y + d^e z \quad (3-15)$$

其中，a^e，b^e，c^e，d^e 为通过已知四面体四个顶点的值，可得到每个顶点 φ 值的表达式：

$$\varphi_1^e = a^e + b^e x_1^e + c^e y_1^e + d^e z_1^e \quad (3-16)$$

$$\varphi_2^e = a^e + b^e x_2^e + c^e y_2^e + d^e z_2^e \quad (3-17)$$

$$\varphi_3^e = a^e + b^e x_3^e + c^e y_3^e + d^e z_3^e \quad (3-18)$$

$$\varphi_4^e = a^e + b^e x_4^e + c^e y_4^e + d^e z_4^e \quad (3-19)$$

其中，$(x_i, y_i, z_i)_{i=1,2,3,4}$ 表示第 i 节点的空间坐标，通过求解以上方程，可以获取系数 a^e，b^e，c^e，d^e 的具体表达式：

$$a^e = \frac{1}{6V^e}\begin{vmatrix} \varphi_1^e & \varphi_2^e & \varphi_3^e & \varphi_4^e \\ x_1^e & x_2^e & x_3^e & x_4^e \\ y_1^e & y_2^e & y_3^e & y_4^e \\ z_1^e & z_2^e & z_3^e & z_4^e \end{vmatrix} = \frac{1}{6V^e}(a_1\varphi_1^e + a_2\varphi_2^e + a_3\varphi_3^e + a_4\varphi_4^e) \quad (3-20)$$

$$b^e = \frac{1}{6V^e}\begin{vmatrix} 1 & 1 & 1 & 1 \\ \varphi_1^e & \varphi_2^e & \varphi_3^e & \varphi_4^e \\ y_1^e & y_2^e & y_3^e & y_4^e \\ z_1^e & z_2^e & z_3^e & z_4^e \end{vmatrix} = \frac{1}{6V^e}(b_1\varphi_1^e + b_2\varphi_2^e + b_3\varphi_3^e + b_4\varphi_4^e) \quad (3-21)$$

$$c^e = \frac{1}{6V^e}\begin{vmatrix} 1 & 1 & 1 & 1 \\ x_1^e & x_2^e & x_3^e & x_4^e \\ \varphi_1^e & \varphi_2^e & \varphi_3^e & \varphi_4^e \\ z_1^e & z_2^e & z_3^e & z_4^e \end{vmatrix} = \frac{1}{6V^e}(c_1\varphi_1^e + c_2\varphi_2^e + c_3\varphi_3^e + c_4\varphi_4^e) \quad (3-22)$$

$$d^e = \frac{1}{6V^e}\begin{vmatrix} 1 & 1 & 1 & 1 \\ x_1^e & x_2^e & x_3^e & x_4^e \\ y_1^e & y_2^e & y_3^e & y_4^e \\ \varphi_1^e & \varphi_2^e & \varphi_3^e & \varphi_4^e \end{vmatrix} = \frac{1}{6V^e}(d_1\varphi_1^e + d_2\varphi_2^e + d_3\varphi_3^e + d_4\varphi_4^e) \quad (3-23)$$

$$V^e = \frac{1}{6}\begin{vmatrix} 1 & 1 & 1 & 1 \\ x_1^e & x_2^e & x_3^e & x_4^e \\ y_1^e & y_2^e & y_3^e & y_4^e \\ z_1^e & z_2^e & z_3^e & z_4^e \end{vmatrix} \tag{3-24}$$

因此，将上述系数代入到公式(3－15) 中，得到下面的表达式：

$$\varphi(x, y, z) = \sum_{j=1}^{4} L_j^e(x, y, z)\varphi_j^e \tag{3-25}$$

其中，线性函数 $L_j^e(x, y, z)$ 可表示为：

$$L_j^e(x, y, z) = \frac{1}{6V^e}(a_j^e + b_j^e x + c_j^e y + d_j^e z) \tag{3-26}$$

并且，线性函数 $L_j^e(x, y, z)$ 满足下面的性质：

$$L_j^e(x, y, z) = \delta_{ij}\begin{cases} 1 & i = j \\ 0 & i \neq j \end{cases} \tag{3-27}$$

$$\sum_{j=1}^{4} L_j^e(x, y, z) = 1 \tag{3-28}$$

在采用线性函数的节点有限元中，我们常常涉及如下函数：

$$\begin{cases} \dfrac{\partial L_i}{\partial x} = \dfrac{a_i}{6V} \\ \dfrac{\partial L_i}{\partial y} = \dfrac{b_i}{6V} \\ \dfrac{\partial L_i}{\partial z} = \dfrac{c_i}{6V} \end{cases} \tag{3-29}$$

$$\begin{aligned} \nabla\varphi &= \begin{pmatrix} \dfrac{\partial\varphi}{\partial x} & \dfrac{\partial\varphi}{\partial y} & \dfrac{\partial\varphi}{\partial z} \end{pmatrix}\begin{pmatrix} i_x \\ i_y \\ i_z \end{pmatrix} \\ &= \frac{1}{6V}\begin{pmatrix} \sum_{k=1}^{4} a_k\varphi_k & \sum_{k=1}^{4} b_k\varphi_k & \sum_{k=1}^{4} c_k\varphi_k \end{pmatrix}\begin{pmatrix} i_x \\ i_y \\ i_z \end{pmatrix} \end{aligned} \tag{3-30}$$

其中，线性插值基函数 $N_i = L_i$，$i = 1, 2, 3, 4$。另外，有关线性形函数的相关积分可以参照《地球物理中的有限单元法》[180]。

3.2.3 矢量插值基函数

本书采用的矢量基函数由下面的公式进行表示[104]：

$$\boldsymbol{N}_i^e(r) = (L_{i_1}^e \nabla L_{i_2}^e - L_{i_2}^e \nabla L_{i_1}^e)l_i^e \tag{3-31}$$

式(3－31) 节点 i_1 和 i_2 的定义如表 2－1 所示，$l_i^e = |r_{i_2}^e - r_{i_1}^e|$表示第 i 条边的长度，$r_{i_1}^e$ 和$r_{i_2}^e$ 表示单元节点 i_1 和 i_2 的空间坐标，∇表示梯度算子。矢量形函数满足下面的属性：

$$\nabla \cdot \boldsymbol{N}_i^e(r) = 0 \tag{3-32}$$

矢量形函数在子单元内自然满足散度自由条件，同时对形函数求旋度，可得：

$$\nabla \times \boldsymbol{N}_i^e(r) = 2l_i^e \nabla L_{i_1}^e \times \nabla L_{i_2}^e \tag{3-33}$$

以及还满足下面的恒等式：

$$\begin{cases} e_i \cdot \nabla L_i^e = -\dfrac{1}{l_i^e} \\ e_i \cdot \boldsymbol{N}_i^e = 1 \end{cases} \tag{3-34}$$

其中，e_i 表示第 i 条边的单位切向分量。

3.2.4　矩阵合成及方程组求解

1) 矩阵合成

从 2.2.1 节中可知，电场方程求解系统的矩阵合成涉及以下几种形函数的积分求解，其表达式为：

$$C_{i,j} = \iiint_{\Omega_e} (\nabla \times \boldsymbol{N}_i) \cdot (\nabla \times \boldsymbol{N}_j) \mathrm{d}v \tag{3-35}$$

$$D_{i,j} = \iiint_{\Omega_e} \boldsymbol{N}_i \cdot \boldsymbol{N}_j \mathrm{d}v \tag{3-36}$$

根据 Jin(2002) 对于四面体单元矢量形函数的定义，公式(3－33) 的旋度公式可进一步化简为：

$$\nabla \times \boldsymbol{N}_i^e(r) = \frac{2l_i^e}{(6V^e)^2}[(c_{i_1}^e d_{i_2}^e - d_{i_1}^e c_{i_2}^e) i_x + (d_{i_1}^e b_{i_2}^e - b_{i_1}^e d_{i_2}^e) i_y + (b_{i_1}^e c_{i_2}^e - c_{i_1}^e b_{i_2}^e) i_z] \tag{3-37}$$

因此，将上述公式代入公式(3－35) 中，可得：

$$(\nabla \times \boldsymbol{N}_i) \cdot (\nabla \times \boldsymbol{N}_j) = \frac{4l_i^e l_j^e V^e}{(6V^e)^4} \begin{bmatrix} (c_{i_1}^e d_{i_2}^e - d_{i_1}^e c_{i_2}^e)(c_{j_1}^e d_{j_2}^e - d_{j_1}^e c_{j_2}^e) \\ (d_{i_1}^e b_{i_2}^e - b_{i_1}^e d_{i_2}^e)(d_{j_1}^e b_{j_2}^e - b_{j_1}^e d_{j_2}^e) \\ (b_{i_1}^e c_{i_2}^e - c_{i_1}^e b_{i_2}^e)(b_{j_1}^e c_{j_2}^e - c_{j_1}^e b_{j_2}^e) \end{bmatrix} \tag{3-38}$$

将式(3－38) 代入到公式(3－36) 得：

$$\boldsymbol{N}_i \cdot \boldsymbol{N}_j = \frac{4l_i^e l_j^e}{(6V^e)^2}(L_{i_1}^e L_{j_1}^e f_{i_2 j_2} - L_{i_1}^e L_{j_2}^e f_{i_2 j_1} - L_{i_2}^e L_{j_1}^e f_{i_1 j_2} + L_{i_2}^e L_{j_2}^e f_{i_1 j_1}) \tag{3-39}$$

其中，$f_{ij} = b_i^e b_j^e + c_i^e c_j^e + d_i^e d_j^e$。同时公式(3－39) 涉及 $L_{i_1}^e L_{j_1}^e$ 的积分可以参考《地球

物理中的有限元》[172]：

$$I = \iiint_V (L_1^e)^a (L_2^e)^b (L_3^e)^c (L_4^e)^d \mathrm{d}x\mathrm{d}y\mathrm{d}z = 6V \frac{a!b!c!d!}{(a+b+c+d+3)!} \tag{3-40}$$

通过上述公式(3－40)可以获得公式(3－36)每个元素的积分，矩阵D是一个对称矩阵，每个元素的表达式的具体形式如下(Jin，2002)：

$$D_{11}^e = \frac{(l_1^e)^2}{360V^e}(f_{22} - f_{12} + f_{11}) \tag{3-41}$$

$$D_{12}^e = \frac{l_1^e l_2^e}{720V^e}(2f_{23} - f_{21} - f_{13} + f_{11}) \tag{3-42}$$

$$D_{13}^e = \frac{l_1^e l_3^e}{720V^e}(2f_{24} - f_{21} - f_{14} + f_{11}) \tag{3-43}$$

$$D_{14}^e = \frac{l_1^e l_4^e}{720V^e}(f_{23} - f_{22} - 2f_{13} + f_{12}) \tag{3-44}$$

$$D_{15}^e = \frac{l_1^e l_5^e}{720V^e}(f_{22} - f_{24} - f_{12} + 2f_{14}) \tag{3-45}$$

$$D_{16}^e = \frac{l_1^e l_6^e}{720V^e}(f_{24} - f_{23} - f_{14} + f_{13}) \tag{3-46}$$

$$D_{22}^e = \frac{(l_2^e)^2}{360V^e}(f_{33} - f_{13} + f_{11}) \tag{3-47}$$

$$D_{23}^e = \frac{l_2^e l_3^e}{720V^e}(2f_{34} - f_{13} + f_{14} + f_{11}) \tag{3-48}$$

$$D_{24}^e = \frac{l_2^e l_4^e}{720V^e}(f_{33} - f_{23} - f_{13} + 2f_{12}) \tag{3-49}$$

$$D_{25}^e = \frac{l_2^e l_5^e}{720V^e}(f_{23} - f_{34} - f_{12} + f_{14}) \tag{3-50}$$

$$D_{26}^e = \frac{l_2^e l_6^e}{720V^e}(f_{13} - f_{33} - 2f_{14} + f_{34}) \tag{3-51}$$

$$D_{33}^e = \frac{(l_3^e)^2}{360V^e}(f_{44} - f_{14} + f_{11}) \tag{3-52}$$

$$D_{34}^e = \frac{l_3^e l_4^e}{720V^e}(f_{34} - f_{24} - f_{13} + f_{12}) \tag{3-53}$$

$$D_{35}^e = \frac{l_3^e l_5^e}{720V^e}(f_{24} - f_{44} - 2f_{12} + f_{14}) \tag{3-54}$$

$$D_{36}^e = \frac{l_3^e l_6^e}{720V^e}(f_{44} - f_{34} - f_{14} + 2f_{13}) \tag{3-55}$$

$$D_{44}^e = \frac{(l_4^e)^2}{360V^e}(f_{33} + f_{22} - f_{23}) \tag{3-56}$$

$$D_{45}^e = \frac{l_4^e l_5^e}{720V^e}(f_{23} - 2f_{34} - f_{22} + f_{23}) \tag{3-57}$$

$$D_{46}^e = \frac{l_4^e l_6^e}{720V^e}(f_{34} - f_{33} - 2f_{24} + f_{23}) \tag{3-58}$$

$$D_{55}^e = \frac{(l_5^e)^2}{360V^e}(f_{22} - f_{24} + f_{44}) \tag{3-59}$$

$$D_{56}^e = \frac{l_5^e l_6^e}{720V^e}(f_{34} + f_{24} - 2f_{23} - f_{44}) \tag{3-60}$$

$$D_{66}^e = \frac{(l_6^e)^2}{360V^e}(f_{33} - f_{34} + f_{44}) \tag{3-61}$$

因此，通过上面简化形式即可合成最终的求解总矩阵，具体形式如下：

$$[C - \zeta\chi \boldsymbol{D}][\boldsymbol{E}] = [\boldsymbol{S_0}] \tag{3-62}$$

其中，$\boldsymbol{S}_0^{\mathrm{source}} = \iiint_{\Omega} \boldsymbol{N} \cdot [-\zeta \boldsymbol{J}_e^s + \nabla \times \boldsymbol{J}_m^s]\mathrm{d}v$，右端项 $\boldsymbol{S}_0^{\mathrm{source}}$ 包含电偶源和磁偶源的积分，若求解系统只需要求解电偶源，右端项的积分只需要考虑前半部分，若考虑磁偶源的积分只需要考虑后半部分，有关源的积分处理在后面进行了叙述。

2）线性方程组求解

对于大型线性方程组的求解算法目前主要分为两类：直接解法和迭代解法。直接解法目前比较成熟的算法库有 MUMPS[156] 以及 Pardiso[181] 等直接求解器，对于多源问题直接解法具有明显优势，其通过矩阵的 LU 分解以及非零元素进行重排后，只需要更改右端项，无需重新分解，能够加快方程组的求解，但是直接法需要对方程组进行直接求逆，需要消耗大量的内存，当求解的矩阵维数很大，直接解法将难以求解；对于迭代解法，不需要对系统矩阵直接求逆，能够较好地节省内存。目前常用的迭代求解器大多数是基于 Krylov 子空间算法，其包括 QMR，稳定的双共轭梯度算法、广义最小残差法以及共轭梯度法[182]，其结合相应的预条件因子，也能够实现求解需求，但是该类方法受矩阵的条件数影响较大。当求解矩阵的条件数较差时，迭代求解往往不收敛。为此，基于 PETSC(http://www.mcs.anl.gov/petsc/) 大型线性方程求解系统，能够构建多种求解方案。下面简单介绍 Krylov 子空间中的两种迭代求解器的求解过程。

(1) GMRES 迭代求解器的求解过程

GMRES 是一种非对称线性方程组求解方法，是基于 Krylov 残差子空间的迭代算法。其具体流程如下：

① 首先假设一个初始值x_0，系数矩阵为$\boldsymbol{K}$，右端项为$\boldsymbol{b}$，设置最大迭代次数为

$k_{\max}$，最大容许误差 $\varepsilon_{\max}$。

② 计算初始残差$\boldsymbol{r}_0 = \boldsymbol{b} - \boldsymbol{K}\boldsymbol{x}_0$。

③ 开始进行迭代求解，对于$j = 1, 2, \cdots, k_{\max}$，循环下面的步骤：

$\boldsymbol{h}_{i,j} = (\boldsymbol{K}v_j, v_i), i = 1, 2, \cdots, j$

$\boldsymbol{v}_{j+1} = \boldsymbol{K}v_j - \sum_{i=1}^{j}\boldsymbol{h}_{i,j}v_i$

$h_{j+1,j} = \| \boldsymbol{v}_{j+1} \|$

$v_{j+1} = \boldsymbol{v}_{j+1}/h_{j+1,j}$

④ $\boldsymbol{x}_m = \boldsymbol{x}_0 + \boldsymbol{V}_m\boldsymbol{y}_m, y_m \to \min \| \beta\boldsymbol{e}_1 - \boldsymbol{H}_m\boldsymbol{y} \|, y \in R^m$

⑤ 跳转到 ②，计算$\boldsymbol{r}_m = \boldsymbol{b} - \boldsymbol{K}\boldsymbol{x}_m$，如果满足设置残差要求或达到最终的迭代次数，停止求解输出x_m，若未达到，跳转到 ③。

(2) BICGSTAB 迭代算法求解过程

BICGSTAB 是基于残差正交子空间的迭代算法。其具体求解流程如下[183]：

① 假设一个初始近似解$\boldsymbol{x}_0$，系数矩阵为$\boldsymbol{K}$，右端项为$\boldsymbol{b}$，计算初始残差 $\boldsymbol{r}_0 = b - \boldsymbol{K}x_0$，设置最大迭代次数 $k_{\max}$，最大容许误差 $\varepsilon_{\max}$以及预条件矩阵$\boldsymbol{K}'$ 并令 $k = 1$，$\boldsymbol{r} = \boldsymbol{r}_0$。

② 如果迭代次数 $k < k_{\max}$ 且残差 $\varepsilon < \varepsilon_{\max}$，则转到 ③，否则停止，输出$x_k$。

③$\rho_{k-1} = \boldsymbol{r}^{\mathrm{T}}\boldsymbol{r}_{k-1}$，如果 $\rho_{k-1} = 0$ 或者 $\tau_{k-1} = 0$，算法终止，否则转 ④。

④ 首次迭代时，令$\boldsymbol{p}_1 = \boldsymbol{r}_0$，计算$\beta_{k-1} = \rho_{k-1}\alpha_{k-1}/\rho_{k-2}\tau_{k-1}$，$\boldsymbol{p}_k = \boldsymbol{r}_{k+1} + \beta_{k-1}(\boldsymbol{p}_{k-1} - \boldsymbol{\tau}_{k-1}\boldsymbol{V}_{k-1})$。

⑤求解方程$\boldsymbol{K}'\boldsymbol{p} = \boldsymbol{p}$，计算$\boldsymbol{V}_k = \boldsymbol{A}\boldsymbol{p}$，$\alpha_k = \rho_{k-1}/\boldsymbol{r}^{\mathrm{T}}\boldsymbol{V}_k$，$\boldsymbol{s}_k = \boldsymbol{r}_{k+1} + \beta_{k-1}(\boldsymbol{p}_{k-1} - \boldsymbol{\tau}_{k-1}\boldsymbol{V}_{k-1})$。

⑥$\varepsilon = \| s_k \|$，如果 $\varepsilon = \| \varepsilon_k \|$，$\boldsymbol{x}_k = \boldsymbol{x}_{k-1} + \alpha_k\boldsymbol{p}$，否则停止输出 $\boldsymbol{x}_k$。

⑦ 求解 $\boldsymbol{K}'\boldsymbol{s} = \boldsymbol{s}$，$\boldsymbol{t} = \boldsymbol{A}\boldsymbol{s}$，$\tau_k = t^{\mathrm{T}}s/t^{\mathrm{T}}t$，$\boldsymbol{x}_k = \boldsymbol{x}_{k-1} + \alpha_k\boldsymbol{p}_k + \tau_k\boldsymbol{s}$，$\boldsymbol{r}_k = \boldsymbol{s} - \tau_k\boldsymbol{t}$，$\varepsilon = \| \boldsymbol{r}_k \|$，$\varepsilon = \| \boldsymbol{r}_k \|$，并令 $k = k + 1$，跳转 ②。

3.2.5　基于偶极子源的场源加载技术

对于 CSEM 三维正演求解来说，源项加载不准确和场源奇异性会影响方程右端项的积分，从而严重影响正演的求解精度。因此，如何较好地刻画源项积分，解决源奇异性问题，提高正演求解精度，一直都是求解有源电磁正演所关心的核心问题之一。

目前，常用处理源的办法主要包含两类：① 二次场算法，一次场采用解析解来代替，其目的是为了消除源奇异性问题，但是只有一些简单的地电模型存在解析表达式，只有在一些特殊情况时才能得到应用(海洋可控源电磁法)，对于较为复杂的地电模型来说具有较大的局限性；② 基于总场算法，但是该类方法在早期

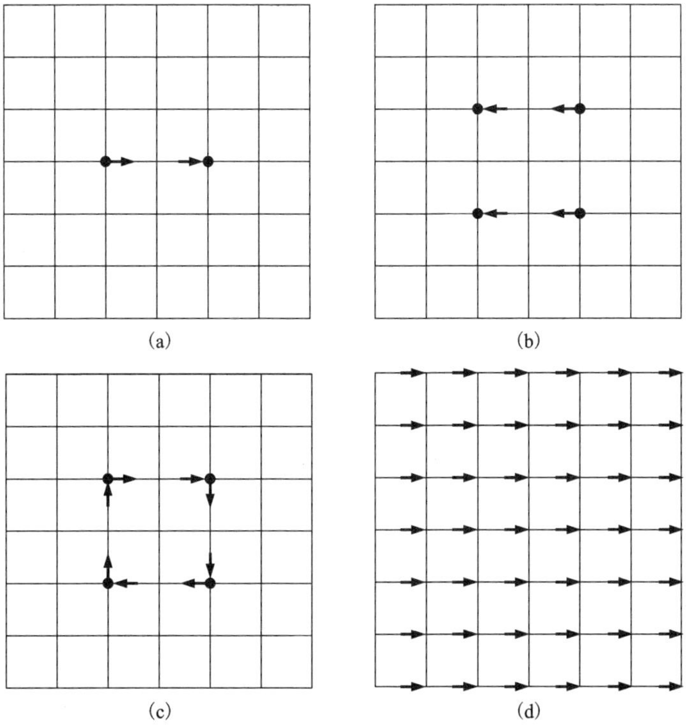

图3－4　电偶源加载示意图

(a) 电性源；(b) 组合源；(c) 回线源；(d) 平面源

主要是采用伪 deta 函数来加载源项[111, 117, 184]来解决源带来的奇异性，近年来随着非结构化网格在电磁法正演求解中的应用，由于其有很好的局部细化网格能力，采用偶极源直接积分技术逐渐被采纳，其通过细化场源处的网格来降低源奇异性。另外，采用有限个偶极源的叠加来描述频率域电磁法的场源类型已得到广泛使用，如有限长导线源电性源以及不接地回线磁性源等[87, 91, 136]，具体描述如图3－4所示。

对于公式(3－5)右端项源$\boldsymbol{J}_e^s$和$\boldsymbol{J}_m^s$的加载，我们采用形函数积分法进行计算，如电场方程的3D CSEM 有限元系统涉及的场源积分别为：

$$
\begin{aligned}
S_1^e &= \iiint_\Omega \boldsymbol{N}_i \cdot (\boldsymbol{J}_e^s)\,\mathrm{d}v \\
S_1^m &= \iiint_\Omega \boldsymbol{N}_i \cdot (\nabla \times \boldsymbol{J}_m^s)\,\mathrm{d}v
\end{aligned}
\tag{3-63}
$$

对于 x 方向电性源来说，将激发源线段置于四面体棱边上，因此，

$$\begin{aligned}S_1^e &= \iiint_\Omega \boldsymbol{N}_i \cdot (\boldsymbol{J}_e^s)\,\mathrm{d}v \\ &= \frac{I}{(6V^e)^2}\iiint_{\Omega^e}(N_x\boldsymbol{i}_x + N_y\boldsymbol{i}_y + N_z\boldsymbol{i}_z)[H(x_{i+1}) - H(x_i)]\delta(y-y_0)\delta(z-z_0)\,\boldsymbol{i}_x\mathrm{d}v\end{aligned} \tag{3-64}$$

其中：H 表示 Heaviside 函数；δ 是 deta 函数；N_x、N_y、N_z 分别表示矢量形函数各分量，该部分积分可以直接进行解析求解。

对于磁性源来说，激发源放置到求解区域内，如垂直磁偶源，其表达式为：

$$\boldsymbol{M} = m\delta(x-x_0)\delta(y-y_0)\delta(z-z_0)\,\boldsymbol{i}_z \tag{3-65}$$

其中，m 是磁矩，磁电流密度表示为：

$$\boldsymbol{J}_m^s = \mathrm{i}\omega\mu\boldsymbol{M} \tag{3-66}$$

因此，对于磁性源的积分可以进行如下推导，其表达式为：

$$S_1^m = \mathrm{i}\omega\mu\iiint_\Omega \boldsymbol{N}_i \cdot (\nabla\times\boldsymbol{M})\,\mathrm{d}v \tag{3-67}$$

对公式(3－67) 使用矢量格林定量，表达式可简化为：

$$S_1^m = \mathrm{i}\omega\mu\iiint_\Omega \boldsymbol{M}\cdot(\nabla\times\boldsymbol{N}_i)\,\mathrm{d}v - \iint_{\partial\Omega}\boldsymbol{N}_i\times\boldsymbol{M}\cdot\boldsymbol{n}\,\mathrm{d}s \tag{3-68}$$

若考虑源点位于四面体单元内，认为公式(3－68) 的面积分等于零，因此上述积分只剩下前面的体积分，其表达式为：

$$\begin{aligned}S_1^m &= \mathrm{i}\omega\mu\iiint_\Omega \boldsymbol{M}\cdot(\nabla\times\boldsymbol{N}_i)\,\mathrm{d}v \\ &= \mathrm{i}\omega\mu\frac{m(2l_i)}{(6V^e)^2}\iiint_\Omega \delta(x-x_0)\delta(y-y_0)\delta(z-z_0)\,\boldsymbol{i}_z\cdot(b_{i1}c_{i2}-c_{i1}b_{i2})\,\boldsymbol{i}_z\mathrm{d}v \\ &= \mathrm{i}\omega\mu\frac{m(2l_i)}{(6V^e)^2}(b_{i1}c_{i2}-c_{i1}b_{i2})\iiint_\Omega \delta(x-x_0)\delta(y-y_0)\delta(z-z_0)\,\mathrm{d}v \\ &= \mathrm{i}\omega\mu\frac{m(2l_i)}{(6V^e)^2}(b_{i1}c_{i2}-c_{i1}b_{i2})\end{aligned} \tag{3-69}$$

若是采用电性源的形式来加载磁性源，其源的加载方式与电性源加载方式一样，可参照前面表达式进行求解。

3.3　算例分析

3.3.1　算法正确性验证

1) 层状介质算法验证

设计一个三层介质地电模型(李勇等, 2015)[129] 来验证算法的正确性, 第一层介质电阻率为 10 Ω · m, 厚度为 500 m; 第二层介质电阻率为 70.71 Ω · m, 厚度为 500 m; 第三层介质电阻率为 500 Ω · m。有限长导线源的长度为 1 km, 导线源的中心坐标为(0 m, －8000 m, 0 m), 导线源的方向平行于 x 轴, 观测点位于坐标原点。通过计算得到的视电阻率和相位与解析解对比结果如表3 －2 所示, 相应的视电阻率和相位曲线如图 3 － 5 所示。

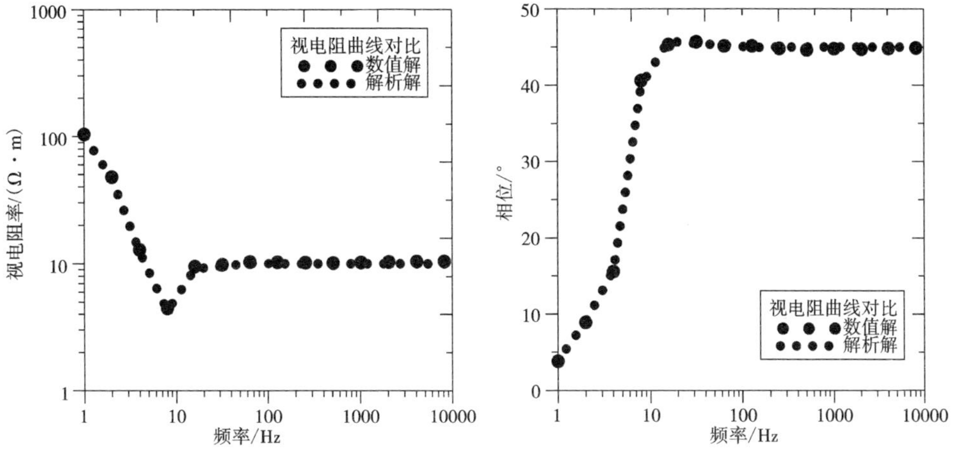

图 3 － 5　层状介质数值解与解析解对比曲线图

表 3 － 2　层状介质的数值解与解析解对比分析

频率 / Hz	视电阻率数值解 /(Ω · m)	数值解相位 /°	解析解视电阻率 /(Ω · m)	解析解相位 /°	视电阻率相对误差	相位相对误差
8192	10.438	44.872	10.00	45	4.38	0.284444
4096	10.415	44.809	10.00	44.999	4.15	0.422232
2048	10.324	44.696	10.00	44.998	3.24	0.671141
1024	10.236	44.765	10.00	44.997	2.36	0.51559

续表 3 - 2

频率/Hz	视电阻率数值解/(Ω·m)	数值解相位/°	解析解视电阻率/(Ω·m)	解析解相位/°	视电阻率相对误差	相位相对误差
512	10.112	44.627	9.99	44.993	1.12	0.81346
256	10.19	44.798	9.99	44.988	2.00	0.422335
128	10.256	45.13	10.01	44.943	2.467779	0.416083
64	10.315	45.135	10.05	45.257	2.616395	0.269572
32	9.826	45.679	9.55	45.45	2.814691	0.50385
16	9.513	45.317	9.10	45.748	4.458109	0.942118
8	4.443	40.609	4.26	39.949	4.271298	1.652106
4	12.841	15.575	12.37	15.743	3.698619	1.067141
2	47.767	8.89	46.43	9.008	2.88182	1.309947
1	104.156	3.816	102.6	3.905	1.506676	2.279129

从表3 - 2中可知，基于电场方程的3D CSEM算法的Pardiso直接求解得到结果与解析解相比，视电阻率平均相对误差在3% 以内，相位的相对误差在1% 以内，证明了本书开发的算法的正确性。

2）块状模型收敛性测试

设计如图3 - 6所示的块状低阻异常体，该模型来自2014年Ansari 和Farquharson 的论文[136]。块状低阻异常体模型的电阻率为5 Ω·m，被置于均匀半空间模型中，背景电阻率为50 Ω·m，异常体尺寸为120 m × 200 m × 400 m，中心点坐标为(1000 m, 0 m, 300 m)。沿着 x 方向布设有限长导线源，源的长度为100 m，源的中心坐标为(50 m, 0 m, 0 m)，发射电流为1 A。沿着 x 方向布设一条测线，测线起点位置为(400 m, 0 m, 0 m)，终点位置为(1400 m, 0 m, 0 m)。根据该测试模型，通过不同求解器以及预条件因子对电场方程的CSEM的有限元系统进行测试，分析该求解系统的收敛性，具体情况如下。

为了测试不同求解器以及预条件因子对电场方程的CSEM的有限元系统的收敛性能，将整个求解区域大小设置为$[-17.5\ \text{km}, 17.5\ \text{km}]^3$，为了测试3 Hz电磁响应，利用开源程序tetgen将区域剖分成179914个四面体单元，29590个节点以及204409个边单元，同时100 m的有限长导线源被剖分184段，以满足偶极源假设和降低场源的奇异性，然后采用petsc构建的Krylov子空间迭代求解器GMRES以及BICGSTAB结合表3 - 3中预条件因子对CSEM满足的电场方程进行求解，迭代求解的收敛性能如表3－3所示。从表3－3中可知，CSEM满足的电场方程的矢量有限元系统在常规Krylov子空间迭代算法不能收敛，故不能采用常规Krylov子空间迭代解法进行求解，只能采用稳健的直接求解器进行求解。

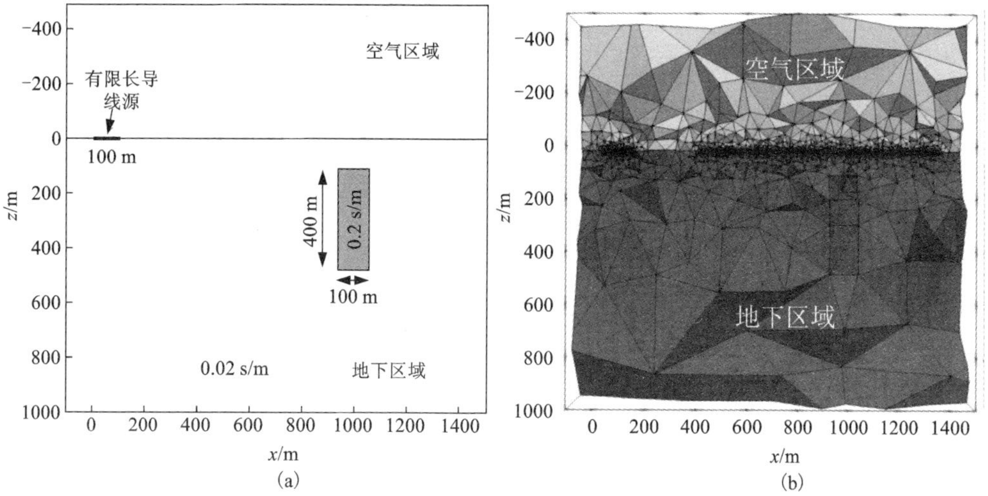

图3－6　块状低阻异常体模型

表3－3　3 Hz不同求解器以及预条件因子的收敛性能对比

系统	求解器	预条件因子	单元数/个	未知数/个	求解时间/s	迭代次数/次	残差 $\|b-Ax\|/\|b\|$
电场方程	GMRES	JACOBI	179914	204409	426.350	960	4.54×10^0
		BJACOBI			2111.58	5000	2.21×10^0
		SOR			1921.58	5000	2.02×10^0
		ILU(0)			1803.00	5000	2.1×10^0
		ILU(1)			2379.00	5000	1.4×10^0
	BICGSTAB	JACOBI	179914	204409	1287.00	5000	1.18×10^1
		BJACOBI			1944.61	5000	3.6×10^3
		SOR			1923.00	5000	7.38×10^0
		ILU(0)			1727.69	5000	3.6×10^3
		ILU(1)			2396.58	5000	2.98×10^2

3.3.2 圆柱薄板异常体电磁响应

根据前面测试基础，后续的算例通过直接求解器对电场方程的 CSEM 进行求解，并对其响应特征进行分析。在均匀半空间下存在一个圆柱薄板异常体模型，如图3 －7 所示。圆柱中心坐标为(3000 m，0 m，400 m)，圆柱的半径为2 km，厚度为200 m，背景电阻率为100 Ω · m，圆柱异常体的电阻率为1 Ω · m，在圆柱体中心的左侧5 km外放置一个 x 方向的水平电偶源，电偶源长度为1 m，坐标为(－2000 m，0 m，0 m)，在沿着 x 轴上布置一条观测剖面，剖面的长度为7 km，范围为 －1 ~ 6 km，测点间距为50 m，频率分别设置为8 Hz、16 Hz、32 Hz和64 Hz。整个求解区域范围为[－30 km，30 km]^3，采用直接求解器 Pardiso 对方程组进行求解，获取不同频率观测点处电场 E_x 和 H_y 响应值，其结果如图3 －8 和图3 －9 所示。

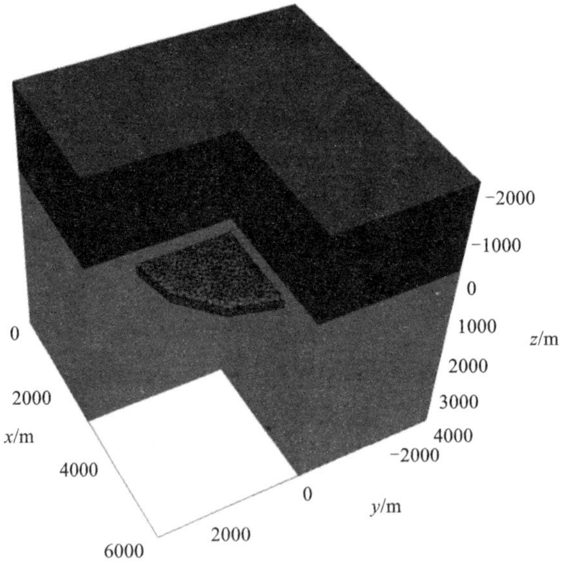

图3 －7　圆柱薄板异常体模型

从图3 －8 和图3 －9 的结果可知，电场 E_x 响应曲线在异常体正方面出现明显的变化，异常体正上方的电场 E_x 的幅值要低于背景值，且幅值随着频率的增加，幅值逐渐变弱；磁场 H_y 响应值与背景值相对值较小，对异常体的敏感度小。另外，从电场 E_x 响应曲线可知，低阻异常体有吸引电流的影响，使得电流趋于低阻体方向流动，导致流经地表电流密度降低。

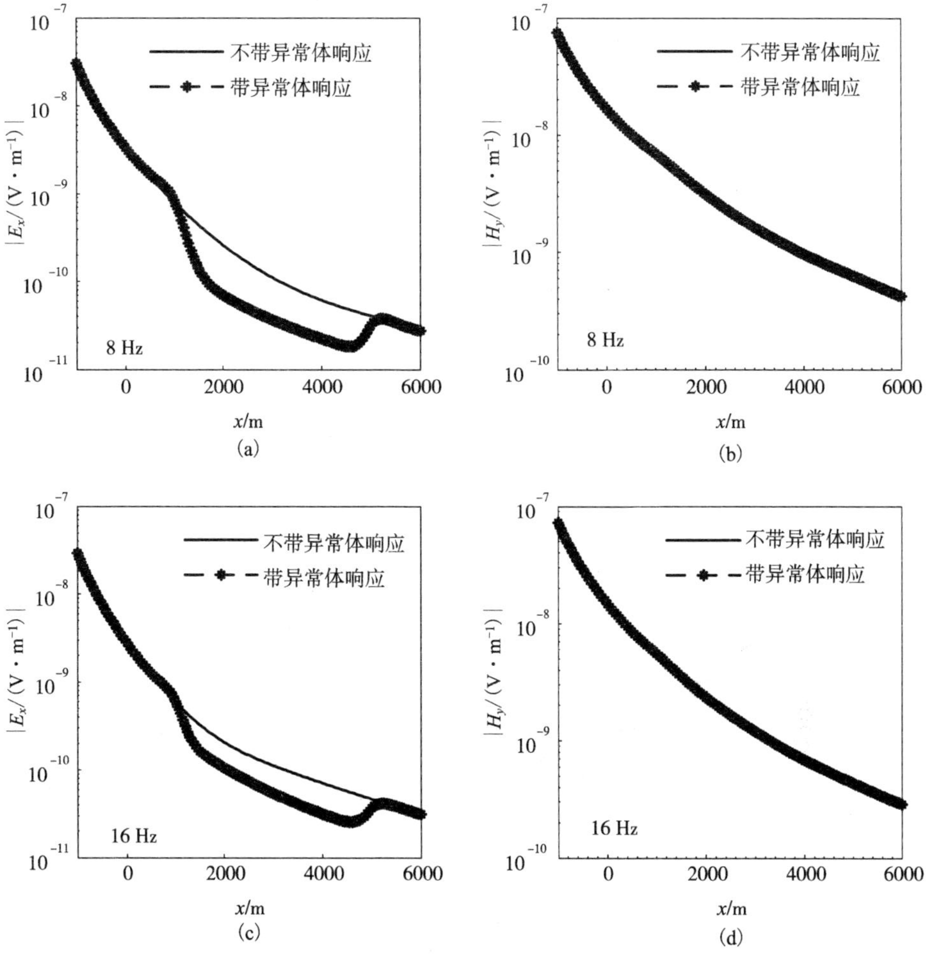

图 3 – 8　电场 E_x 和磁场 H_y 响应曲线

(a)8 Hz 电场响应曲线；(b)8 Hz 磁场响应曲线；(c)16 Hz 电场响应曲线；(d)16 Hz 磁场响应曲线

3.3.3　球体异常体电磁响应

设计一个球体的异常体模型如图 3 – 10 所示，该异常体被置于均匀半空间下，球体半径为 225 m，球体中心坐标为(0 m，0 m，450 m)，背景电阻率为 100 Ω · m，球体异常体电阻率为 1 Ω · m，在 x 轴上置于一个 x 方向的水平电偶源，电偶源长度为 1 m，发射电流为 1A，坐标为(– 6000 m，0 m，0 m)，在沿着 x – y 平面布置 21 条观测剖面，整个求解区域范围为[– 30 km，30 km]^3，为了提高观测精度，对观测点和场源进行局部加密处理，细化后观测平面如图 3 – 11 所示。然后采用直

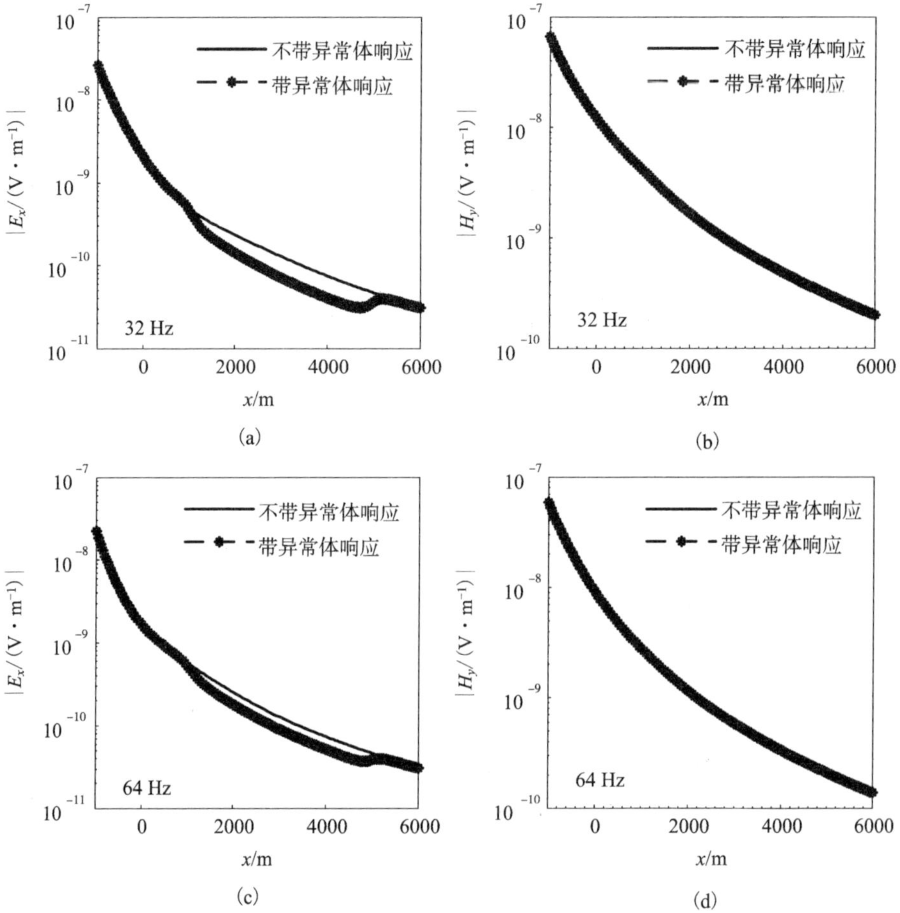

图 3－9　电场 E_x 和磁场 H_y 响应曲线

(a)32 Hz 电场响应曲线；(b)32 Hz 磁场响应曲线；(c)64 Hz 电场响应曲线；(d)64 Hz 磁场响应曲线

接求解器 Pardiso 对形成的线性方程组进行求解，获取了 32 Hz 和 64 Hz 观测平面的电场 E_x、视电阻率和相位等值线图，其结果如图 3 － 12 和图 3 － 13 所示。

从图 3 － 12 和图 3 － 13 中可知，32 Hz 和 64 Hz 的视电阻率等值线明显发现一个较为集中的低阻异常区，异常区范围与异常体位置相对应；相位等值线图在异常体正上方呈高相位异常响应特征；电场 E_x 等值线向场源方向弯曲，在异常体正上方弯曲的幅度最大，越靠近场源方向电场的幅值越大。随着频率的增高，电场等值线图幅值逐渐变小，并在异常体正上方变化相对明显。

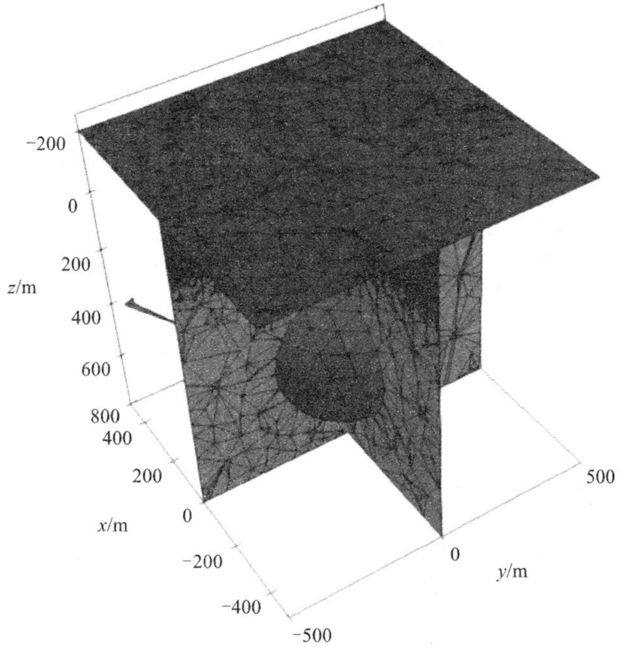

图 3－10　球状异常体模型三维示意图

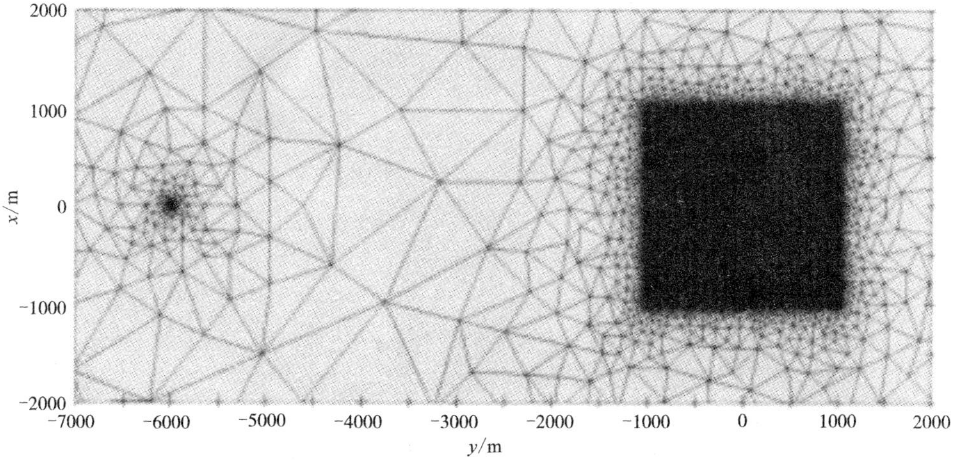

图 3－11　源的观测平面设计示意图

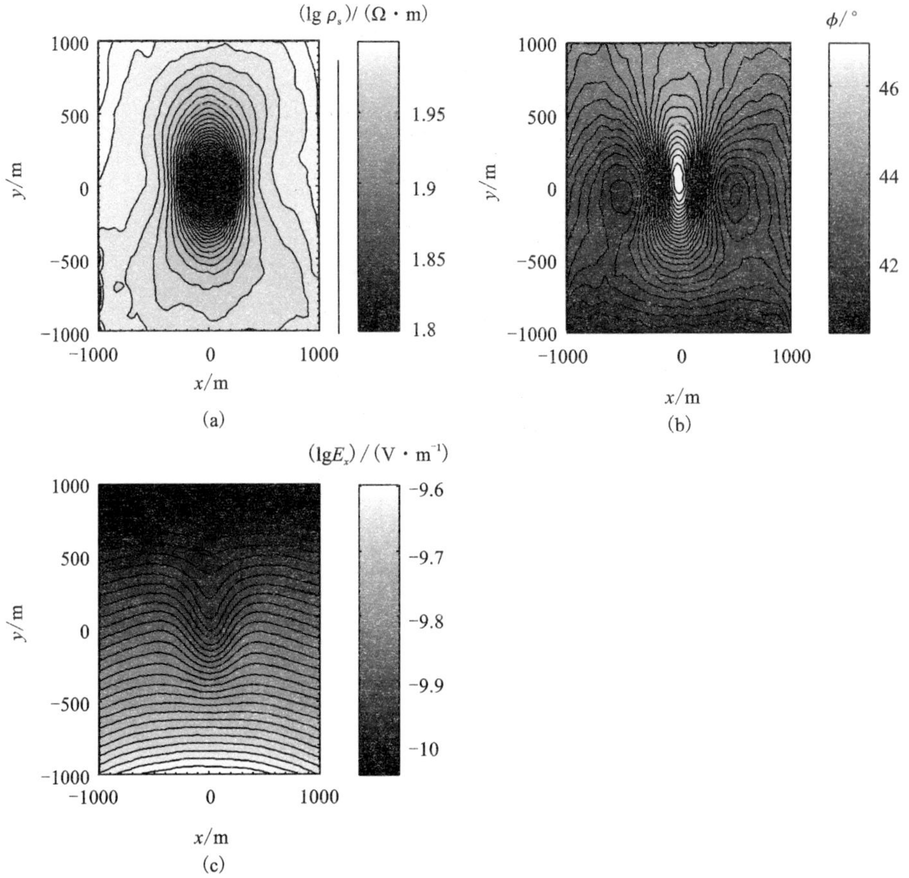

图 3 - 12　32 Hz 视电阻率、相位以及电场 E_x 等值线图

(a) 视电阻率等值线图；(b) 相位等值线图；(c) 电场 E_x 等值线图

3.3.4　组合异常体响应分析

设计一个块状组合异常体模型如图 3 - 14 所示，该组合异常体被置于均匀半空间下，块状异常体的尺寸为400 m × 400 m × 400 m，第一个块状异常体的 x 方向范围为 - 600 ~ - 200 m，y 方向范围为 - 200 ~ 200 m，z 方向范围为200 ~ 600 m；另一个块状异常体的 x 方向范围为200 ~ 600 m，y 方向范围为 - 200 m ~ 200 m，z 方向范围为200 ~ 600 m。坐标轴左侧的块状异常体的电阻率为1 Ω · m，坐标轴的右侧块状异常体的电阻率为 1000 Ω · m，背景电阻率为 100 Ω · m。在 x 轴上放置一个 x 方向的水平电偶源，坐标为(0 m，- 5000 m，0 m)，电偶源的长度为1 m，发射电流为 1A，在沿着 x - y 平面布置 11 条观测剖面，每一条测线上有 100 个观测点，整个求解区域范围为[- 30 km，30 km]^3，为了提高观测精度，对观测点和场源进行局部加密处理，细化后观测平面如图 3 - 15 所示。然后采用直接求解器

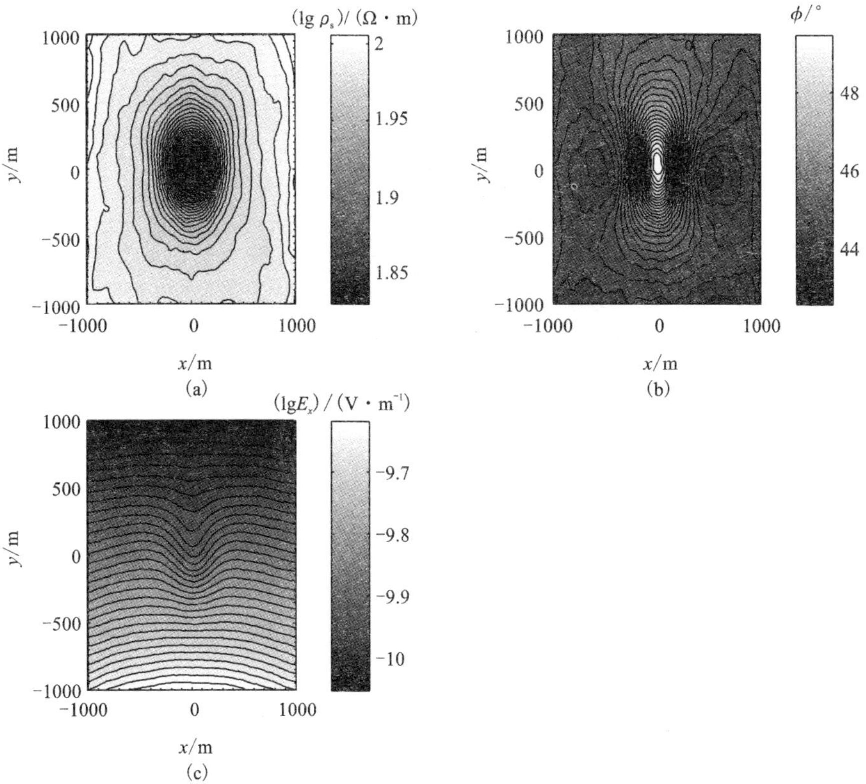

图 3 − 13　64 Hz 视电阻率、相位以及电场 E_x 等值线图

(a) 视电阻率等值线图；(b) 相位等值线图；(c) 电场 E_x 等值线图

Pardiso 对形成的线性方程组进行求解，获取了16 Hz、32 Hz 和 64 Hz 观测平面的电场、视电阻率和相位等值线图，结果如图 3 − 16 ~ 图 3 − 18 所示。

从图 3 − 16 ~ 图 3 − 18 中可知，16 Hz、32 Hz 和 64 Hz 的视电阻率等值线明显发现一个较为集中的低阻异常区和高阻异常区，异常区的曲线圈闭，异常区范围与异常体的位置相对应，低阻异常区的辨识度要高于高阻区；相位等值线图在异常体正上方呈现高低相间异常响应特征；高阻异常体区域的电场 E_x 等值线向场源方向弯曲，低阻异常体区域 E_x 的等值线弯曲方向背离源一侧，在异常体正上方弯曲的幅度最大，越靠近场源方向电场的幅值越大。随着频率的增高，电场异常幅值逐渐变弱，并在异常体正上方变化明显。另外，从电场和视电阻率等值线图可见，低阻异常体的敏感度要优于高阻异常体，这说明不管是电场还是视电阻率都对高阻体反应不灵敏，对低阻异常体反应灵敏，低阻异常体能够吸引电流，使得在低阻异常体的等值线变密，高阻异常体排斥电流，使得高阻异常体附件的等值线变稀，从而出现上述现象。

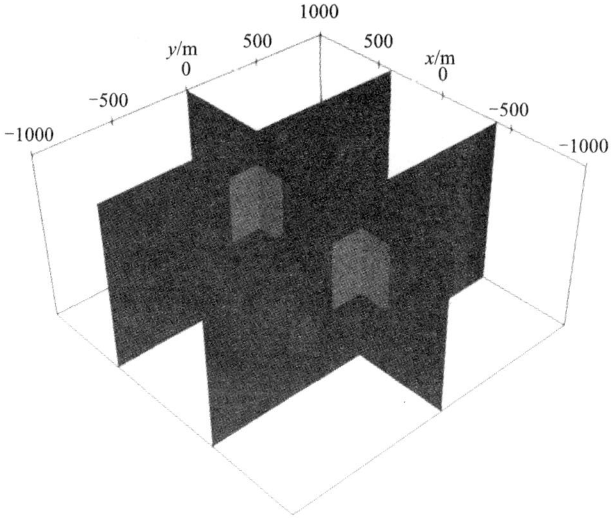

图 3-14　块状组合异常体三维示意图

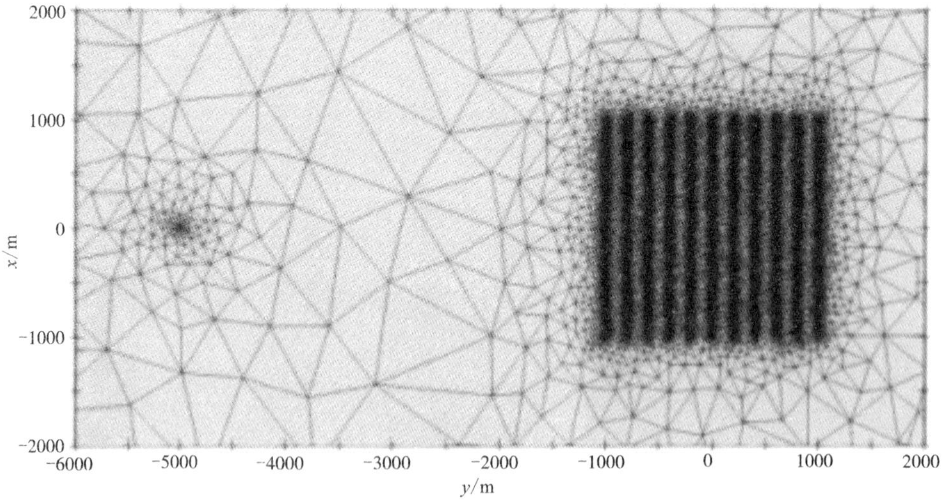

图 3-15　源的观测平面设计示意图

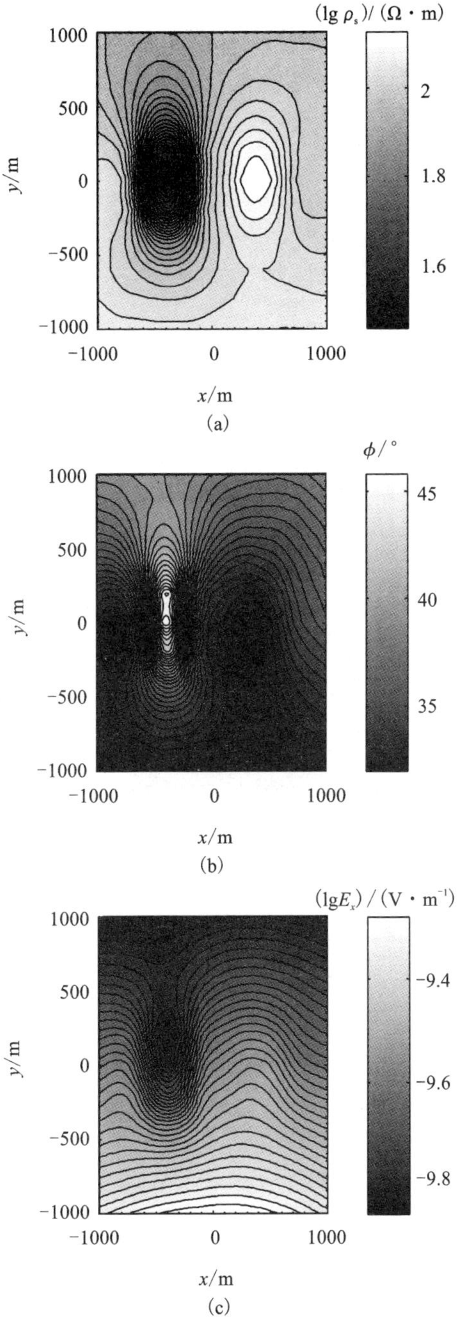

图 3－16　16 Hz 视电阻率、相位以及电场 E_x 等值线图

(a) 视电阻率等值线图；(b) 相位等值线图；(c) 电场 E_x 等值线图

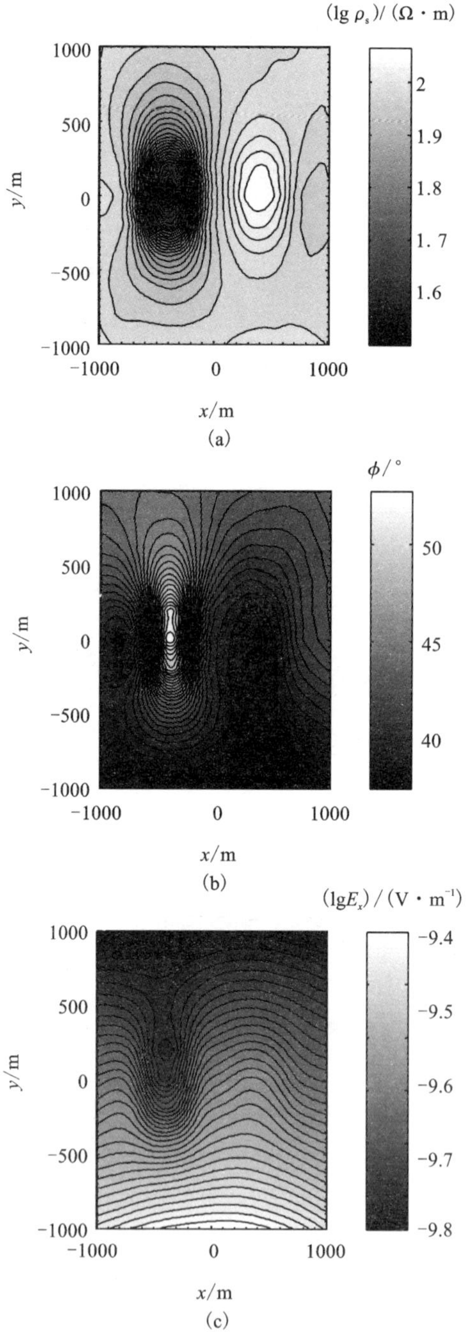

图 3 - 17　32 Hz 视电阻率、相位以及电场 E_x 等值线图

(a) 视电阻率等值线图；(b) 相位等值线图；(c) 电场 E_x 等值线图

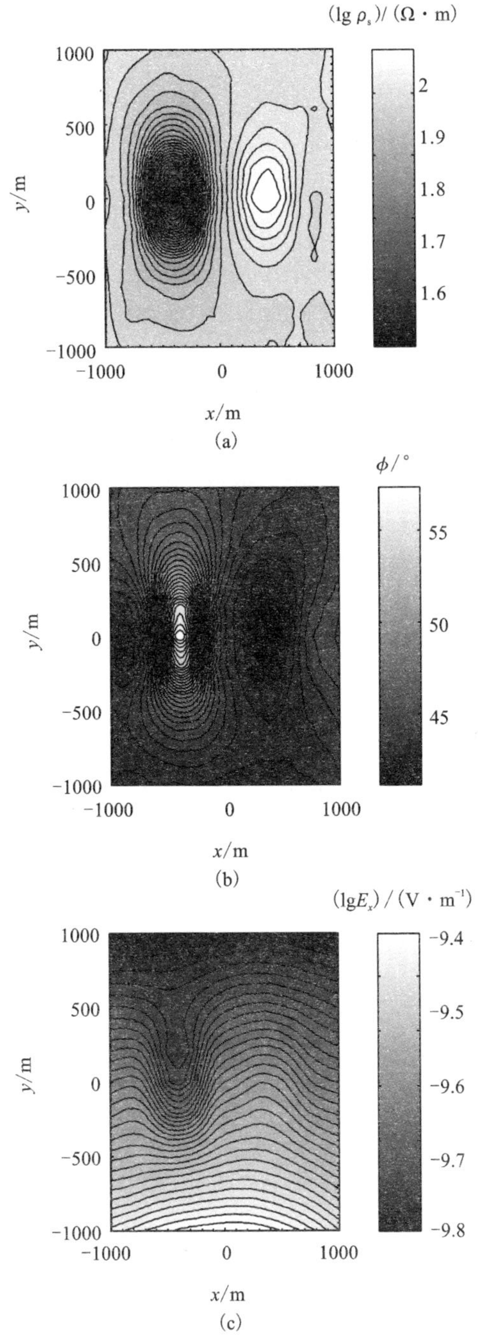

图 3 – 18　64 Hz 视电阻率、相位以及电场 E_x 等值线图

(a) 视电阻率等值线图；(b) 相位等值线图；(c) 电场 E_x 等值线图

3.4 小结

本章开展了基于非结构化网格电场方程的 3D CSEM 正演矢量有限元系统的研究，通过模型测试分析了算法的正确性、响应特征以及收敛特性，主要的成果如下：

（1）实现了基于形函数积分的场源积分处理技术。首先，将任意复杂场源看成任意偶极源的叠加；其次，采用 Heaviside 函数来实现偶极源数学表示；最后，采用形函数直接积分技术对 Heaviside 函数进行直接积分，从而实现基于形函数积分技术的场源积分。

（2）采用局部网格加密技术，有效降低场源奇异性。

（3）首先，设计了层状模型验证了本书算法的正确性；其次，设计了块状异常体模型，分析了在 Krylov 子空间的 GMRES 和 BICGSTAB 迭代求解器收敛特性。测试结果表明，常规的 Krylov 子空间预条件算法不能使得电场线性方程组收敛，该现象为后面开展系统矩阵条件数较优的 $\boldsymbol{A}-\boldsymbol{\Phi}$ 耦合势电磁正演系统提供了依据。除此之外，设计多种复杂异常体（圆柱薄板异常体、球状异常体以及组合异常体）分析了 3D CSEM 响应特征。测试结果表明，电性源的 CSEM 对低阻异常体的敏感度要优于高阻体。

第 4 章　基于双旋度结构的 $A-\Phi$ 耦合势的 3D CSEM 正演模拟

目前，大部分 3D CSEM 正演模拟都是基于电场公式，但是电场的双旋度方程不适合迭代求解，这一现象在第 3 章进行了描述和测试，原因在于电场方程必须进行散度矫正来消除电导率不连续界面电荷积累和旋度算子在空气空间存在 NULL 解等问题[84]，在不进行散度矫正的前提下，只能采用直接解法来实现电场双旋度方程的求解，然而当解区域较大，频率较低时，直接法会面临耗时较大以及低频崩溃等问题。为此，国内外大量研究者采用系统矩阵条件数较好的规范矢量位和标量位公式来求解三维电磁问题[133, 135, 164, 165]，该类方法在电子和工程领域得到了广泛应用。

该方法将电场分解成磁矢量位 $\boldsymbol{A}$ 和电标量位 Φ，通过是否显式 Coulomb 规范来保证矢量位 $\boldsymbol{A}$ 和标量位 Φ 解的唯一性，国内外该方面主要以两种处理方式：一类是基于双旋度结构的求解系统[136]，通过矢量形函数的对矢量位 $\boldsymbol{A}$ 离散，利用矢量形函数自身散度为零来隐式规范矢量位 $\boldsymbol{A}$；另一类是基于拉普拉斯结构的求解系统，利用节点有限元来离散系统方程，并显式强加规范条件（库仑规范 $\nabla\cdot\boldsymbol{A}=0$），保证了 $\boldsymbol{A}$ 的每个分量在节点上处处连续[165]。

在此，本章采用第一类的磁矢量位 $\boldsymbol{A}$ 和电标量位 Φ 正演求解系统，开展了基于总场算法的双旋度结构 $A-\Phi$ 耦合势的 3D CSEM 正演研究。设计了相应的地电模型，分析了该求解系统的收敛性等问题。

4.1　双旋度结构的 $A-\Phi$ 耦合势的 CSEM 满足的边值问题

本书采用 Badea 给出的方法[165] 建立双旋度结构的 CSEM $A-\Phi$ 耦合势满足的边值问题。首先，电场 $\boldsymbol{E}$ 和磁场 $\boldsymbol{B}$ 由矢量位 $\boldsymbol{A}$ 和标量位 Φ 的表达式为：

$$\boldsymbol{B}=\nabla\times\boldsymbol{A} \tag{4-1}$$

$$\boldsymbol{E}=\mathrm{i}\omega(\boldsymbol{A}-\nabla\Phi) \tag{4-2}$$

将公式(4-1)和式(4-2)代入到公式(3-5)可得下 CSEM 满足耦合势方程：

$$\nabla\times\nabla\times\boldsymbol{A}+\zeta\chi(\boldsymbol{A}-\nabla\Phi)=\mu\boldsymbol{J}_e^s+\frac{1}{\mathrm{i}\omega}\nabla\times\boldsymbol{J}_m^s \tag{4-3}$$

然后，根据电荷守恒以及欧姆定律，获得一个辅助方程，其表达式为：

$$\nabla\cdot[\zeta\chi(\boldsymbol{A}-\nabla\Phi)]=\nabla\cdot[\mu\boldsymbol{J}_e^s] \tag{4-4}$$

联立方程式(4 - 3) 和方程式(4 - 4)，可以获得基于双旋度结构的 CSEM 求解系统：

$$\begin{cases}\nabla\times\nabla\times\boldsymbol{A}+\zeta\chi(\boldsymbol{A}-\nabla\Phi)=\mu\boldsymbol{J}_e^s+\dfrac{1}{\mathrm{i}\omega}\nabla\times\boldsymbol{J}_m^s\\ \nabla\cdot[\zeta\chi(\boldsymbol{A}-\nabla\Phi)]=\nabla\cdot[\mu\boldsymbol{J}_e^s]\end{cases} \tag{4-5}$$

上述公式在不显式强加 Coulomb 规范的条件下，采用迭代求解器进行求解。该求解系统被纽芬兰纪念大学 Ansari(2014) 博士采用。Ansari 博士采用矢量插值基函数来离散矢量位 $\boldsymbol{A}$，节点插值基函数离散标量位 Φ，通过矢量形函数隐式规范矢量位 $\boldsymbol{A}$ 满足 $\nabla\cdot\boldsymbol{A}=0$ 来保证方程解的唯一性。

另外，在频率域 CSEM 正演模拟中，在合成最后的系数矩阵时，需要考虑边界条件的加载，为了简化求解，通常采用 Dirichlet 边界条件，将外边界取得足够远，使得矢量位在边界上满足 $\boldsymbol{n}\times\boldsymbol{A}|_{\partial\Omega}=0$ 以及 $\boldsymbol{n}\cdot\boldsymbol{A}|_{\partial\Omega}=0$，标量位在边界满足 $\Phi|_{\partial\Omega}=0$；或者将偶极子源在均匀半空间或层状介质产生的一次场强加到截断边界上来消除边界影响，有效地减少边界反射，同时确保解的唯一性。

4.2 双旋度结构的 CSEM 的 $A-\Phi$ 矢量有限元系统

4.2.1 单元分析

采用类似处理电场双旋度方程的技术来离散双旋度结构的 $\boldsymbol{A}-\Phi$ 系统方程，下面直接给出 Galerkin 有限元方法离散双旋度结构 $\boldsymbol{A}-\Phi$ 系统方程，为了求解组合方程式(4 - 5)，设余量 $\boldsymbol{R}_A$ 为：

$$\boldsymbol{R}_A=\nabla\times\nabla\times\boldsymbol{A}+\zeta\chi(\boldsymbol{A}-\nabla\Phi)-\boldsymbol{J}_s^A \tag{4-6}$$

其中：$\boldsymbol{J}_s^A=\mu\boldsymbol{J}_e^s+\dfrac{1}{\mathrm{i}\omega}\nabla\times\boldsymbol{J}_m^s$，余量 $\boldsymbol{R}_\Phi$ 为：

$$R_\Phi=\nabla\cdot[\zeta\chi\boldsymbol{A}-\nabla\Phi]-J_s^\Phi \tag{4-7}$$

其中：$J_s^\Phi=\nabla\cdot[\mu\boldsymbol{J}_e^s]$。

令在计算区域 Ω 满足以下条件：

$$\iiint_\Omega \boldsymbol{N}\cdot\boldsymbol{R}_A\mathrm{d}v=0 \tag{4-8}$$

$$\iiint_\Omega L\cdot R_\Phi\mathrm{d}v=0 \tag{4-9}$$

其中：L 为标量基函数。将公式(4 - 6) 和公式(4 - 7) 分别代入公式(4 - 8) 和公式(4 - 9) 中，可得：

$$\iiint_\Omega \boldsymbol{N}\cdot[\nabla\times\nabla\times\boldsymbol{A}+\zeta\chi(\boldsymbol{A}-\nabla\Phi)]\mathrm{d}v=\iiint_\Omega \boldsymbol{N}\cdot\boldsymbol{J}_s^A\mathrm{d}v \tag{4-10}$$

$$\iiint_{\Omega} L \cdot \{\nabla \cdot [\zeta\chi(\boldsymbol{A}-\nabla\boldsymbol{\Phi})]\} \mathrm{d}v = \iiint_{\Omega} L \cdot J_s^{\Phi} \mathrm{d}v \tag{4-11}$$

公式(4 - 10) 可化简为:

$$\iiint_{\Omega} \boldsymbol{N} \cdot \nabla\times\nabla\times\boldsymbol{A}\mathrm{d}v + \iiint_{\Omega} \boldsymbol{N} \cdot \zeta\chi A\mathrm{d}v - \iiint_{\Omega} \boldsymbol{N} \cdot \zeta\chi\nabla\boldsymbol{\Phi}\mathrm{d}v = \iiint_{\Omega} \boldsymbol{N} \cdot \boldsymbol{J}_s^{A}\mathrm{d}v \tag{4-12}$$

应用第一矢量格林定理，进一步简化为(Jin, 2002):

$$\begin{aligned} &\iiint_{\Omega} (\nabla\times\boldsymbol{N}) \cdot (\nabla\times\boldsymbol{A})\mathrm{d}v + \iiint_{\Omega} N \cdot \zeta\chi(\boldsymbol{A}-\nabla\boldsymbol{\Phi})\mathrm{d}v \\ &- \iint_{\partial\Omega=\Gamma_0+\Gamma_1} (\boldsymbol{N}\times\nabla\times\boldsymbol{A}) \cdot \boldsymbol{n}\mathrm{d}s = \iiint_{\Omega} \boldsymbol{N} \cdot \boldsymbol{J}_s^{A}\mathrm{d}v \end{aligned} \tag{4-13}$$

第一标量格林定理应用到公式(4 - 11) 中，可化简为:

$$-\zeta\chi\iiint_{\Omega} \nabla L(\boldsymbol{A}-\nabla\boldsymbol{\Phi})\mathrm{d}v + \zeta\chi\iint_{\partial\Omega=\Gamma_0+\Gamma_1} [(\boldsymbol{A}-\nabla\boldsymbol{\Phi}) \cdot \boldsymbol{n}]\mathrm{d}s = \iiint_{\Omega} L \cdot J_s^{\Phi}\mathrm{d}v \tag{4-14}$$

其中，公式(4 - 13) 与公式(4 - 14) 的面积分项为无穷边界积分，对于三维 CSEM 问题，可利用均匀半空间或层状介质的解进行强加。

同样地，四面体单元 e 中任意点(x, y, z) 处的矢量势 $\boldsymbol{A}$ 场及标量位 $\boldsymbol{\Phi}$ 矢量基函数和节点基函数表示为:

$$\boldsymbol{A} = \sum_{j=1}^{6} A_j \boldsymbol{N}_j \tag{4-15}$$

$$\boldsymbol{\Phi} = \sum_{k=1}^{4} \boldsymbol{\Phi}_k L_k \tag{4-16}$$

然后，整个求解区域 Ω 剖分成由四面体单元组合成网格 $\hbar_n$，$\hbar_n = \cup_1^{N_t}$，N_t 是求解区域总的四面体的个数，因此，将公式(4 - 15) 和公式(4 - 16) 代入到公式(4 - 13) 和公式(4 - 14) 中，上面的求解系统被离散为如下表达式，可得:

$$\begin{aligned} &\sum_{j=1}^{N_{\text{edges}}} A_j \iiint_{\Omega} (\nabla\times\boldsymbol{N}_i) \cdot (\nabla\times\boldsymbol{N}_j)\mathrm{d}v + \sum_{j=1}^{N_{\text{edges}}} A_j \iiint_{\Omega} \boldsymbol{N}_i \cdot \zeta\chi\boldsymbol{N}_j\mathrm{d}v - \\ &\sum_{k=1}^{N_{\text{nodes}}} \boldsymbol{\Phi}_k \int_{\Omega} \boldsymbol{N}_i \cdot \zeta\chi\nabla L_k\mathrm{d}\Omega + \iint_{\partial\Omega=\Gamma_0+\Gamma_1} \boldsymbol{N}_i \cdot (\boldsymbol{n}\times\boldsymbol{B})\mathrm{d}s = \iiint_{\Omega} \boldsymbol{N} \cdot \boldsymbol{J}_s^{A}\mathrm{d}v \end{aligned} \tag{4-17}$$

$$\begin{aligned} &-\sum_{j=1}^{N_{\text{edges}}} A_j \iiint_{\Omega} (\nabla L_i) \cdot \zeta\chi\boldsymbol{N}_j\mathrm{d}v + \sum_{k=1}^{N_{\text{nodes}}} \boldsymbol{\Phi}_k \iiint_{\Omega} \zeta\chi(\nabla L_i) \cdot (\nabla L_k)\mathrm{d}v \\ &-\mu\chi\iint_{\partial\Omega=\Gamma_0+\Gamma_1} L_i[\boldsymbol{E} \cdot \boldsymbol{n}]\mathrm{d}s = \iiint_{\Omega} L_i \cdot J_s^{\Phi}\mathrm{d}v \end{aligned} \tag{4-18}$$

其中: N_{edges}、N_{nodes} 分别表示为求解区域边总数以及节点总数。

4.2.2 场源积分计算

基于双旋度结构 $\boldsymbol{A}-\boldsymbol{\Phi}$ 系统方程，采用矢量形函数来离散矢量位 $\boldsymbol{A}$，节点形函数来离散标量位 $\boldsymbol{\Phi}$，其右端项涉及的源项积分可表示为：

$$
\begin{aligned}
S_1^e &= \iiint_\Omega \boldsymbol{N}_i \cdot (\boldsymbol{J}_e^s)\,\mathrm{d}v \\
S_1^m &= \iiint_\Omega \boldsymbol{N}_i \cdot (\nabla\times \boldsymbol{J}_m^s)\,\mathrm{d}v \\
S_2 &= \iiint_\Omega L_i \cdot [\nabla\cdot(\boldsymbol{J}_e^s)]\,\mathrm{d}v
\end{aligned}
\tag{4-19}
$$

对于 x 方向电性源来说，我们将激发源线段置于四面体棱边上，因此：

$$
\begin{aligned}
S_1^e &= \iiint_\Omega \boldsymbol{N}_i \cdot \boldsymbol{J}_e^s\,\mathrm{d}v \\
&= \frac{I}{(6V^e)^2}\iiint_{\Omega^e} (N_x i_x + N_y i_y + N_z i_z)[H(x_{i+1}) - H(x_i)]\delta(y-y_0)\delta(z-z_0)\,\boldsymbol{i}_x\mathrm{d}v
\end{aligned}
\tag{4-20}
$$

其中：H 表示 Heaviside 函数；δ 是 deta 函数；N_x、N_y、N_z 分别表示矢量形函数各分量，这部分在第3章进行了描述，公式(4-20)可以直接进行解析求解。对于公式(4-19)中的散度源，由于电流源在单环内，电流法向面积分为零，得：

$$
S_2 = \iiint_\Omega L_i \cdot [\nabla\cdot(\boldsymbol{J}_e^s)]\,\mathrm{d}v = \iiint_\Omega \nabla L_i \cdot \boldsymbol{J}_e^s\,\mathrm{d}v \tag{4-21}
$$

同样地，公式(4-21)可进行简化

$$
\begin{aligned}
S_2 &= \iiint_\Omega \nabla L_i \cdot \boldsymbol{J}_e^s\,\mathrm{d}v \\
&= \frac{I}{6V^e}\iiint_{\Omega^e} (b_i\boldsymbol{i}_x + c_i\boldsymbol{i}_y + d_i\boldsymbol{i}_z)[H(x_{i+1}) - H(x_i)]\delta(y-y_0)\delta(z-z_0)\,\boldsymbol{i}_x\mathrm{d}v
\end{aligned}
\tag{4-22}
$$

同样地，积分公式(4-22)能够实现解析求解。

然而，对于磁性源来说，激发源放置到求解区域内，如垂直磁偶源，其表达式为：

$$
\boldsymbol{M} = m\delta(x-x_0)\delta(y-y_0)\delta(z-z_0)\,\boldsymbol{i}_z \tag{4-23}
$$

其中：m 是磁矩；磁电流密度表示为：

$$
\boldsymbol{J}_m^s = \mathrm{i}\omega\mu\boldsymbol{M} \tag{4-24}
$$

因此，对于磁性源的积分，其表达式为：

$$
S_1^m = \mathrm{i}\omega\mu\iiint_\Omega \boldsymbol{N}_i \cdot (\nabla\times\boldsymbol{M})\,\mathrm{d}v \tag{4-25}
$$

对公式(4-25)使用矢量格林定量，表达式可简化为：

$$
S_1^m = \mathrm{i}\omega\mu\iiint_\Omega \boldsymbol{M}\cdot(\nabla\times\boldsymbol{N}_i)\,\mathrm{d}v - \iint_{\partial\Omega} \boldsymbol{N}_i\times\boldsymbol{M}\cdot\boldsymbol{n}\,\mathrm{d}s \tag{4-26}
$$

由于我们源点位于四面体单元内，可以认为公式(4－26)的面积分等于零，因此上述积分只剩下前面的体积分，因此我们可以采用形函数直接求解，其表达式为：

$$\begin{aligned} S_1^m &= \mathrm{i}\omega\mu \iiint_\Omega \boldsymbol{M}\cdot(\nabla\times\boldsymbol{N}_i)\mathrm{d}v \\ &= \mathrm{i}\omega\mu\frac{m(2l_i)}{(6V^e)^2}\iiint_\Omega \delta(x-x_0)\delta(y-y_0)\delta(z-z_0)\,\boldsymbol{i}_z\cdot(b_{i1}c_{i2}-c_{i1}b_{i2})\,\boldsymbol{i}_z\mathrm{d}v \\ &= \mathrm{i}\omega\mu\frac{m(2l_i)}{(6V^e)^2}(b_{i1}c_{i2}-c_{i1}b_{i2})\iiint_\Omega \delta(x-x_0)\delta(y-y_0)\delta(z-z_0)\mathrm{d}v \\ &= \mathrm{i}\omega\mu\frac{m(2l_i)}{(6V^e)^2}(b_{i1}c_{i2}-c_{i1}b_{i2}) \end{aligned} \tag{4-27}$$

若是采用电性源的形式来加载磁性源，场源的积分表达式如第 2 章所述。

4.2.3　刚度矩阵的合成

从 3.2.1 节中可知，双旋度结构的 $\boldsymbol{A}-\boldsymbol{\Phi}$ 耦合势的 CSEM 求解系统的矩阵合成涉及以下几种积分计算，其表达式为：

$$C_{i,j} = \iiint_{\Omega_e}(\nabla\times\boldsymbol{N}_i)\cdot(\nabla\times\boldsymbol{N}_j)\mathrm{d}v \tag{4-28}$$

$$D_{i,j} = \iiint_{\Omega_e}\boldsymbol{N}_i\cdot\boldsymbol{N}_j\mathrm{d}v \tag{4-29}$$

$$G_{i,j} = \iiint_{\Omega_e}\boldsymbol{N}_i\cdot\nabla L_j\mathrm{d}v \tag{4-30}$$

$$F_{i,j} = \iiint_{\Omega_e}\nabla L_i\cdot\boldsymbol{N}_j\mathrm{d}v \tag{4-31}$$

$$H_{i,j} = \iiint_{\Omega_e}(\nabla L_i)\cdot(\nabla L_j)\mathrm{d}v \tag{4-32}$$

其中，式(4－28)～式(4－29)的形函数积分在第 2 章进行了描述，下面只给出公式(4－30)～式(4－32)简洁的积分表达式：

$$\boldsymbol{N}_i\cdot\nabla L_j = \frac{1}{(6V^e)^2}l_j^e\begin{bmatrix}(b_{i_2}^e b_j^e + c_{i_2}^e c_j^e + d_{i_2}^e d_j^e)\boldsymbol{N}_{i_1}^e \\ -(b_{i_1}^e b_j^e + c_{i_1}^e c_j^e + d_{i_1}^e d_j^e)\boldsymbol{N}_{i_2}^e\end{bmatrix} \tag{4-33}$$

$$\nabla L_i\cdot\boldsymbol{N}_j = (\boldsymbol{N}_i\cdot\nabla L_j)^T \tag{4-34}$$

$$\begin{aligned} (\nabla L_i)\cdot(\nabla L_j) &= \frac{1}{6V^e}(b_i^e\boldsymbol{i}_x + c_i^e\boldsymbol{i}_y + d_i^e\boldsymbol{i}_z)\cdot\frac{1}{6V^e}(b_j^e\boldsymbol{i}_x + c_j^e\boldsymbol{i}_y + d_j^e\boldsymbol{i}_z) \\ &= \left(\frac{1}{6V^e}\right)^2(b_i^e b_j^e + c_i^e c_j^e + d_i^e d_j^e) \end{aligned} \tag{4-35}$$

因此，通过上述积分求解后，可得到总刚度矩阵：

$$\begin{pmatrix} \boldsymbol{C}+\zeta\chi\boldsymbol{D} & -\zeta\chi\,\boldsymbol{G}_{A\Phi} \\ -\zeta\chi\,\boldsymbol{F}_{\Phi A} & -\zeta\chi\,\boldsymbol{H}_{\Phi\Phi} \end{pmatrix}\begin{pmatrix} \boldsymbol{A} \\ \boldsymbol{\Phi} \end{pmatrix} = \begin{pmatrix} \boldsymbol{S}_1 \\ \boldsymbol{S}_2 \end{pmatrix} \tag{4-36}$$

其中，$\boldsymbol{S}_1^{\text{source}} = \iiint_\Omega \boldsymbol{N}\cdot\left[\mu\,\boldsymbol{J}_e^s + \frac{1}{\mathrm{i}\omega}\nabla\times\boldsymbol{J}_m^s\right]\mathrm{d}v$，$\boldsymbol{S}_2^{\text{source}} = \iiint_\Omega \boldsymbol{N}\cdot[\nabla\cdot(\mu\,\boldsymbol{J}_e^s)]\mathrm{d}v$，右端项$S_1$包含电偶源和磁偶源的积分，但在源的处理上，本书采用线源加载的方式来描述磁偶源，因此其最后合成矩阵存在小的细节差异。其具体形式如下：

1）磁点源其形成的系统矩阵

$$\begin{pmatrix} \boldsymbol{C}+\zeta\chi\boldsymbol{D} & -\zeta\chi\,\boldsymbol{G}_{A\Phi} \\ -\zeta\chi\,\boldsymbol{F}_{\Phi A} & -\zeta\chi\,\boldsymbol{H}_{\Phi\Phi} \end{pmatrix}\begin{pmatrix} \boldsymbol{A} \\ \boldsymbol{\Phi} \end{pmatrix} = \begin{pmatrix} \boldsymbol{S}_1^m \\ 0 \end{pmatrix} \tag{4-37}$$

其中，$\boldsymbol{S}_1^m = \iiint_\Omega \boldsymbol{N}\cdot\left[\frac{1}{\mathrm{i}\omega}\nabla\times J_m^s\right]\mathrm{d}v$。

2）回线源形成的系统矩阵

$$\begin{pmatrix} \boldsymbol{C}+\zeta\chi\boldsymbol{D} & -\zeta\chi\,\boldsymbol{G}_{A\Phi} \\ -\zeta\chi\,\boldsymbol{F}_{\Phi A} & -\zeta\chi\,\boldsymbol{H}_{\Phi\Phi} \end{pmatrix}\begin{pmatrix} \boldsymbol{A} \\ \boldsymbol{\Phi} \end{pmatrix} = \begin{pmatrix} \boldsymbol{S}_1^e \\ 0 \end{pmatrix} \tag{4-38}$$

其中，$\boldsymbol{S}_1^e = \iiint_\Omega \boldsymbol{N}\cdot(\mu\,J_e^s)\mathrm{d}v$，回线源需要对每一段线源进行积分求和。

3）电偶源或有限长导线源形成的系统矩阵

$$\begin{pmatrix} \boldsymbol{C}+\zeta\chi\boldsymbol{D} & -\zeta\chi\,\boldsymbol{G}_{A\Phi} \\ -\zeta\chi\,\boldsymbol{F}_{\Phi A} & -\zeta\chi\,\boldsymbol{H}_{\Phi\Phi} \end{pmatrix}\begin{pmatrix} \boldsymbol{A} \\ \boldsymbol{\Phi} \end{pmatrix} = \begin{pmatrix} \boldsymbol{S}_1^e \\ \boldsymbol{S}_2^e \end{pmatrix} \tag{4-39}$$

4.2.4 电磁场分量计算

该系统形成的线性方程组求解得到的矢量位和标量位的结果需要进行变换才能得到需要的电磁场各分量，具体表达式需要根据公式$\boldsymbol{E} = \mathrm{i}\omega(\boldsymbol{A} - \nabla\boldsymbol{\Phi})$进行推导。对于矢量位$\boldsymbol{A}$采用矢量形函数的导数加权平均而得，具体表达式为：

$$\boldsymbol{A}(x,y,z) = \left(\mathrm{i}\omega\sum_{j=1}^{6}\boldsymbol{N}_j\boldsymbol{A}_j^e\right) \tag{4-40}$$

$$\mathrm{i}\omega\,\nabla\boldsymbol{\Phi} = \mathrm{i}\omega\left(\frac{\partial\boldsymbol{\Phi}}{\partial x},\frac{\partial\boldsymbol{\Phi}}{\partial y},\frac{\partial\boldsymbol{\Phi}}{\partial z}\right) \tag{4-41}$$

公式(4-41)标量位$\boldsymbol{\Phi}$为空间的一阶导数，水平方向的导数根据相邻测点微分求导进行计算；对于标量位垂向导数，通过局部加密技术，利用观测点处正下方向的局部加密点进行一阶两点差分进行计算，其表达式为：

$$f'(x_0) = \frac{f(x_1) - f(x_0)}{h} \tag{4-42}$$

其中：x_1表示为局部加密点的场值；x_0表示为观测点的场值。对于更高的后处理精度，需要在纵向上等间距添加局部加密点，并利用高阶的外推插值技术进行处理[131]。磁场的表达式为：

$$\boldsymbol{H}(x, y, z) = \frac{1}{\mu}\left(\mathrm{i}\omega \sum_{j=1}^{6} \nabla \times \boldsymbol{N}_j A_j^e\right) \quad (4-43)$$

4.3　算例分析

4.3.1　算法正确性验证

1）磁偶极子源响应特征

（1）磁偶源在全空间的响应分析。

采用矩形回线在均匀全空间下加载一个垂直磁偶源，回线尺寸为 1.0 m × 1.0 m，它坐落在求解区域的中心处。求解区域大小为 $[-30\ \mathrm{km}, 30\ \mathrm{km}]^3$，全空间电阻率为 100 Ω · m，为了降低源的奇异性，对激发源进行局部细化，以至于垂直磁偶源被剖分成52 个小线段，沿着 x 轴的正方向布设观测剖面，具体情况如图4 －1 所示。

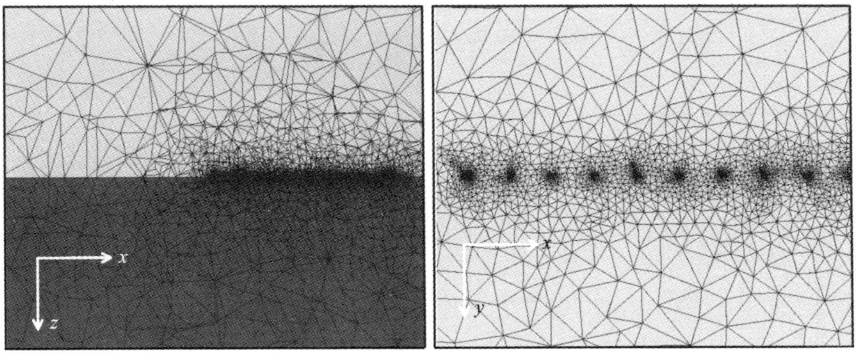

图4 －1　网格剖分示意图

（a）$x-z$ 剖面；（b）$x-y$ 剖面

为了获取3 Hz 垂直磁偶源的磁场垂直分量的电磁响应，整个求解区域被剖分成 419122 个四面体单元，490627 条边单元以及 68737 个节点，并且沿着 x 方向等间距设置观测点，间距为 120 m，总共设置 50 个观测点，为了提高观测点处的电磁场精度，对测点处的网格进行局部加密，如图 4 － 1（b）所示。然后通过 Krylov 子空间的 GMRES 迭代求解器结合 ILU(0) 预条件因子对双旋度结构的 $\boldsymbol{A}-\boldsymbol{\Phi}$ 有限元方程进行计算，得到磁场垂直分量 H_z 的实部和虚部，并与解析解进行对比验证，其结果如图4 －2 所示。迭代求解得到的收敛曲线如图4 －3 所示。从图4 －2 中可知，数值解与解析解具有高度的吻合性，除磁场垂直分量的虚部在突变点处的误差较大外，其他位置的吻合度都较高。另外，计算了磁场垂直分量的平均相

对误差 $\left(\sum_{i=1}^{n_{\mathrm{obs}}}\frac{|x_2-x_1|}{\max(x_2,\ x_1)}\right)/n_{\mathrm{obs}}$，其中：$x_2$ 表示为数值解，x_1 表示为解析解。磁场的垂直分量实部的平均相对误差为1.41%，虚部平均相对误差为1.78%。从图4－3的收敛曲线可知，迭代5000步后双旋度结构的 $\boldsymbol{A}-\boldsymbol{\Phi}$ 求解系统最终得到的相对误差 $\|\boldsymbol{b}-\boldsymbol{Ax}\|/\|\boldsymbol{b}\|$ 为 4.61×10^{-15}，并且求解系统在1000步后相对误差基本不再衰减，最后的求解时间为6536.17 s。

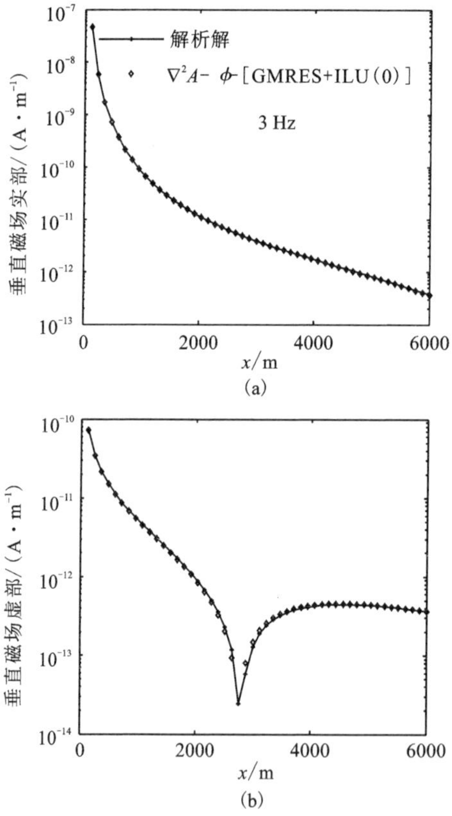

图4－2　垂直磁偶源在全空间下，3 Hz 磁场垂直分量 H_z 的实部和虚部响应曲线

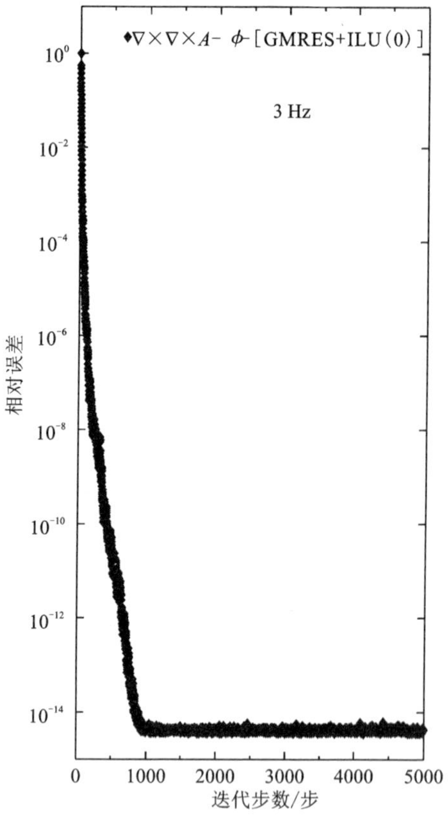

图4－3　垂直磁偶源在全空间下，3 Hz 磁场垂直分量 H_z 的收敛曲线

为了获取100 Hz垂直磁偶源在全空间产生的电磁响应，整个求解区域离散成682916个四面体单元，817295条边单元以及118267个节点，并且沿着 x 方向等间距设置观测点，测点的间距为20 m，总共设置50个观测点。然后采用Krylov子空间的GMRES迭代求解器结合ILU(0)预条件因子对系统方程进行计算，得到磁场的垂直分量 H_z 的实部和虚部，并与解析解进行对比验证，其结果如图4－4所

示。迭代求解得到的收敛曲线如图4－5所示。从图4－4中可知，基于双旋度结构的求解系统得到的磁场垂直分量的虚部为400 ～ 600 m吻合程度较差。另外，从图4－5的收敛曲线可知，ILU(0)预条件因子的GMRES求解得到最后的相对误差 $\|\boldsymbol{b}-\boldsymbol{Ax}\| / \|\boldsymbol{b}\|$ 为 2.21×10^{-6}。垂直磁场实部分量的平均相对误差1.22%；虚部分量的平均相对误差2.84%。

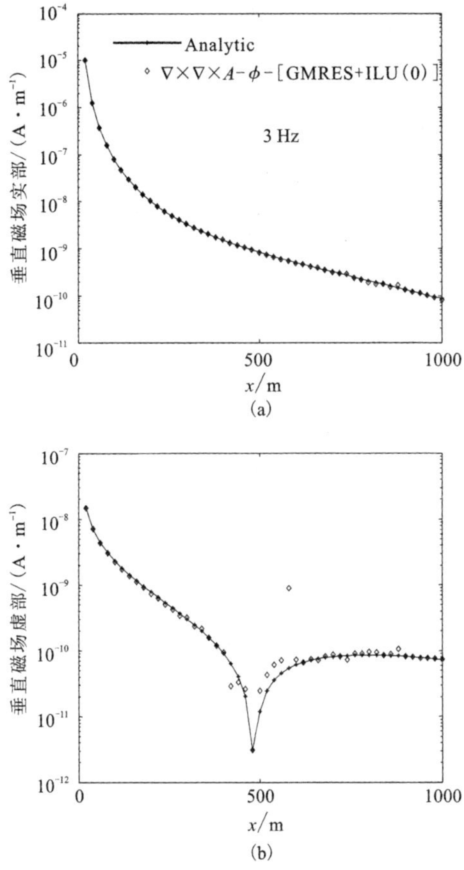

图4－4　垂直磁偶源在全空间下，100 Hz 磁场垂直分量 H_z 的实部和虚部响应曲线

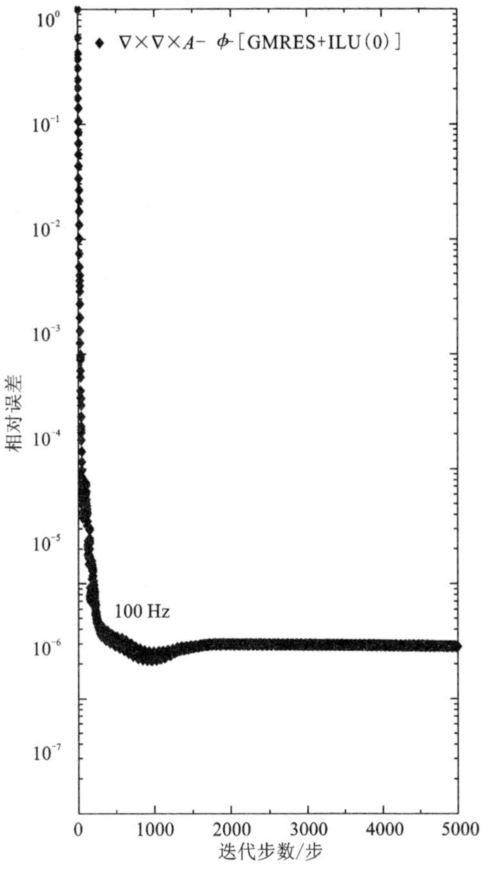

图4－5　垂直磁偶源在全空间下，100 Hz 磁场垂直分量 H_z 的收敛曲线

(2) 磁偶源在半空间的响应分析。

在均匀半空间下加载一个垂直磁偶源，磁偶源的大小为1.0 m × 1.0 m的线框，其位于求解区域的中心处。整个求解区域的大小设置为 $[-30\ \text{km}, 30\ \text{km}]^3$，地下空间的电阻率为100 Ω · m，空气空间的电阻率为 10^8 Ω · m，为了降低激发源的奇异性，对激发源处的网格进行局部加密，以至于垂直磁偶源被剖分成27个小线段，结果如图 4 - 6 所示。

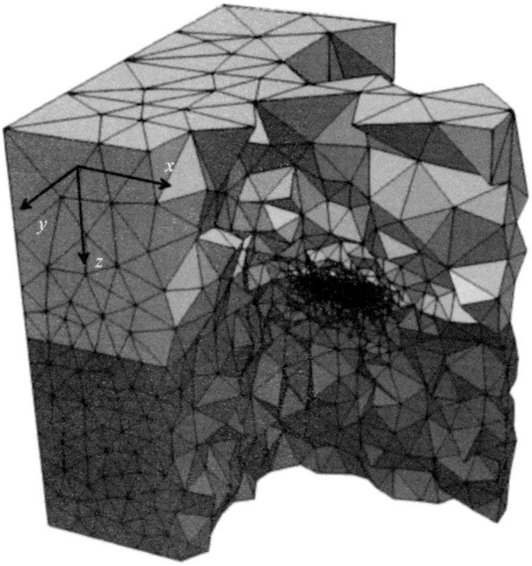

图 4 - 6　垂直磁偶源半空间网格剖分示意图

为了获取 3 Hz 垂直磁偶源的电磁响应，整个求解区域被剖分成 403789 个四面体单元，471329 条边单元以及 66521 个节点，并且沿着 x 方向等间距设置观测点，测点间距为 120 m，共设置 50 个观测点。然后，通过 Krylov 子空间的 GMRES 迭代求解器在 ILU(0) 预条件因子处理下对有限元方程进行计算，得到的磁场垂直分量 H_z 的实部和虚部，并与解析解进行对比验证，其结果如图 4 - 7 所示。迭代求解的收敛曲线如图 4 - 8 所示。从图 4 - 7 中可知，基于双旋度结构的求解系统与解析解都能够较好吻合，误差较小。另外，从图 4 - 8 的收敛曲线可知，双旋度结构的求解系统在 ILU(0) 预条件因子结合 GMRES 求解得到最后的相对误差 $\|\boldsymbol{b}-\boldsymbol{A}\boldsymbol{x}\|/\|\boldsymbol{b}\|$ 为 2.31×10^{-15}。另外，在图 4 - 8 中可以看出，双旋度结构的 $\boldsymbol{A}-\boldsymbol{\Phi}$ 求解系统在迭代 800 步左右后，相对误差就不再进行衰减。最后得到的磁场垂直分量实部的平均相对误差 1.1%；垂直分量虚部的平均相对误差为 1.24%。

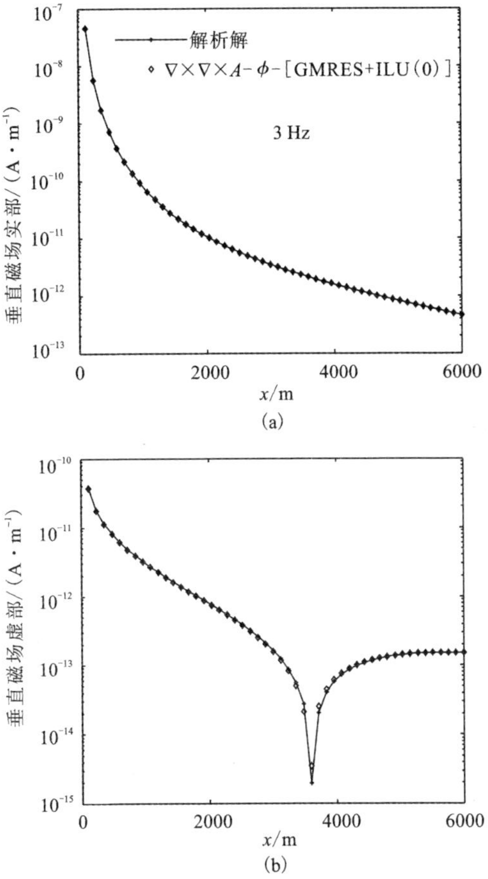

图 4 －7　垂直磁偶源在半空间下，3 Hz 磁场垂直分量 H_z 的实部和虚部响应曲线

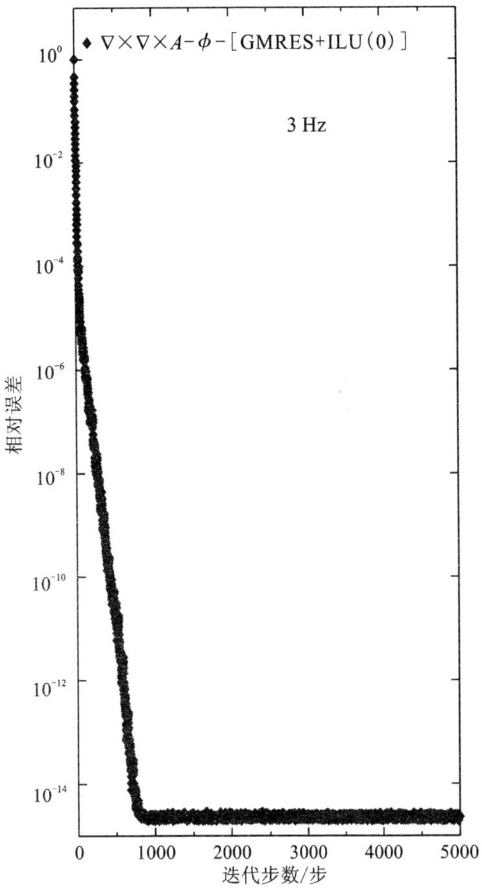

图 4 －8　垂直磁偶源在半空间下，3 Hz 磁场垂直分量 H_z 的收敛曲线

为了获取 100 Hz 垂直磁偶源在半空间产生的电磁响应，本书将整个求解区域离散成 814255 个四面体单元、675519 条边单元以及 138736 个节点，并且沿着 x 方向等间距设置观测点，测点间距为 20 m，共设置 50 个观测点。然后采用 Krylov 子空间的 GMRES 迭代求解器在 ILU(0) 预条件因子处理下对双旋度结构的 $\boldsymbol{A}-\boldsymbol{\Phi}$ 求解系统进行计算，求解得到的磁场垂直分量 H_z 的实部和虚部分别与解析解进行对比验证，其结果如图 4 －9 所示，迭代求解的收敛曲线如图 4 －10 所示。从图 4 －10 中可见，基于双旋度结构的 $\boldsymbol{A}-\boldsymbol{\Phi}$ 求解系统虽然未达到预设置的求解精度（相对衰减率为10^{-15}），但是通过矢量位 $\boldsymbol{A}$ 和标量位 $\boldsymbol{\Phi}$ 校正得到垂直磁场 H_z 的分量是正确的，得到的磁场垂直分量的实部的平均相对误差 1.13%；垂直分量虚部的平均相对误差为 1.45%。

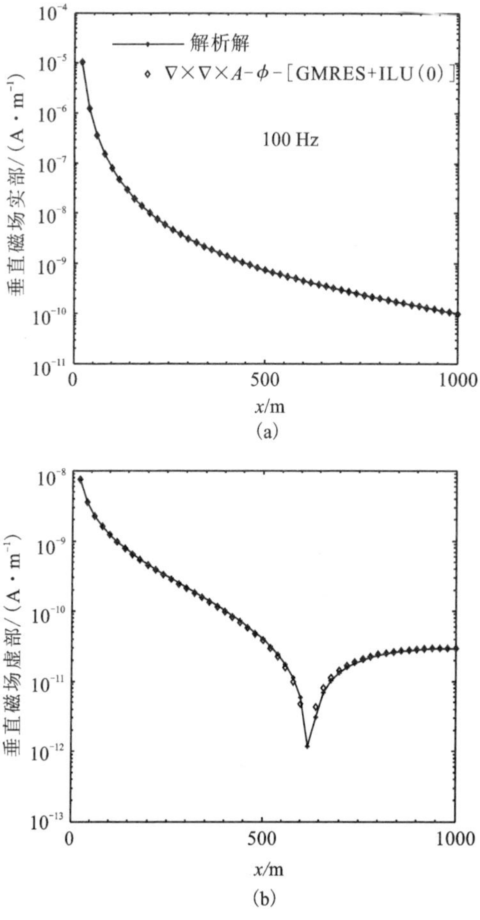

图 4－9　垂直磁偶源在半空间下，100 Hz 磁场垂直分量 H_z 的实部和虚部响应曲线

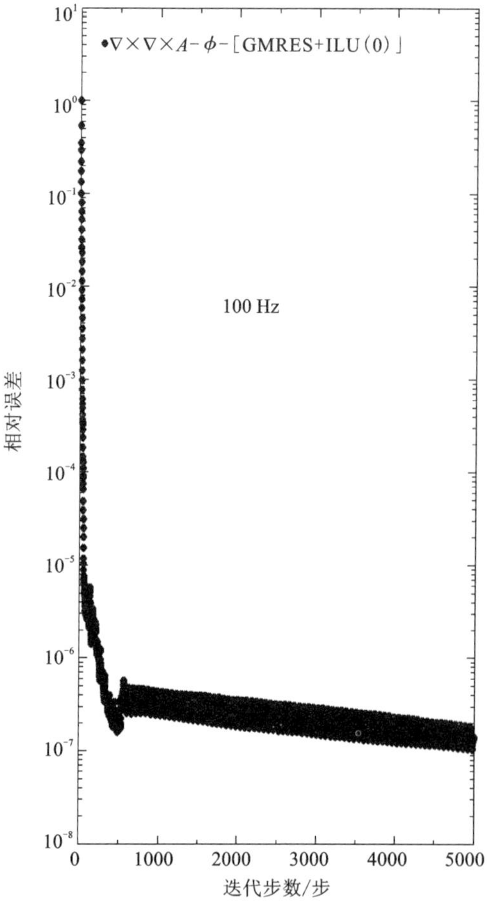

图 4－10　垂直磁偶源在半空间下，100 Hz 磁场垂直分量 H_z 的收敛曲线

2）电偶极子源响应特征

为了测试电偶源的响应特性，在均匀半空间下加载一个沿着 x 方向的 0.1 m 长的电偶源，其位于求解区域的中心处。求解区域的大小设置为 $[-30\ \text{km}, 30\ \text{km}]^3$，地下空间的电阻率为 100 Ω·m，空气的电阻率为 10^8 Ω·m，为了降低源位置的奇异性，将水平电偶源细化成 4 小段，沿着 x 轴的正方向布设观测剖面，间距为 120 m，测点为 40 个。求解区域被离散成 542503 个四面体单元，90103 个节点单元以及 635813 个边单元。采用 ILU(0) 预条件因子的 GMRES 迭代求解器对最后线性方程进行求解。图 4－11 展示了 0.1 Hz 电场分量 E_x 的实部和虚部的计算结果，其收敛曲线如图 4 - 12 所示。从图 4 - 11 中可知，双旋度结构的 $\boldsymbol{A}-\boldsymbol{\Phi}$ 求解系统未达到预设置的求解精度，导致结果发散。

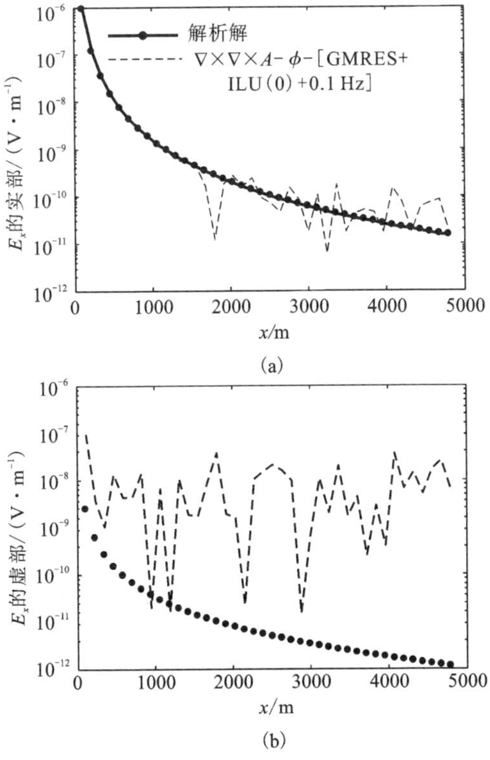

图 4 - 11　水平电偶源在半空间下，0.1 Hz 电场水平分量 E_x 的实部和虚部响应曲线

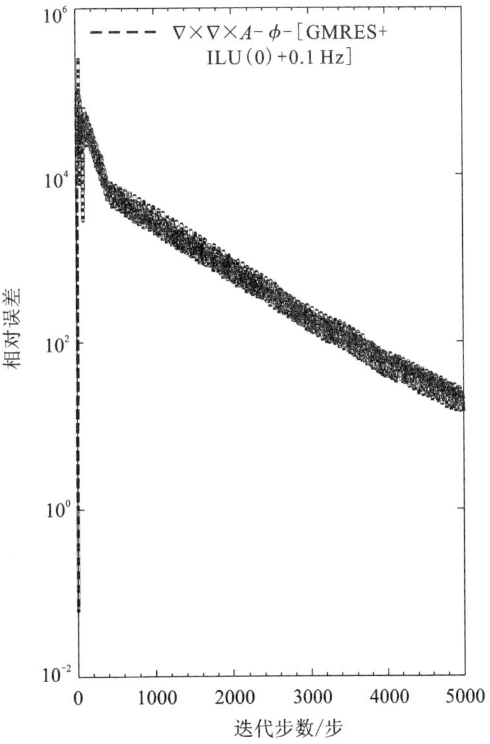

图 4 - 12　水平电偶源在半空间下，0.1 Hz 电场水平分量 E_x 的收敛曲线

4.3.2　单一异常体电磁响应模拟

设计块状低阻异常体如图 4 - 13 所示。块状低阻异常体模型的电阻率为 5 Ω · m，被置于均匀半空间模型中，背景电阻率为50 Ω · m，异常体尺寸为120 m × 200 m × 400 m，中心点坐标为(1000 m，0 m，300 m)。沿着 x 方向布设有限长导线源，源的长度为100 m，源的中心坐标为(50 m，0 m，0 m)，发射电流1A。沿着 x 方向布设一条测线，测线起时位置(400 m，0 m，0 m)，终点位置为(1400 m，0 m，0 m)。根据该测试模型，利用 Krylov 子空间算法的 GMRES 和 BICGSTAB 迭代求解器对双旋度结构的 $\boldsymbol{A}-\boldsymbol{\Phi}$ 求解系统进行求解，分析该求解系统的收敛性和精度，具体情况如下。

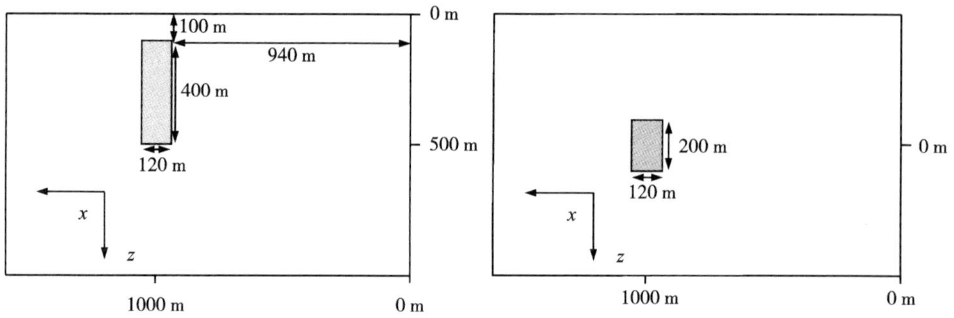

图 4 - 13　单一异常体网格剖分示意图

为了计算 3 Hz 电磁响应，整个求解区域大小设置为$[-17.5\ \text{km}, 17.5\ \text{km}]^3$，区域剖分成 179914 个四面体单元，29590 个节点以及 204409 个条边单元，同时 100 m 长的有限长导线源被剖分 184 段，以满足偶极源假设和降低源的奇异性。然后采用 Petsc 构建的 Krylov 子空间迭代求解器 GMRES 以及 BICGSTAB 结合表 4 - 1 中预条件因子对 CSEM 满足的有限元方程进行求解，迭代求解的收敛结果如表 4 - 1 所示。另外，采用 Pardiso 直接求解器对线性方程进行求解得到 x 方向的电场值 E_x 与公开算法和迭代解法进行对比，结果如图 4 - 14 所示。图 4 - 14 为双旋度结构的 $\boldsymbol{A}-\Phi$ 求解系统在 GMRES 求解器结合 SOR 预条件因子处理下得到解。

表 4 - 1　3 Hz 不同求解器以及预条件因子的收敛性能对比

系统	求解器	预条件因子	单元数/个	未知数/个	求解时间/s	迭代次数/次	残差 $\Vert b-Ax\Vert/\Vert b\Vert$
$\nabla\times\nabla\times\boldsymbol{A}-\Phi$	GMRES	JACOBI	179914	239999	426.350	960	2.6×10^{-10}
		BJACOBI			2550.58	5000	1.9×10^{-10}
		SOR			154.611	254	1.1×10^{-10}
		ILU(0)			2531.22	5000	2.1×10^{-10}
		ILU(1)			3325.31	5000	4.4×10^{1}
	BICGSTAB	JACOBI	179914	239999	1748.00	5000	1.18×10^{11}
		BJACOBI			3072.85	5000	1.18×10^{1}
		SOR			438.675	617	2.3×10^{-10}
		ILU(0)			2919.46	5000	1.8×10^{1}
		ILU(1)			4379.04	5000	2.98×10^{2}

表 4－2　10 Hz 两种求解系统不同求解器以及预条件因子的收敛性能对比

系统	求解器	预条件因子	单元数/个	未知数/个	求解时间/s	迭代次数/次	残差 $\|b-Ax\|/\|b\|$
$\nabla\times\nabla\times A-\Phi$	GMRES	JACOBI	159827	211965	469.083	1218	2.6×10^{-10}
		BJACOBI			2342.36	5000	6.04×10^{-6}
		SOR			127.949	248	1.1×10^{-10}
		ILU(0)			2206.41	5000	6.04×10^{-6}
		ILU(1)			2925.03	5000	1.99×10^{1}
	BICGSTAB	JACOBI	159827	211965	2862.26	5000	9.1×10^{-9}
		BJACOBI			3072.85	5000	1.18×10^{1}
		SOR			334.827	509	2.3×10^{-10}
		ILU(0)			2659.34	5000	9.1×10^{-9}
		ILU(1)			4279.04	5000	4.98×10^{6}

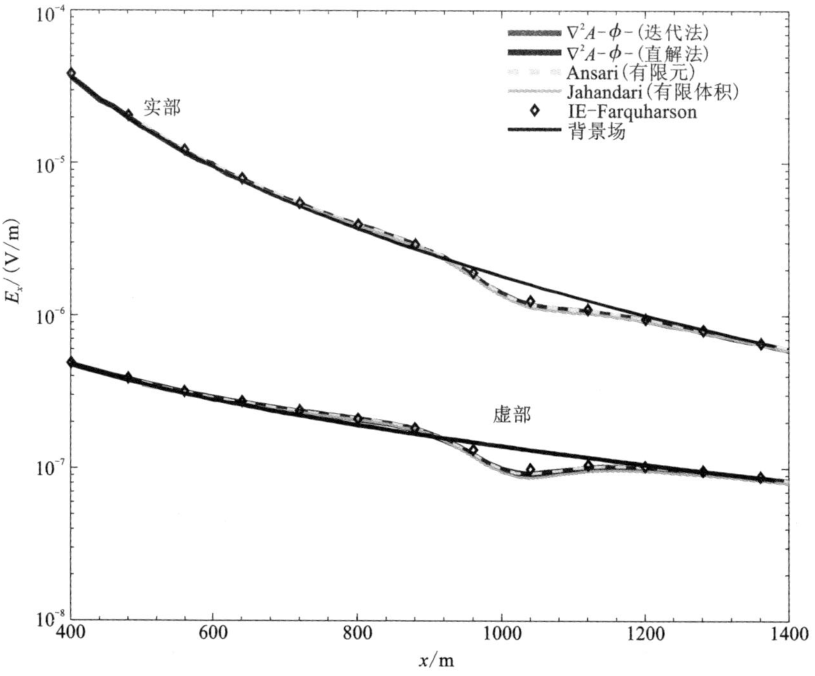

图 4－14　3 Hz 水平电场 E_x 分量实部与虚部对比曲线

从表4 - 1 中可知，基于双旋度结构的 CSEM 满足的 $\boldsymbol{A}-\boldsymbol{\Phi}$ 求解系统对于 BICGSTAB 迭代解法，只有 SOR 预条件因子在有限迭代次数下能够达到预设定的求解精度，其他预条件因子均不能达到有效收敛。GMRES 求解器在 JACOBI 和 SOR 预条件因子处理下能够在有限的步数下达到预设定求解精度，其他预条件因子下不能够在有限的步数得到很好的收敛，表中很明显看出 BJACOBI 和 ILU(0) 预条件因子虽然最终的相对误差在10^{-10} 数量级上，但其需要迭代 5000 步。

表4 - 2 中展示 10 Hz 的电磁响应的收敛特性，与 3 Hz 的测试结果相比存在明显差异。主要表现在 BICGSTAB 迭代算法求解的不稳定，收敛性能较差。总之，相同预条件因子下不同求解器求解同样的系统，其收敛性能存在明显差异，同样的求解器不同预条件因子其收敛性能也存在明显差异。从表4 - 1 可见，SOR 预条件因子结合 GMRES 求解器对双旋度结构的可控源电磁法满足的 $\boldsymbol{A}-\boldsymbol{\Phi}$ 求解系统的求解性能最稳定。图 4 - 14 展示了水平电场 E_x 分量实部和虚部与公开算法[136, 160, 185, 186] 的对比情况，结果表明我们开发的算法与公开算法具有高度的吻合性，求解精度较高。

4.3.3 地垒和地堑模型电磁响应模拟

下面的算例主要是为了测试频率域可控源电磁法受地形影响特征，对于双旋度结构的 $\boldsymbol{A}-\boldsymbol{\Phi}$ 求解系统在 GMRES 迭代算法结合 SOR 预条件处理下进行求解。主要测试了轴向，旁侧装置下地垒、地堑以及地垒地形下存在低阻异常体的地电模型，具体响应特征如下所述。

1）纯地垒地形模型电磁响应模拟

建立地垒模型如图4 - 15(a) 所示，模型的底界面尺寸为2 km × 2 km，顶界面尺寸为0.45 km × 0.45 km，低界面和顶界面高差为450 m，地垒模型的中心距离坐标原点的水平距离为6 km，在坐标轴的中心处分别设置了不同方向的极化场源：(1) x 方向的场源中心坐标(50 m, 0 m, 0 m)，场源的长度为100 m，场源的电流为1A；(2) y 方向的场源的中心坐标为(50 m, 0 m, 0 m)，场源的长度为 100 m，场源的电流为 1A。沿着 x 轴布设观测剖面，剖面的范围为4.5 ~ 7.5 km，测点的间距为100 m，测点个数为53，空气的电阻率设置为10^8 Ω · m，地下区域的电阻率为10^2 Ω · m，频率为 2 Hz 和 32 Hz。图4 - 15(b) 展示了 $x-z$ 剖面，在场源和测点位置进行局部加密处理来降低场源奇异性和提高测点计算精度。

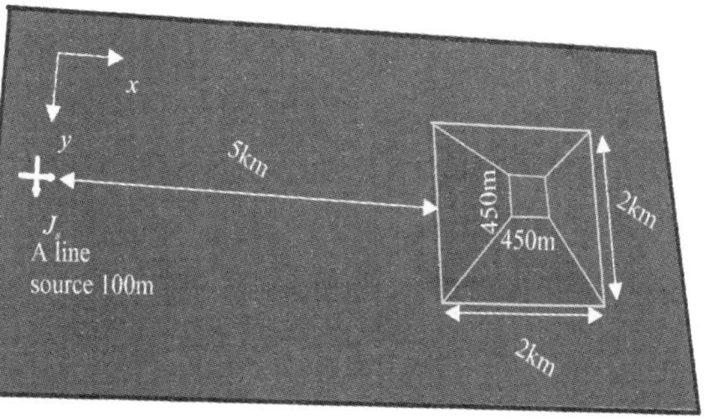

(a)

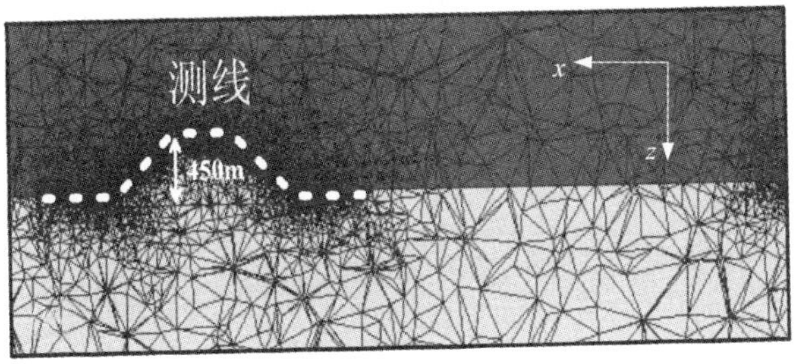

(b)

图4-15　地垒地形模型示意图

(a) 地表模型; (b) 网格示意图

整个求解区域的大小为[-35 km, 35 km]^3，为了获取2 Hz的电磁响应，区域被剖分成549545个四面单元，89749个节点和629497个条边单元。同理，为了32 Hz的电磁响应，区域被剖分成570590个四面体单元，93227个节点和664042个条边单元。采用Krylov子空间的GMRES算法在SOR预条件因子处理下实现了双旋度结构的CSEM的$\boldsymbol{A}-\boldsymbol{\Phi}$求解系统的求解。图4-16～图4-17展示了两种极化方式的电磁场响应曲线和收敛曲线。从图4-16中可知，对于x方向的极化方式，观测x方向的电场，响应曲线呈现出四个突变位置，该位置与地形突变点一一对应，说明了地形拐点处电场存在不连续性。此外，从不同频率的相位响应曲线可知，不同频率受近源影响的程度也存在明显差异。另外，从图4-17中可知，双旋度结构的$\boldsymbol{A}-\boldsymbol{\Phi}$耦合势的CSEM求解系统能够在1200步以内达到收敛。图4-18展示了y方向极化的CSEM响应曲线。地垒模型的电场响应在地形正上方存在低阻异常体现象，曲线向下凹陷。y方向极化与x方向极化得到的响应曲线相比，存在明显不同。y方向极化的电场E_y的实部曲线和视电阻率曲线相对光滑，无突变点。这一现象也说明了E_y曲线是不存在突变现象，场值E_y是连续变化的。

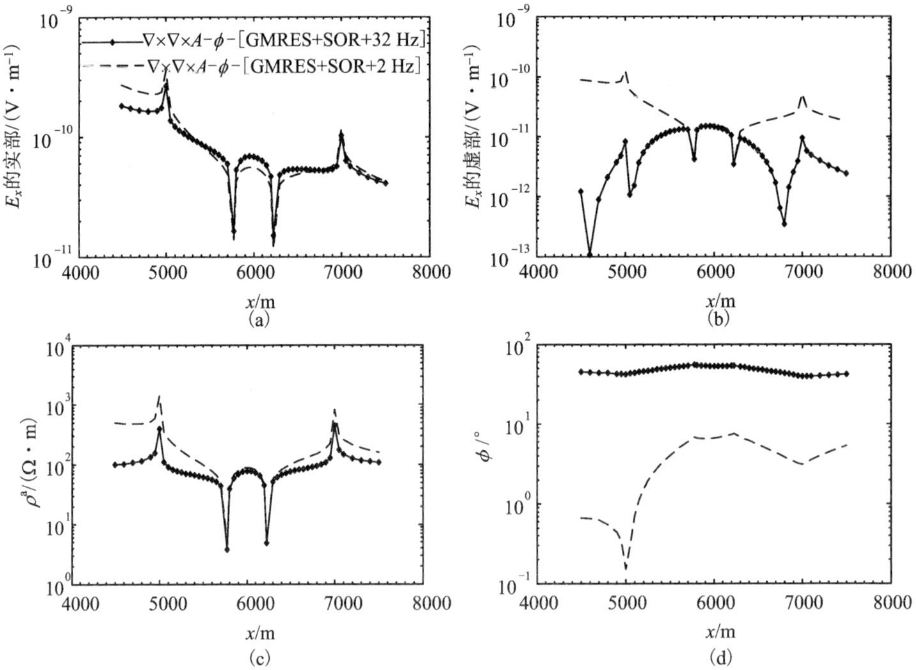

图 4 – 16　x 方向极化的可控源电磁法响应曲线

(a) 水平电场 E_x 实部分量；(b) 水平电场 E_x 虚部分量；(c) 卡尼亚视电阻率；(d) 相位

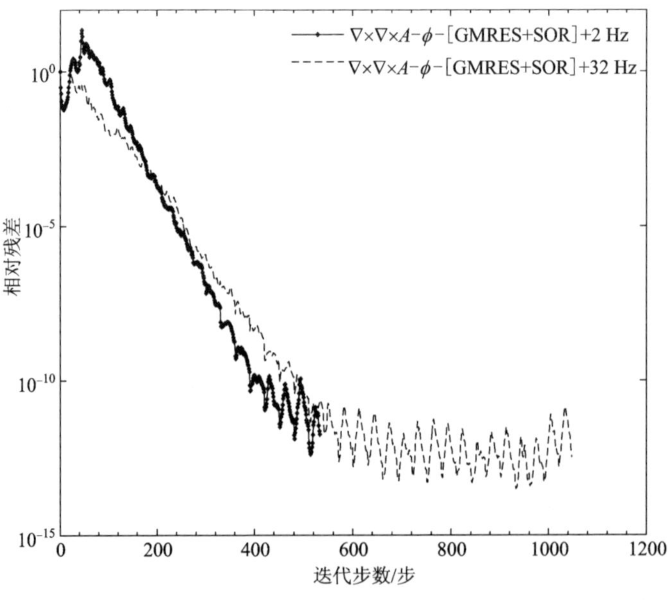

图 4 – 17　x 方向极化的可控源电磁法响应收敛曲线

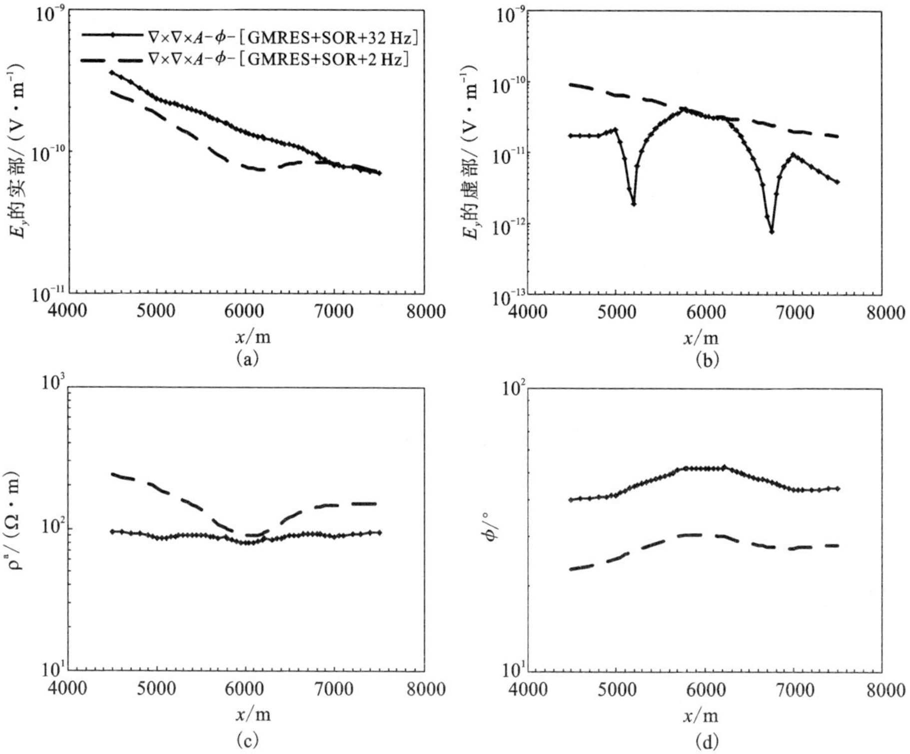

图 4-18　y 方向极化的可控源电磁法响应曲线

(a) 水平电场 E_y 实部分量；(b) 水平电场 E_y 虚部分量；(c) 卡尼亚视电阻率；(d) 相位

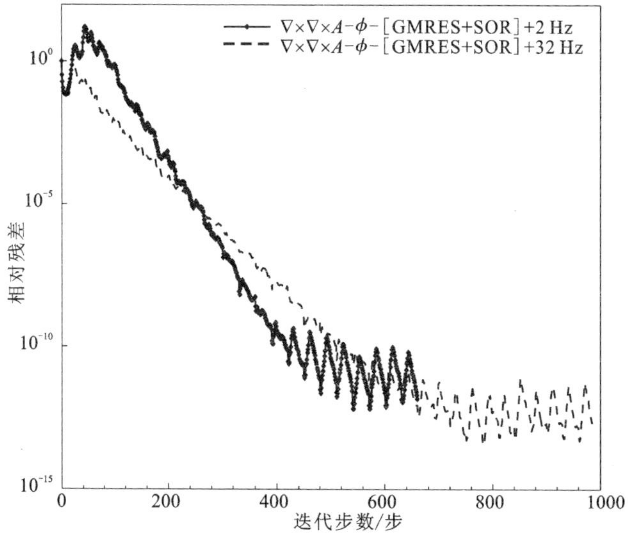

图 4-19　y 方向极化的可控源电磁法响应收敛曲线

2）纯地堑地形模型电磁响应模拟

建立如图4－15(a)类似尺寸的地堑模型，地堑模型的顶界面的大小为2 km ×2 km，底界面的大小为0.45 km×0.45 km，底界面和顶界面高差为450 m，地堑模型的中心距离坐标原点的水平距离为6 km，在坐标轴的中心处设置了x方向极化的场源，场源中心坐标(50 m，0 m，0 m)，长度为100 m，电流为1A。沿着x轴布设观测剖面，剖面的范围为4.5 ~ 7.5 km，测点的间距为100 m，测点个数为53，空气的电阻率设置为$10^8\ \Omega\cdot m$，地下空间的电阻率为$10^2\ \Omega\cdot m$，频率为2 Hz和32 Hz，模型如图4－20所示。

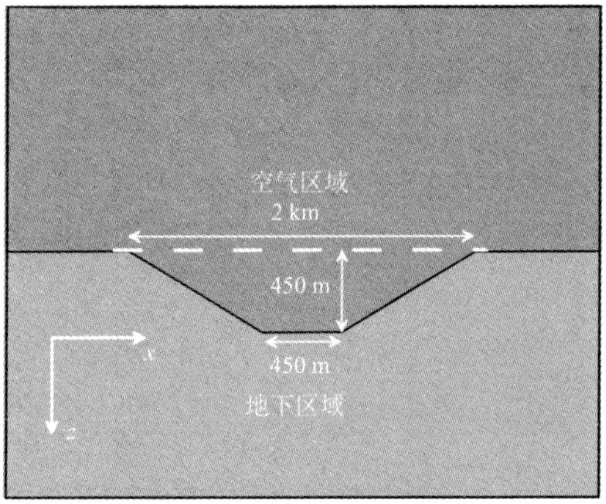

图4－20　地堑模型示意图

整个求解区域的大小设置为$[-35\ km, 35\ km]^3$，为了获取2 Hz的电磁响应，计算区域被剖分成559768个四面单元，91460个节点和651444个条边单元。同理，为了获取32 Hz的电磁响应，求解区域被剖分成551017个四面体单元，90057个节点和641321个条边单元。采用GMRES迭代求解器在SOR预条件因子处理下对双旋度结构的CSEM的$\boldsymbol{A}-\boldsymbol{\Phi}$求解系统进行求解。最终绘制电场$E_x$分量的实部和虚部以及视电阻率和相位曲线，其结果如图4－21所示。地堑模型同样对电场E_x分量的实部和虚部以及视电阻率和相位响应产生严重影响，并在地形分界面处响应曲线呈现出突变现象。在地形中心位置，视电阻率和电场E_x分量的实部呈现向下凹陷的趋势，曲线的形体与地垒模型的结果正好相反。最后，从图4－22收敛曲线可知，基于双旋度结构的$\boldsymbol{A}-\boldsymbol{\Phi}$求解系统能够在1000步以内完成求解。

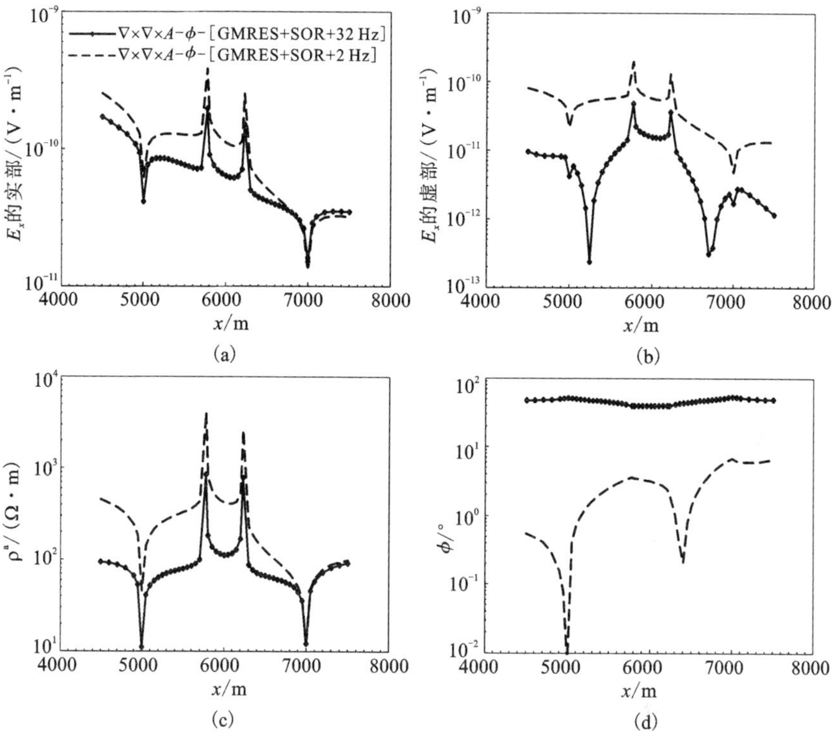

图 4-21　x 方向极化的可控源电磁法响应曲线

(a) 水平电场 E_x 实部分量；(b) 水平电场 E_x 虚部分量；(c) 卡尼亚视电阻率；(d) 相位

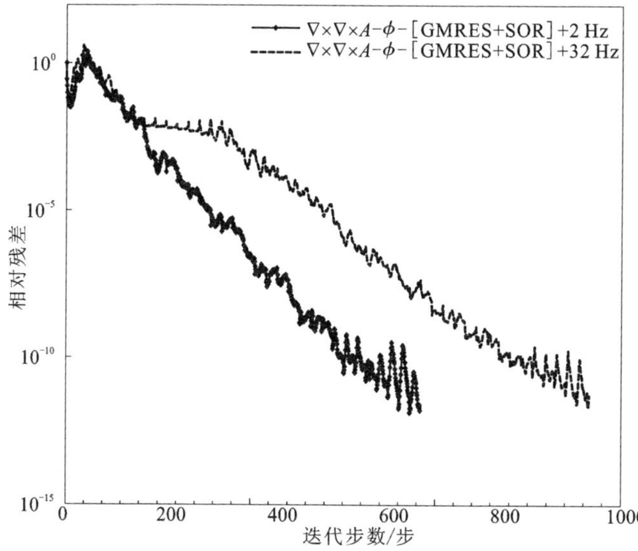

图 4-22　x 方向极化的可控源电磁法响应收敛曲线

3）带异常体的地垒模型的电磁响应

在图4－15(a)所示的地垒模型下加载一个低阻异常模型，具体模型如图4－23所示。地垒模型的底界面尺寸为2 km×2 km，顶界面的尺寸为0.45 km×0.45 km，底界面和顶界面高差为450 m，地垒模型的中心距离坐标原点的水平距离为6 km，不同之处在于低阻异常体被加载地垒模型的正下方，异常体的尺寸为$[0.5\ \text{km}, 0.5\ \text{km}]^3$，异常体顶部与地形顶界面之间的距离为600 m。异常体电阻率为5 Ω·m，频率分别为16 Hz和64 Hz。采用GMRES迭代器在SOR预条件因子处理下实现CSEM正演求解，得到的电磁响应如图4－24～图4－27所示。

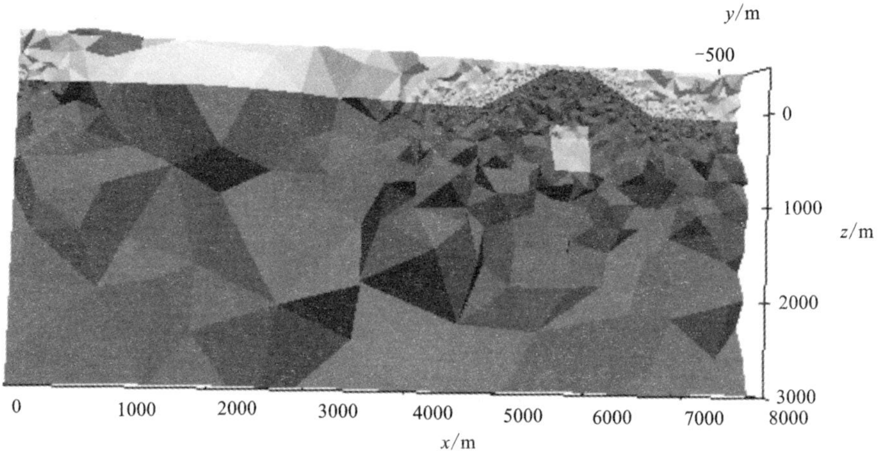

图4－23　地垒模型下的低阻异常体模型网格剖分示意图

图4－24显示了x方向极化的可控源电磁法的求解结果。从视电阻率曲线可知，由于低阻异常体加入使得模型起伏阶段的16 Hz的视电阻率明显偏低，64 Hz视电阻率影响相对较小，说明16 Hz的电磁响应受低阻异常体的影响明显。总体上讲，整个视电阻率和相位以及电场的E_x的实部和虚部受地形的影响较大，低阻异常体的加入导致响应变化更为明显，但地形起伏较大有可能会掩盖一些异常体信息，所以有必要对观测数据进行地形改正。同时，测试了y方向激发源的电磁响应，其结果以及收敛性如图4－26～图4－27所示，得到的结果与x方向激发源得到的响应特征类似，区别在于曲线相对光滑，在地形分界面不存在突变现象。

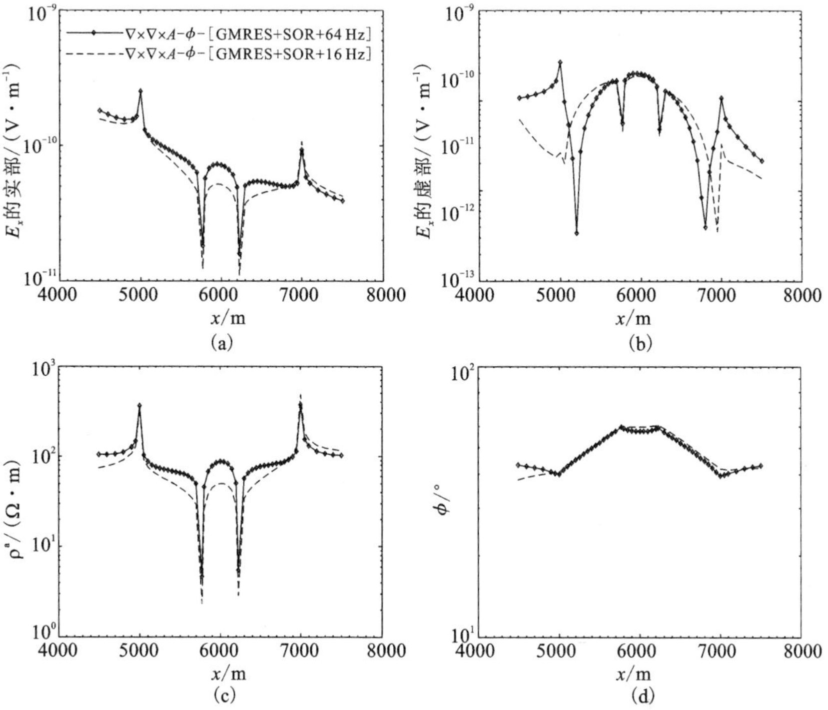

图 4－24　x 方向极化的可控源电磁法响应曲线

(a) 水平电场 E_x 实部分量；(b) 水平电场 E_x 虚部分量；(c) 卡尼亚视电阻率；(d) 相位

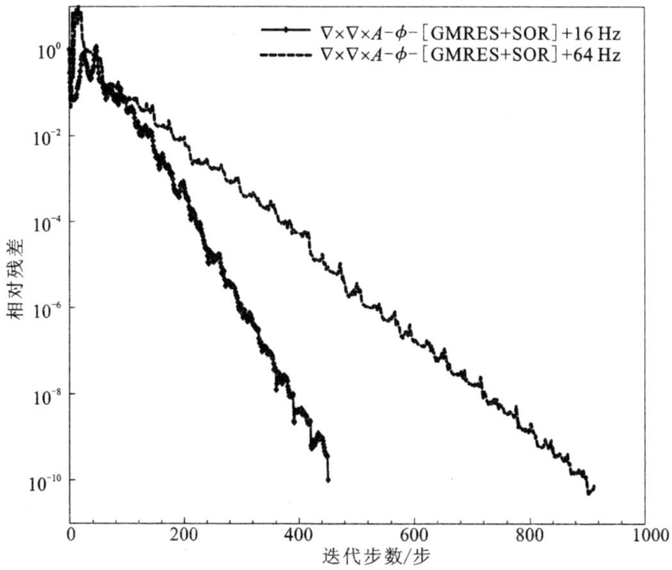

图 4－25　x 方向极化的可控源电磁法响应收敛曲线

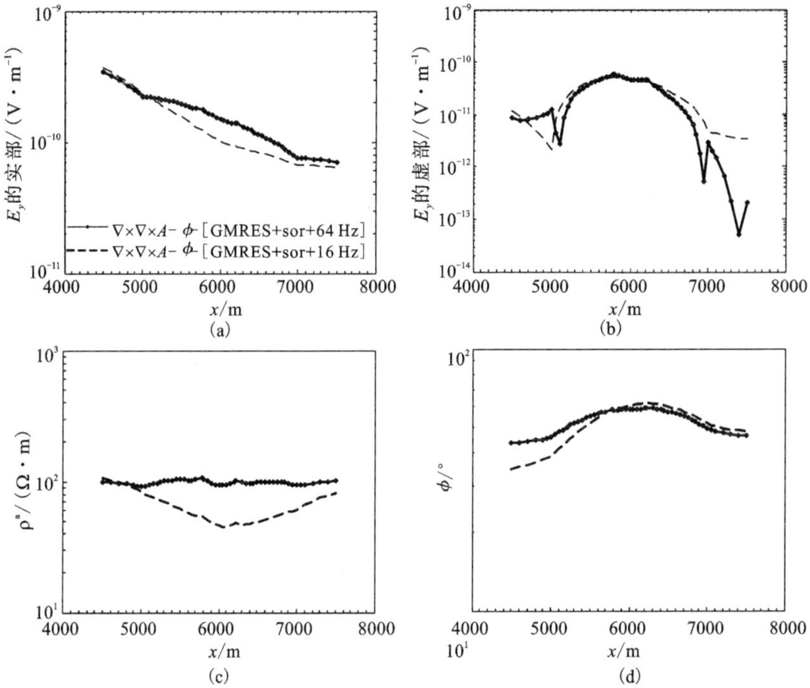

图 4 - 26　y 方向极化的可控源电磁法响应曲线

(a) 水平电场 E_y 实部分量；(b) 水平电场 E_y 虚部分量；(c) 卡尼亚视电阻率；(d) 相位

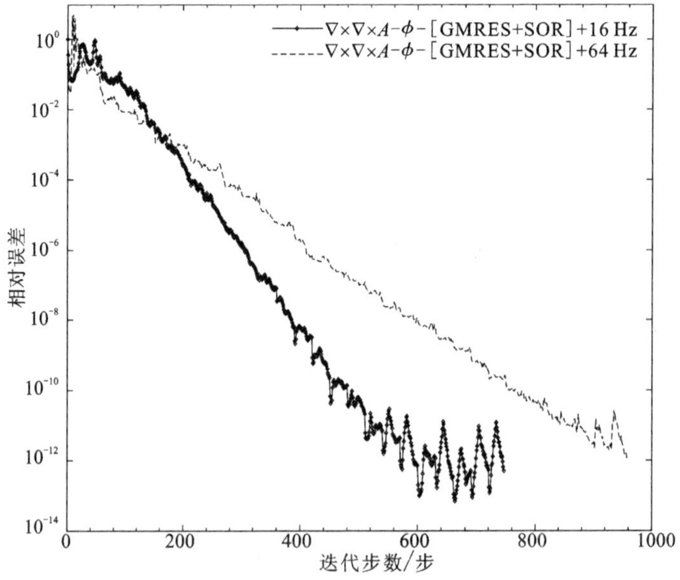

图 4 - 27　y 方向的极化可控源电磁法响应收敛曲线

4.4 小结

本章开展了基于双旋度结构 $\boldsymbol{A}-\boldsymbol{\Phi}$ 的3D CSEM正演算法的研究，分别对该算法的正确性、CSEM响应特征以及求解的收敛特性进行分析与探讨，主要的成果如下：

（1）实现了双旋度结构的 $\boldsymbol{A}-\boldsymbol{\Phi}$ 系统3D CSEM数值模拟算法。首先，通过电场方程推导出不强加Coulomb规范条件下双旋度结构的 $\boldsymbol{A}-\boldsymbol{\Phi}$ 耦合势的3D CSEM满足的控制方程；其次，开展了形函数直接积分处理场源积分，同时为了降低场源奇异性，对场源处网格进行局部加密；最后，基于Krylov子空间算法对最后的双旋度结构的 $\boldsymbol{A}-\boldsymbol{\Phi}$ 形成线性方程进行迭代求解分析其收敛性和精度。

（2）构建了磁偶源和电偶源在均匀半空间和全空间的数值解与解析解，进行对比验证，验证本章开发的3D CSEM $\boldsymbol{A}-\boldsymbol{\Phi}$ 数值模拟算法的正确性；另外，设计块状异常体模型与Ansari数值解进行对比，本书开发的算法不管是直接解法还是迭代解法都能够与Ansari数值解具有高度一致性且准确度高。

（3）测试了双旋度结构 $\boldsymbol{A}-\boldsymbol{\Phi}$ 耦合势的CSEM求解系统在Krylov子空间的GMRES和BICGSTAB迭代求解器的收敛特性。测试结果表明，不同预条件因子和求解器的求解时间和迭代步长存在明显差异，所测试的预条件因子中只有在SOR预条件因子处理下GMRES迭代求解效果最好且最稳定。

第 5 章　基于拉普拉斯结构的 $\boldsymbol{A}-\boldsymbol{\Phi}$ 耦合势的 3D CSEM 正演模拟

第4章系统地分析了双旋度结构的 $\boldsymbol{A}-\boldsymbol{\Phi}$ 耦合系统的3D CSEM正演模拟算法的求解精度和收敛性能，通过上一章算例的结果可知，双旋度结构算子的 $\boldsymbol{A}-\boldsymbol{\Phi}$ 耦合系统的 Krylov 子空间迭代求解，除在 SOR 预条件因子处理下的 GMRES 求解外，其他预条件因子的收敛性较差。为此，本章开展了第二类基于拉普拉斯结构的 $\boldsymbol{A}-\boldsymbol{\Phi}$ 耦合势的3D CSEM正演模拟算法的研究，通过显式强加 Coulomb 规范条件（$\nabla\cdot\boldsymbol{A}=0$），使得双旋度结构算子转换成拉普拉斯结构算子，利用节点有限元来离散系统方程，保证了每个分量在节点上处处连续[165]，通过设计相应的地电模型来分析了该求解算法的收敛性和精确度。

5.1　拉普拉斯结构的 $\boldsymbol{A}-\boldsymbol{\Phi}$ 耦合势 CSEM 满足的边值问题

在第4章，未强加 Coulomb 规范条件的双旋度结构的3D CSEM $\boldsymbol{A}-\boldsymbol{\Phi}$ 耦合系统的表达式为：

$$\begin{cases}\nabla\times\nabla\times\boldsymbol{A}+\zeta\chi(\boldsymbol{A}-\nabla\Phi)=\mu\boldsymbol{J}_e^s+\dfrac{1}{\mathrm{i}\omega}\nabla\times\boldsymbol{J}_m^s\\ \nabla\cdot[\zeta\chi(\boldsymbol{A}-\nabla\Phi)]=\nabla\cdot[\mu\boldsymbol{J}_e^s]\end{cases}\tag{5-1}$$

为了强加Coulomb规范条件，将公式（5-1）中的矢量位 $\boldsymbol{A}$ 的双旋度结构进行化简：

$$\nabla\times\nabla\times\boldsymbol{A}=\nabla(\nabla\cdot\boldsymbol{A})-\nabla^2\boldsymbol{A}\tag{5-2}$$

并对公式（5-2）强加规范条件 $\nabla\cdot\boldsymbol{A}=0$，使得双旋度结构算子转变成拉普拉斯算子，最后形成的系统方程为：

$$\begin{cases}-\nabla^2\boldsymbol{A}+\zeta\chi(\boldsymbol{A}-\nabla\Phi)=\mu\boldsymbol{J}_e^s+\dfrac{1}{\mathrm{i}\omega}\nabla\times\boldsymbol{J}_m^s\\ \nabla\cdot[\zeta\chi(\boldsymbol{A}-\nabla\Phi)]=\nabla\cdot[\mu\boldsymbol{J}_e^s]\end{cases}\tag{5-3}$$

在求解区域 Ω 内采用节点插值基函数对方程式（5-3）进行离散，通过迭代解法实现求解，然后获取观测点的场值、卡尼亚视电阻率和相位。

同样地，在频率域 CSEM 正演模拟中，在合成最后的系数矩阵时，我们需要考虑边界条件的加载，为了简化求解，通常采用 Dirichlet 边界条件，将外边界取得足够远，使得矢量位在边界上满足 $\boldsymbol{n}\times\boldsymbol{A}|_{\partial\Omega}=0$ 以及 $\boldsymbol{n}\cdot\boldsymbol{A}|_{\partial\Omega}=0$，标量位在边界满足 $\Phi|_{\partial\Omega}=0$；或者将偶极子源在均匀半空间或层状介质产生的一次场强加到截断边界上来消除边界影响，能够有效地减少边界反射的影响，同时确保解的唯一性。

另外，为了阐述矢量位 $\boldsymbol{A}$ 的连续性，从公式(4－1)可知，根据磁场法向和切向连续条件，我们推导出了矢量位 $\boldsymbol{A}$ 的连续性。在电性分界面上，电场的切向满足连续性条件，结合矢量位 $\boldsymbol{A}$ 的连续性条件，可以推导出矢量位 $\boldsymbol{A}$ 在电性界面上法向连续；从公式(4－2)中可知电场的切向连续，即可得 $\boldsymbol{n}\times(\nabla\Phi_1-\nabla\Phi_2)=0$，$\boldsymbol{n}$ 表示电性分界面的法向，由上述公式可知，标量位是连续的。因此，在任意电性分界面处，我们的矢量位 $\boldsymbol{A}$ 和标量位 Φ 是处处连续的，其表达式为：

$$\begin{cases} A_x^1 = A_x^2 \\ A_y^1 = A_y^2 \\ A_z^1 = A_z^2 \\ \Phi_1 = \Phi_2 \end{cases} \tag{5-4}$$

因此，开展节点有限元的 $\boldsymbol{A}-\Phi$ 不违背其求解要求，即物理量在求解空间内处处连续问题。

5.2 拉普拉斯结构的 CSEM $A-\Phi$ 节点有限元系统

5.2.1 单元分析

采用类似处理手段来离散拉普拉斯结构的 $\boldsymbol{A}-\Phi$ 系统方程，下面直接给出 Galerkin 节点有限元离散的拉普拉斯结构 $\boldsymbol{A}-\Phi$ 系统方程的过程，为了求解组合方程式(5－3)，设余量 r_A 为：

$$r_A = \nabla^2\boldsymbol{A} - \zeta\chi(\boldsymbol{A}-\nabla\Phi) - \boldsymbol{J}_s^A \tag{5-5}$$

其中：$\boldsymbol{J}_s^A = \mu\boldsymbol{J}_e^s + \dfrac{1}{\mathrm{i}\omega}\nabla\times\boldsymbol{J}_m^s = J_s^{A_x}\boldsymbol{x} + J_s^{A_y}\boldsymbol{y} + J_s^{A_z}\boldsymbol{z}$，余量 r_Φ 为：

$$r_\Phi = \nabla\cdot[\zeta\chi(\boldsymbol{A}-\nabla\Phi)] - J_s^\Phi \tag{5-6}$$

其中，$J_s^\Phi = \nabla\cdot[\mu\boldsymbol{J}_e^s]$。

令计算区域 Ω 满足以下条件：

$$\iiint_\Omega L\cdot r_A\mathrm{d}v = 0 \tag{5-7}$$

$$\iiint_{\Omega} L \cdot r_{\Phi} \mathrm{d}v = 0 \tag{5-8}$$

将公式(5 - 7)和公式(5 - 8)等号右边第一项化简为：

$$\nabla^2 \boldsymbol{A} = \nabla \cdot (\nabla \boldsymbol{A}) \tag{5-9}$$

$$\nabla \Phi = \frac{\partial \Phi}{\partial x}\boldsymbol{x} + \frac{\partial \Phi}{\partial y}\boldsymbol{y} + \frac{\partial \Phi}{\partial z}\boldsymbol{z} \tag{5-10}$$

$$\boldsymbol{A} = A_x \boldsymbol{x} + A_y \boldsymbol{y} + A_z \boldsymbol{z} \tag{5-11}$$

因此，公式(5 - 3)化简为：

$$\begin{cases} \nabla \cdot (\nabla A_x) - \zeta\chi\left(A_x - \dfrac{\partial \Phi}{\partial x}\right) = J_s^{A_x} \\ \nabla \cdot (\nabla A_y) - \zeta\chi\left(A_y - \dfrac{\partial \Phi}{\partial y}\right) = J_s^{A_y} \\ \nabla \cdot (\nabla A_z) - \zeta\chi\left(A_z - \dfrac{\partial \Phi}{\partial z}\right) = J_s^{A_z} \\ \nabla \cdot [\zeta\chi(\boldsymbol{A} - \nabla \Phi)] = J_s^{\Phi} \end{cases} \tag{5-12}$$

采用线性插值函数，四面体单元 e 中任意点 (x, y, z) 处的矢量势 $\boldsymbol{A}$ 场及标量位 Φ 可由节点基函数表示为：

$$\begin{cases} A_x = \sum_{j=1}^{4} L_j A_{xj} \\ A_y = \sum_{j=1}^{4} L_j A_{yj} \\ A_z = \sum_{j=1}^{4} L_j A_{zj} \\ \Phi = \sum_{j=1}^{4} L_j \Phi_j \end{cases} \tag{5-13}$$

其中：L_j 为节点基函数。将公式(5 - 12)分别代入公式(5 - 7)和公式(5 - 8)中，得到以下方程：

$$\iiint_{\Omega} L_i\left(\nabla \cdot (\nabla A_x) - \zeta\chi A_x + \zeta\chi \frac{\partial \Phi}{\partial x}\right)\mathrm{d}v = \iiint_{\Omega} L_i J_s^{A_x} \mathrm{d}v \tag{5-14}$$

$$\iiint_{\Omega} L_i\left(\nabla \cdot (\nabla A_y) - \zeta\chi A_y + \zeta\chi \frac{\partial \Phi}{\partial y}\right)\mathrm{d}v = \iiint_{\Omega} L_i J_s^{A_y} \mathrm{d}v \tag{5-15}$$

$$\iiint_{\Omega} L_i\left(\nabla \cdot (\nabla A_z) - \zeta\chi A_z + \zeta\chi \frac{\partial \Phi}{\partial z}\right)\mathrm{d}v = \iiint_{\Omega} L_i J_s^{A_z} \mathrm{d}v \tag{5-16}$$

$$\iiint_{\Omega} L_i \cdot \nabla \cdot [\zeta\chi(\boldsymbol{A} - \nabla \Phi)]\mathrm{d}v = \iiint_{\Omega} L_i \cdot J_s^{\Phi} \mathrm{d}v \tag{5-17}$$

对公式(5 - 14) ~ 公式(5 - 17)进一步化简为：

$$\iiint_{\Omega} L_i \nabla\cdot(\nabla A_x)\mathrm{d}v = \iint_{\partial\Omega} L_i(\nabla A_x \cdot \boldsymbol{n})\mathrm{d}s - \iiint_{\Omega} \nabla L_i \cdot \nabla A_x \mathrm{d}v \quad (5-18)$$

$$\iiint_{\Omega} L_i \nabla\cdot(\nabla A_y)\mathrm{d}v = \iint_{\partial\Omega} L_i(\nabla A_y \cdot \boldsymbol{n})\mathrm{d}s - \iiint_{\Omega} \nabla L_i \cdot \nabla A_y \mathrm{d}v \quad (5-19)$$

$$\iiint_{\Omega} L_i \nabla\cdot(\nabla A_z)\mathrm{d}v = \iint_{\partial\Omega} L_i(\nabla A_z \cdot \boldsymbol{n})\mathrm{d}s - \iiint_{\Omega} \nabla L_i \cdot \nabla A_z \mathrm{d}v \quad (5-20)$$

$$-\iiint_{\Omega} \zeta\chi \nabla L_i(A - \nabla\Phi)\mathrm{d}v - \mu\chi\iint_{\partial\Omega} L_i(\boldsymbol{E} \cdot \boldsymbol{n})\mathrm{d}s = \iiint_{\Omega} L_i \cdot J_s^{\Phi}\mathrm{d}v \quad (5-21)$$

因此，将公式(5－18)～公式(5－21)代入到公式(5－14)～公式(5－17)中，可得：

$$\iiint_{\Omega} \nabla L_i \cdot \nabla A_x \mathrm{d}v + \zeta\chi\iiint_{\Omega} L_i\left(A_x - \frac{\partial\Phi}{\partial x}\right)\mathrm{d}v - \iint_{\partial\Omega} L_i(\nabla A_x \cdot \boldsymbol{n})\mathrm{d}s = \iiint_{\Omega} L_i J_s^{A_x}\mathrm{d}v \quad (5-22)$$

$$\iiint_{\Omega} \nabla L_i \cdot \nabla A_y \mathrm{d}v + \zeta\chi\iiint_{\Omega} L_i\left(A_y - \frac{\partial\Phi}{\partial y}\right)\mathrm{d}v - \iint_{\partial\Omega} L_i(\nabla A_y \cdot \boldsymbol{n})\mathrm{d}s = \iiint_{\Omega} L_i J_s^{A_y}\mathrm{d}v \quad (5-23)$$

$$\iiint_{\Omega} \nabla L_i \cdot \nabla A_z \mathrm{d}v + \zeta\chi\iiint_{\Omega} L_i\left(A_z - \frac{\partial\Phi}{\partial z}\right)\mathrm{d}v - \iint_{\partial\Omega} L_i(\nabla A_z \cdot \boldsymbol{n})\mathrm{d}s = \iiint_{\Omega} L_i J_s^{A_z}\mathrm{d}v \quad (5-24)$$

$$-\iiint_{\Omega} \zeta\chi \nabla L_i(A - \nabla\Phi)\mathrm{d}v - \mu\chi\iint_{\partial\Omega} L_i(E \cdot \boldsymbol{n})\mathrm{d}s = \iiint_{\Omega} L_i \cdot J_s^{\Phi}\mathrm{d}v \quad (5-25)$$

然后，整个区域 Ω 剖分成由若干四面体单元集 $\hbar_n$，$\hbar_n = \cup_1^{L_t}$，L_t 是区域总的四面体的个数，区域的总节点数为 L_{nodes}。因此，上述公式进一步表达为：

$$\begin{aligned}&\sum_{j=1}^{L_{\text{nodes}}} A_{jx}\iiint_{\Omega} \nabla L_i \cdot \nabla L_j \mathrm{d}v + \zeta\chi\sum_{j=1}^{L_{\text{nodes}}} A_{jx}\iiint_{\Omega} L_i \cdot L_j \mathrm{d}v \\ &- \zeta\chi\sum_{j=1}^{L_{\text{nodes}}} \Phi_j\iiint_{\Omega} L_i \cdot \frac{\partial L_j}{\partial x}\mathrm{d}v = \iint_{\partial\Omega} L_i(\nabla A_x \cdot \boldsymbol{n})\mathrm{d}s + \iiint_{\Omega} L_i \cdot J_s^{A_x}\mathrm{d}v\end{aligned} \quad (5-26)$$

$$\begin{aligned}&\sum_{j=1}^{L_{\text{nodes}}} A_{jy}\iiint_{\Omega} \nabla L_i \cdot \nabla L_j \mathrm{d}v + \zeta\chi\sum_{j=1}^{L_{\text{nodes}}} A_{jy}\iiint_{\Omega} L_i \cdot L_j \mathrm{d}v \\ &- \zeta\chi\sum_{j=1}^{L_{\text{nodes}}} \Phi_j\iiint_{\Omega} L_i \cdot \frac{\partial L_j}{\partial y}\mathrm{d}v = \iint_{\partial\Omega} L_i(\nabla A_y \cdot \boldsymbol{n})\mathrm{d}s + \iiint_{\Omega} L_i \cdot J_s^{A_y}\mathrm{d}v\end{aligned} \quad (5-27)$$

$$\begin{aligned}&\sum_{j=1}^{L_{\text{nodes}}} A_{jz}\iiint_{\Omega} \nabla L_i \cdot \nabla L_j \mathrm{d}v + \zeta\chi\sum_{j=1}^{L_{\text{nodes}}} A_{jz}\iiint_{\Omega} L_i \cdot L_j \mathrm{d}v \\ &- \zeta\chi\sum_{j=1}^{L_{\text{nodes}}} \Phi_j\iiint_{\Omega} L_i \cdot \frac{\partial L_j}{\partial z}\mathrm{d}v = \iint_{\partial\Omega} L_i(\nabla A_z \cdot \boldsymbol{n})\mathrm{d}s + \iiint_{\Omega} L_i \cdot J_s^{A_z}\mathrm{d}v\end{aligned} \quad (5-28)$$

$$-\sum_{j=1}^{L_{\text{nodes}}}\zeta\chi A_{jx}\iiint_{\Omega}\frac{\partial L_i}{\partial x}L_j\mathrm{d}v-\sum_{j=1}^{L_{\text{nodes}}}\zeta\chi A_{jy}\iiint_{\Omega}\frac{\partial L_i}{\partial y}L_j\mathrm{d}v-\sum_{j=1}^{L_{\text{nodes}}}\zeta\chi A_{jz}\iiint_{\Omega}\frac{\partial L_i}{\partial z}L_j\mathrm{d}v$$
$$-\sum_{j=1}^{L_{\text{nodes}}}\boldsymbol{\Phi}_j\iiint_{\Omega}\zeta\chi\,\nabla L_i\,\nabla L_j\mathrm{d}v=\mu\chi\iint_{\partial\Omega}L_i(\boldsymbol{E}\cdot\boldsymbol{n})\mathrm{d}s+\iiint_{\Omega}L_i\cdot J_s^{\Phi}\mathrm{d}v \tag{5-29}$$

5.2.2 场源积分计算

采用节点有限元对拉普拉斯结构的 $\boldsymbol{A}-\boldsymbol{\Phi}$ 可控源电磁法系统方程进行离散，离散后右端场源项涉及的积分如下表示：

$$\begin{aligned}
S_3^e&=\iiint_{\Omega^e}N\cdot J_s^{A_x}\mathrm{d}v\\
S_4^e&=\iiint_{\Omega^e}N\cdot J_s^{A_y}\mathrm{d}v\\
S_5^e&=\iiint_{\Omega^e}N\cdot J_s^{A_z}\mathrm{d}v\\
S_6^e&=\iiint_{\Omega}L_i\cdot[\nabla\cdot(\boldsymbol{J}_e^s)]\mathrm{d}v
\end{aligned} \tag{5-30}$$

对于电偶源来说，当只存在 x 方向布设的偶极源来说，表明 $J_s^x\neq 0$ 而其他方向的源都为零，即 $J_s^{A_y}=J_s^{A_z}=0$，源的积分相当单元一维线积分；同理，y 方向布设的偶极源同样如上表示。S_6 的积分可以如同第 4 前一章的 S_2 进行求解。

5.2.3 刚度矩阵的合成

从 5.2.1 节中可知，矩阵合成涉及以下几种形函数的积分求解，其表达式为：

$$H_{i,j}=\iiint_{\Omega_e}(\nabla L_i)\cdot(\nabla L_j)\mathrm{d}v \tag{5-31}$$

$$O_{i,j}=\iiint_{\Omega_e}L_i\cdot L_j\mathrm{d}v \tag{5-32}$$

$$P_{i,j}=\iiint_{\Omega_e}L_i\frac{\partial L_j}{\partial m(m=x,y,z)}\mathrm{d}v \tag{5-33}$$

公式(5－31）的积分在第 3 章已经给出，本节只列出公式(5－32）和公式(5－33）的积分表达式为：

$$L_i\cdot L_j=\left(\frac{1}{6V^e}\right)^2(a_i^e+b_i^ex+c_i^ey+d_i^ez)\cdot(a_j^e+b_j^ex+c_j^ey+d_j^ez) \tag{5-34}$$

$$L_i \cdot (\nabla L_j) = \left(L_i \frac{\partial L_j}{\partial x} i_x \quad L_i \frac{\partial L_j}{\partial y} i_y \quad L_i \frac{\partial L_j}{\partial z} i_z\right)$$

$$= \begin{pmatrix} \left(\frac{1}{6V^e}\right)^2 (a_i^e + b_i^e x + c_i^e y + d_i^e z) b_i^e \, i_x \\ \left(\frac{1}{6V^e}\right)^2 (a_i^e + b_i^e x + c_i^e y + d_i^e z) c_i^e \, i_y \\ \left(\frac{1}{6V^e}\right)^2 (a_i^e + b_i^e x + c_i^e y + d_i^e z) d_i^e \, i_z \end{pmatrix}^T \tag{5-35}$$

因此，CSEM 的拉普拉斯结构 $\boldsymbol{A}-\boldsymbol{\Phi}$ 求解系统的线性方程组可写成：

$$\begin{pmatrix} \boldsymbol{H}_{A_xA_x} + \zeta\chi \boldsymbol{O}_{A_xA_x} & & & -\zeta\chi \boldsymbol{P}_{A_x\Phi} \\ & \boldsymbol{H}_{A_yA_y} + \zeta\chi \boldsymbol{O}_{A_yA_y} & & -\zeta\chi \boldsymbol{P}_{A_y\Phi} \\ & & \boldsymbol{H}_{A_zA_z} + \zeta\chi \boldsymbol{O}_{A_zA_z} & -\zeta\chi \boldsymbol{P}_{A_z\Phi} \\ -\zeta\chi \boldsymbol{P}^T_{A_y\Phi} & -\zeta\chi \boldsymbol{P}^T_{A_x\Phi} & -\zeta\chi \boldsymbol{P}^T_{A_z\Phi} & -\zeta\chi \boldsymbol{H}_{\Phi\Phi} \end{pmatrix} \begin{pmatrix} \boldsymbol{A}_x \\ \boldsymbol{A}_y \\ \boldsymbol{A}_z \\ \boldsymbol{\Phi} \end{pmatrix} = \begin{pmatrix} \boldsymbol{S}_3 \\ \boldsymbol{S}_4 \\ \boldsymbol{S}_5 \\ \boldsymbol{S}_6 \end{pmatrix} \tag{5-36}$$

其中，方程式(5－36)中的S_3、S_4、S_5分别表示不同极化方向的源积分，对 x 方向电偶源来说，$S_3^e = \iiint_{\Omega^e} N \cdot J_x \mathrm{d}v = \mu I\delta(y-y_0)\delta(z-z_0)[H(x-x_i)-H(x-x_{i-1})]$，$S_6^e = \iiint_{\Omega} L \cdot [\nabla \cdot (\mu \boldsymbol{J}_e^s)] \mathrm{d}v$。对于电偶源来说，当只存在 x 方向布设的偶极源时，$J_s^x \neq 0$ 而其他方向的源都为零，即 $J_s^y = J_s^z = 0$，源的积分相当单元一维积分；同理，y 方向布设的偶极源同样如上表示。而特别地，对于有限长导线可以将导线源分解成若干个偶极子源的叠加来加载。磁偶源的加载如电偶源所述来实现。关于上述方程内部各元素的积分表达式在前面进行了详细描述及推导，可控源电磁法不同之处在于右端项的加载。

5.2.4　电磁场分量计算

利用本章线性方程求解得到的矢量位和标量位的结果转换成需要的电磁场各分量，其中电场的表达式为：

$$\begin{cases} E_x = \mathrm{i}\omega\left(A_x - \frac{\partial \Phi}{\partial x}\right) \\ E_y = \mathrm{i}\omega\left(A_y - \frac{\partial \Phi}{\partial y}\right) \\ E_z = \mathrm{i}\omega\left(A_z - \frac{\partial \Phi}{\partial z}\right) \end{cases} \tag{5-37}$$

磁场的表达式为：

$$\begin{cases} H_x = \dfrac{1}{\mu}\left(\dfrac{\partial A_z}{\partial y} - \dfrac{\partial A_y}{\partial z}\right) \\ H_y = \dfrac{1}{\mu}\left(\dfrac{\partial A_x}{\partial z} - \dfrac{\partial A_z}{\partial x}\right) \\ H_z = \dfrac{1}{\mu}\left(\dfrac{\partial A_y}{\partial x} - \dfrac{\partial A_x}{\partial y}\right) \end{cases} \tag{5-38}$$

其中，矢量位和标量位导数求解办法和第 4 章相同。

5.3 算例分析

5.3.1 三维 CSEM 正演模拟分析

1）磁偶极子源响应特征

（1）磁偶源在全空间的响应分析。

采用矩形回线在均匀全空间下加载一个垂直磁偶源，回线尺寸为 1.0 m × 1.0 m，位于求解区域的中心处。求解区域的大小为[− 30 km, 30 km]^3，全空间电阻率为 100 Ω · m，为了降低源的奇异性，对激发源进行局部细化，使得垂直磁偶源被剖分成 52 个小线段，沿着 x 轴的正方向布设观测剖面，具体情况如图 5 − 1 所示。

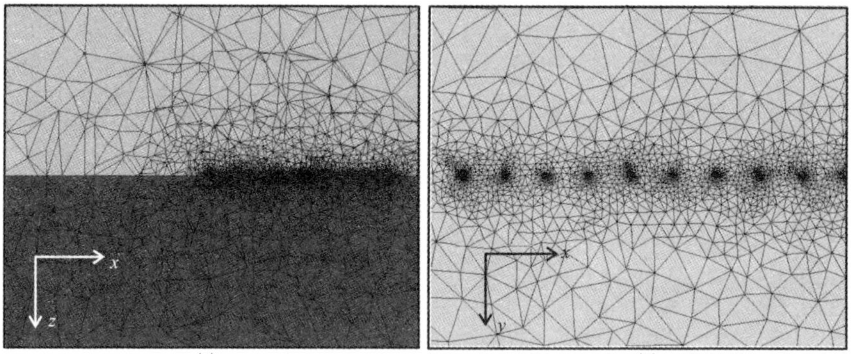

(a)　　　　(b)

图 5 − 1　网格剖分示意图

（a）$x-z$ 剖面；（b）$x-y$ 剖面

为了获取 3 Hz 磁场垂直分量的电磁响应，求解区域被剖分成 419122 个四面体单元，490627 条边单元和 68737 个节点。沿着 x 方向等间距设置观测点，间距为 120 m，设置 50 个观测点。为了提高测点处的电磁响应精度，对观测点处的网格

进行局部加密处理，如图5－1(b) 所示。然后，采用Krylov 子空间的GMRES迭代求解器在 ILU(0) 预条件因子处理下实现了拉普拉斯结构的 $\boldsymbol{A}-\boldsymbol{\Phi}$ 耦合势 CSEM 有限元系统的求解，得到的磁场垂直分量 H_z 的实部和虚部分别与解析解进行对比验证，结果如图5－2 所示。迭代求解得到的收敛曲线如图5－3 所示。从图5－2 中曲线拟合度上看，结果与解析解具有高度吻合性。另外，计算了磁场垂直分量的平均相对误差$\left(\sum_{i=1}^{n_{obs}}\frac{|x_2-x_1|}{\max(x_2,x_1)}\right)$，其中 x_2 为数值解，x_1 为解析解。计算得到垂直磁场实部平均相对误差为 1.14%，虚部平均相对误差为1.24%。基于拉普拉斯结构的求解系统迭代 455 步后达到预设的求解精度，得到的相对误差 $\|\boldsymbol{b}-\boldsymbol{Ax}\|/\|\boldsymbol{b}\|$ 为 3.51×10^{-15}，最后求解消耗的时间为 307.44 s。

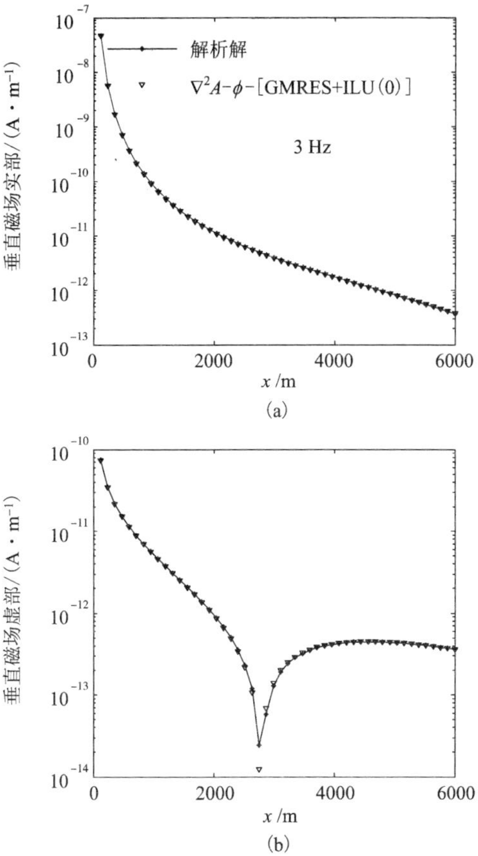

图5－2　垂直磁偶源在全空间下，3 Hz 磁场垂直分量 H_z 的实部和虚部响应曲线

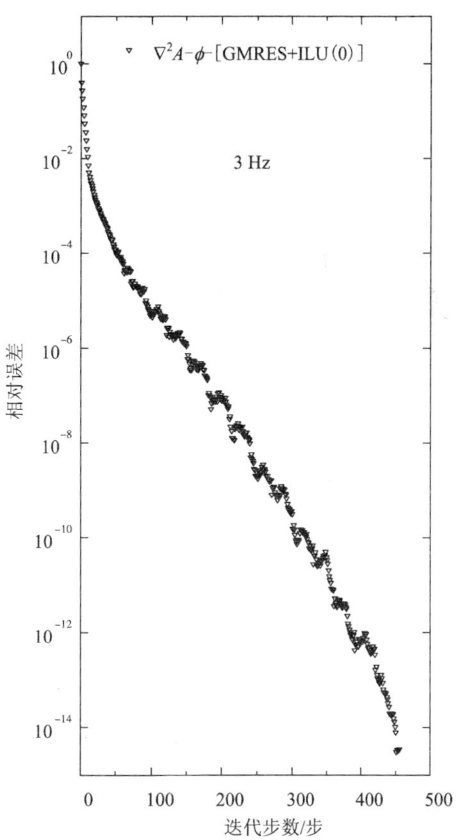

图5－3　垂直磁偶源在全空间下，3 Hz 磁场垂直分量 H_z 的收敛曲线

为了计算100 Hz产生的电磁响应，求解区域被离散成682916个四面体单元，817295条边单元和118267个节点。沿着x方向等间距设置测点，间距为20 m，设置50个观测点。为提高测点的精度，对测点进行局部加密处理。然后，采用Krylov子空间的GMRES迭代求解器在ILU(0)预条件因子处理实现了对拉普拉斯结构的$\boldsymbol{A}-\boldsymbol{\Phi}$求解系统的计算，得到的磁场垂直分量$H_z$的实部和虚部分别与解析解进行对比验证，结果如图5－4所示，迭代求解得到的收敛曲线如图5－5所示。从图5－4中可知，数值解与解析解吻合较好。从图5－5的收敛曲线可知，该求解系统迭代1488步达到收敛，得到的相对误差$\|\boldsymbol{b}-\boldsymbol{Ax}\|/\|\boldsymbol{b}\|$为$1.01\times10^{-14}$，磁场垂直分量的实部平均相对误差为1.15%；虚部分量的平均相对误差为1.18%。

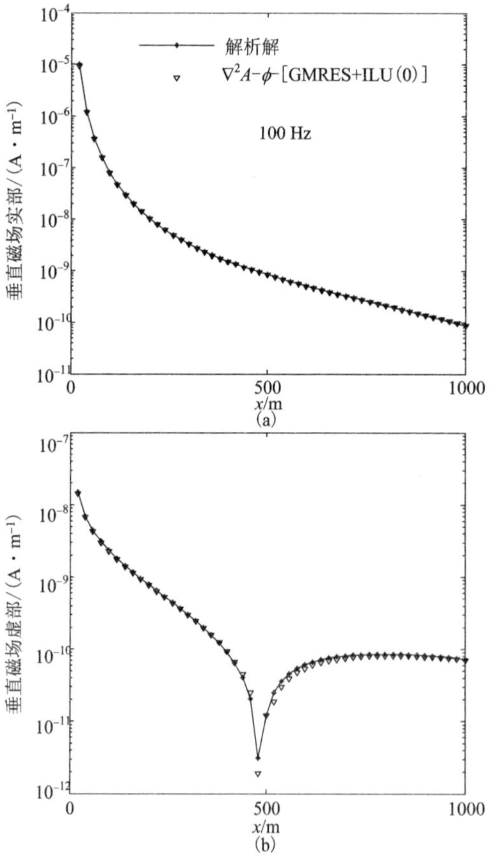

图5－4　垂直磁偶源在全空间下，100 Hz磁场垂直分量H_z的实部和虚部响应曲线

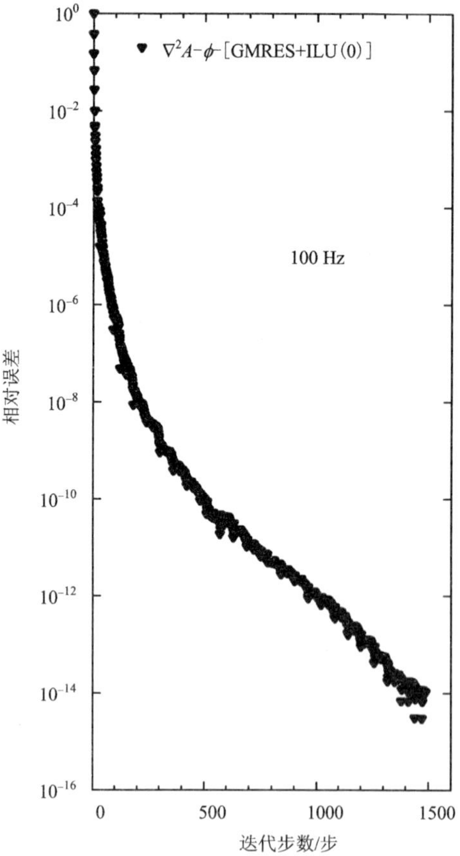

图5－5　垂直磁偶源在全空间下，100 Hz磁场垂直分量H_z的收敛曲线

(2) 磁偶源在半空间的响应分析。

在均匀半空间下加载一个垂直磁偶源，磁偶源的尺寸为1.0 m×1.0 m，位于求解区域的中心。整个求解区域的大小为[-30 km, 30 km]^3，地下空间的电阻率为100 Ω·m，空气空间的电导率为10^8 Ω·m，为了降低源处的奇异性，对源进行局部细化，使得垂直磁偶源被剖分成27个小线段。沿着 x 轴的正方向布设观测剖面，具体情况如图5-6所示。

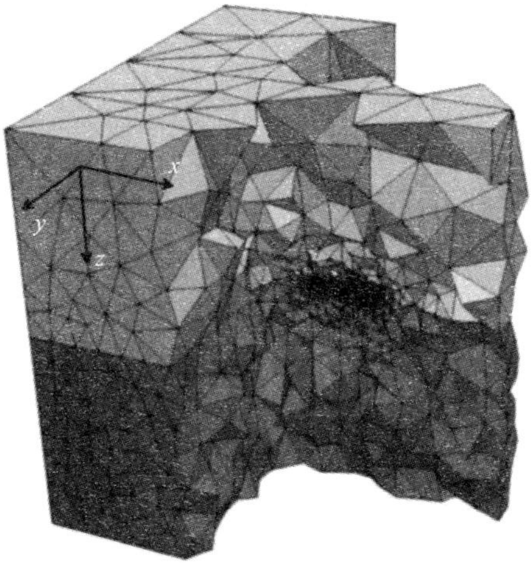

图5-6　垂直磁偶源半空间网格剖分示意图

为了获取3 Hz的电磁响应，求解区域被剖分成403789个四面体单元、471329条边单元和66521个节点。沿着 x 方向等间距设置测点，间距为120 m，设置50个测点。为了提高测点处的电磁响应，对测点处的网格进行加密处理。然后，采用Krylov子空间的GMRES迭代求解器在ILU(0)预条件因子处理下实现拉普拉斯结构的 $\boldsymbol{A}-\boldsymbol{\Phi}$ 求解系统的计算，得到的磁场垂直分量 H_z 的实部和虚部分别与解析解进行对比，结果如图5-7所示，迭代求解得到的收敛曲线如图5-8所示。从图5-7中可知，数值解与解析解吻合较好，误差较小。另外，从图5-8的收敛曲线可知，求解系统迭代161步后得到的相对误差 $\|\boldsymbol{b}-\boldsymbol{Ax}\|/\|\boldsymbol{b}\|$ 为 1.9×10^{-15}，垂直磁场实部分量的平均相对误差为1.03%，虚部分量的平均相对误差为1.21%。

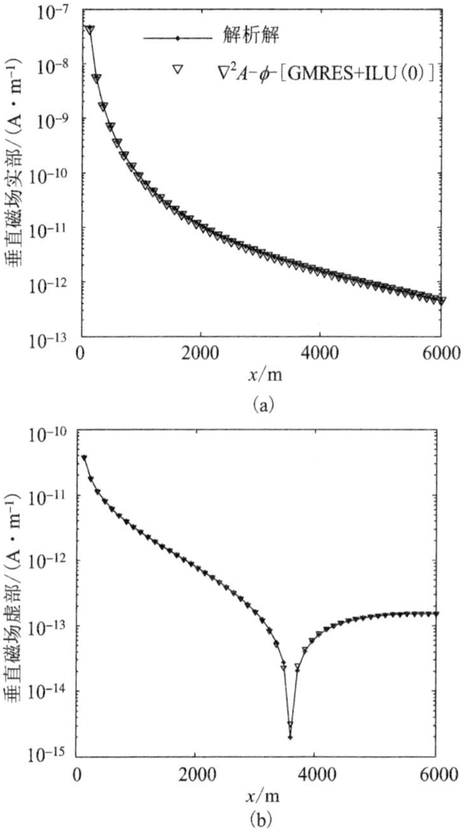

图 5－7　垂直磁偶源在半空间下，3 Hz 磁场垂直分量 H_z 的实部和虚部响应曲线

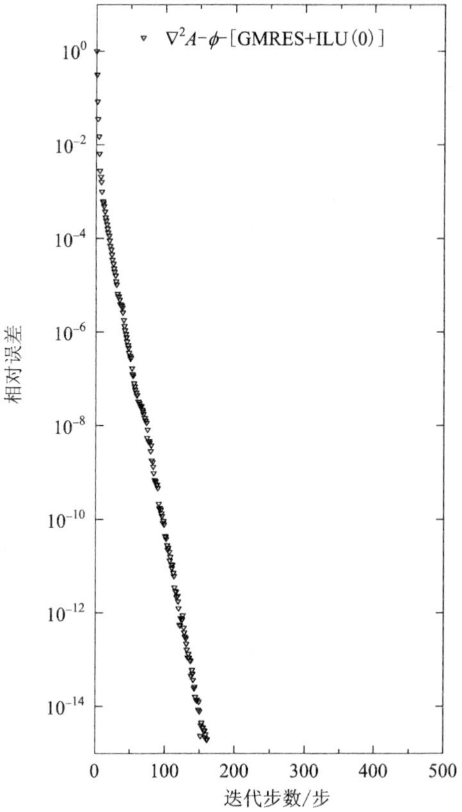

图 5－8　垂直磁偶源在半空间下，3 Hz 磁场垂直分量 H_z 的收敛曲线

同理，为了获取 100 Hz 的电磁响应，求解区域被离散成 814255 个四面体单元，675519 条边单元和138736个节点。沿着 x 方向等间距设置测点，间距为20 m，设置 50 个测点。采用同样的求解方法对拉普拉斯结构的 **A － Φ** 求解系统进行计算，得到的磁场垂直分量 H_z 的实部和虚部分别与解析解进行对比验证，其结果如图 5－9 所示，迭代求解得到的收敛曲线如图 5－10 所示。从图 5－10 中可知，拉普拉斯结构的 **A － Φ** 解系统依然呈现出较好的稳定性，垂直磁场实部分量的平均相对误差为 1.13%；虚部分量的平均相对误差为 1.34%。

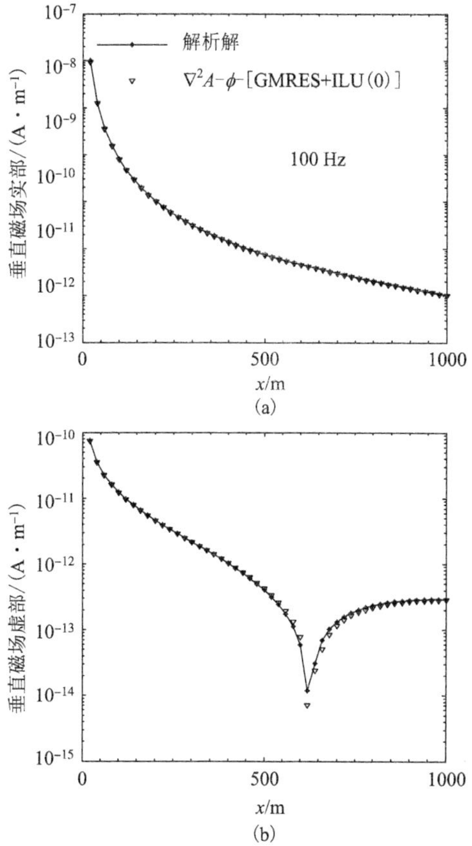

图 5-9　垂直磁偶源在半空间下，100 Hz 磁场垂直分量 H_z 的实部和虚部响应曲线

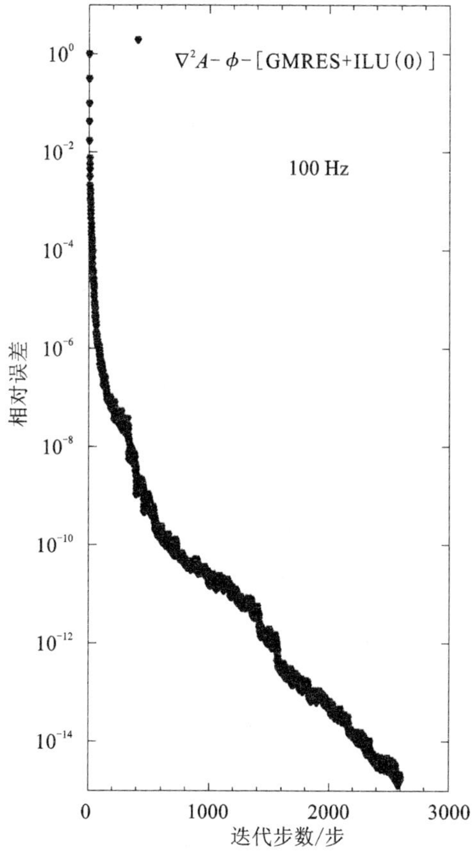

图 5-10　垂直磁偶源在半空间下，100 Hz 磁场垂直分量 H_z 的收敛曲线

2）电偶极子源响应特征

为了分析电偶源的响应特性，在均匀半空间下加载一个沿着 x 方向，长度为 0.1 m 电偶源，其位于求解区域的中心处。整个求解区域大小为 $[-30\text{ km}, 30\text{ km}]^3$，地下区域的电阻率为 100 Ω·m，空气的电阻率为 10^8 Ω·m，为了降低源处的奇异性，对源进行局部细化处理，使得电偶源被细化成 4 小段。沿着 x 轴的正方向布设观测剖面，测点的间距为 120 m，观测点 40 个。求解区域被离散成 542503 个四面体单元，90103 个节点单元和 635813 个边单元。采用 Krylov 子空间的 GMRES 迭代求解器在 ILU(0) 预条件因子处理下实现了拉普拉斯结构的 $\boldsymbol{A}-\boldsymbol{\Phi}$ 求解系统进行计算，得到 0.1 Hz 电场分量 E_x 的实部和虚部分别与解析解进行对比，结果如图 5-11 所示，收敛曲线如图 5-12 所示。从图中可知，数值解与解析解吻合较

好，电场 E_x 的实部与虚部分量的平均相对误差分别为 1.03% 和 1.13% 。

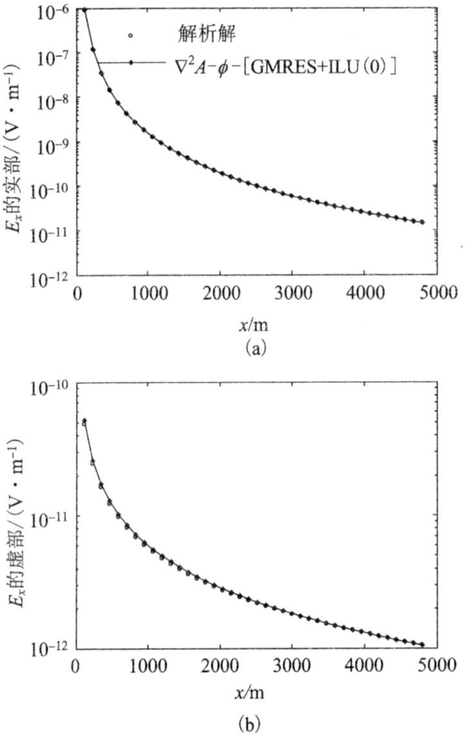

图 5 - 11　水平电偶源在半空间下，0.1 Hz 电磁水平分量 E_x 的实部和虚部响应曲线

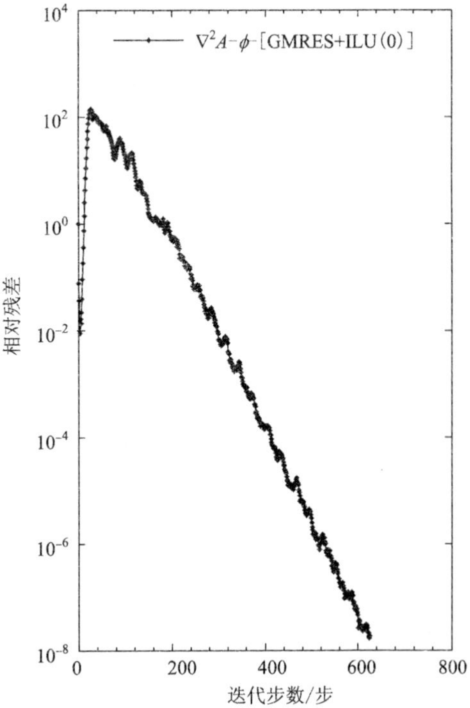

图 5 - 12　水平电偶源在半空间下，0.1 Hz 电场水平分量 E_x 的收敛曲线

5.3.2　单一异常体电磁响应模拟

设计块状低阻异常体如图 5 - 13 所示。块状低阻异常体模型的电阻率为 5 Ω · m，被置于均匀半空间模型中，背景电阻率为 50 Ω · m，异常体尺寸为 120 m × 200 m × 400 m，中心点坐标为(1000 m，0 m，300 m)。沿着 x 方向布设有限长导线源，源的长度为 100 m，源的中心坐标为(50 m，0 m，0 m)，发射电流为 1 A。沿着 x 方向布设一条测线，测线起点位置(400 m，0 m，0 m)，终点位置为(1400 m，0 m，0 m)。根据该测试模型，对拉普拉斯结构的 $\boldsymbol{A}-\boldsymbol{\Phi}$ 求解系统在不同求解器和预条件因子处理下的收敛性进行评价，具体情况如下。

为了测试 CSEM 满足的拉普拉斯结构的 $\boldsymbol{A}-\boldsymbol{\Phi}$ 求解系统对不同求解器以及预条件因子的收敛性能进行分析，整个求解区域大小为$[-17.5\ \text{km}, 17.5\ \text{km}]^3$，并将区域剖分成 179914 个四面体单元，29590 个节点和 204409 个条边单元。同时 100 m

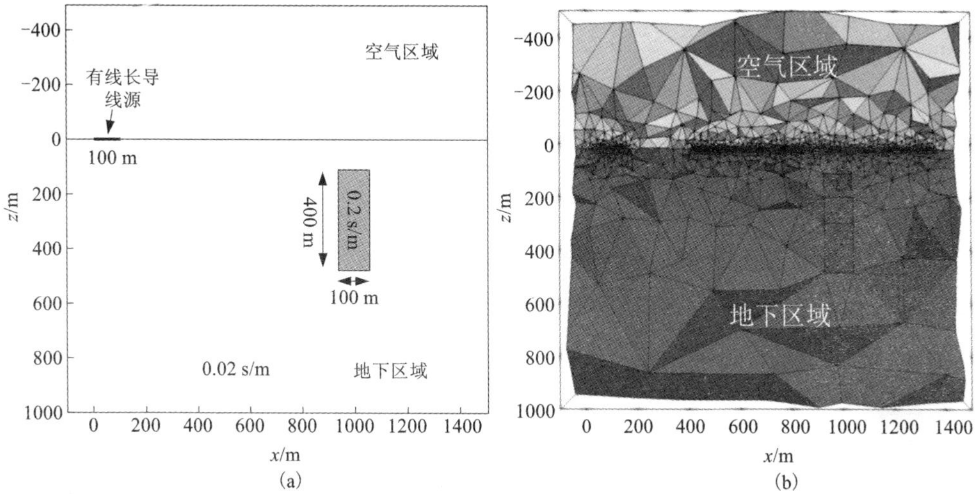

图5－13　单一异常体网格剖分示意图

长的有限长导线源被剖分184段，以满足偶极源假设和降低源的奇异性。然后采用Petsc构建的Krylov子空间迭代求解器GMRES和BICGSTAB在表5－1中预条件因子处理下实现了系统方程求解，迭代求解得到的收敛率如表5－1所示。另外，采用Pardiso直接求解器对线性方程进行求解得到 x 方向的电场 E_x 值与公开的算法和迭代解法进行对比，结果如图5－14所示。

表5－1　3 Hz两种求解系统不同求解器以及预条件因子的收敛性能对比

系统	求解器	预条件因子	单元数/个	未知数/个	求解时间/s	迭代次数	残差 $\lVert b-Ax\rVert/\lVert b\rVert$
$\nabla^2 A-\Phi$	GMRES	JACOBI	179914	118360	790.698	5000	5.6×10^{-3}
		BJACOBI			153.503	524	2.2×10^{-10}
		SOR			351.612	1571	4.9×10^{-10}
		ILU(0)			110.464	520	2.1×10^{-10}
		ILU(1)			63.1046	94	7.6×10^{-12}
	BICGSTAB	JACOBI	179914	118360	1090.99	5000	5.6×10^{-3}
		BJACOBI			81.4019	246	8.1×10^{-11}
		SOR			1146.13	3426	4.9×10^{-10}
		ILU(0)			75.8864	246	8.1×10^{-11}
		ILU(1)			112.231	265	5.8×10^{-12}

表 5－2　10 Hz 两种求解系统不同求解器以及预条件因子的收敛性能对比

系统	求解器	预条件因子	单元数/个	未知数/个	求解时间/s	迭代次数	残差 $\|b-Ax\|/\|b\|$
$\nabla^2 \boldsymbol{A}-\Phi$	GMRES	JACOBI	159827	104060	167.413	912	5.18×10^{-11}
		BJACOBI			142.435	537	7.14×10^{-12}
		SOR			68.1481	340	7.14×10^{-12}
		ILU(0)			99.281	537	2.1×10^{-10}
		ILU(1)			54.3599	134	2.9×10^{-12}
	BICGSTAB	JACOBI	159827	104060	920.17	5000	1.23×10^{-9}
		BJACOBI			1533.74	5000	8.1×10^{-11}
		SOR			208.84	658	3.09×10^{-11}
		ILU(0)			1440.62	5000	1.4×10^{0}
		ILU(1)			2400.36	5000	1.04×10^{-5}

从表5－1中可知，Krylov子空间的GMRES求解器在不同预条件因子处理下求解性能存在明显差异，如基于JACOBI预条件因子达不到较好收敛效果，迭代5000次后得到的相对误差 $\|\boldsymbol{b}-\boldsymbol{Ax}\|/\|\boldsymbol{b}\|$ 为 5.6×10^{-3}；块状对角BJACOBI预条件因子迭代524步，相对误差 $\|\boldsymbol{b}-\boldsymbol{Ax}\|/\|\boldsymbol{b}\|$ 为 2.2×10^{-10}，所需要的时间为153.503 s；SOR预条件因子迭代1571步，相对误差 $\|\boldsymbol{b}-\boldsymbol{Ax}\|/\|\boldsymbol{b}\|$ 为 4.9×10^{-10}，时间消耗351.612 s；ILU(0)预条件因子迭代520步，相对误差为 2.1×10^{-10}，需要的时间为110.464 s；ILU(1)预条件因子需要265步，迭代求解所需时间为112.231 s，最终的相对误差为 7.6×10^{-12}。另外，同一种预条件因子不同求解器表现出来的求解性能也不一样，比如SOR预条件因子采用BICGSTAB求解器迭代求解需要迭代3426步，才能达到预设定的求解精度，而所消耗的时间也相对较长。

表5－2中展示了10 Hz的收敛特性，与3 Hz的测试结果相比存在明显差异。主要表现出BICGSTAB迭代求解器不稳定。总之，相同预条件因子下不同求解器的收敛性能存在明显差异，相同求解器不同预条因子的收敛性能也存在明显差异。另外，从表5－1和表5－2中可知，基于Krylov子空间的GMRES求解器相对BICGSTAB要稳定，采用ILU预条件因子下的GMRES求解器对拉普拉斯结构的可控源电磁法满足的 $\boldsymbol{A}-\boldsymbol{\Phi}$ 求解系统的求解性能要稳定。为此，后面研究工作都是基于以上分析下进行的。图5－14展示了水平电场 E_x 分量实部和虚部与公开算

法[136, 160, 185, 186]的对比情况，结果表明我们开发的算法与公开算法具有高度的吻合性，求解精度较高。

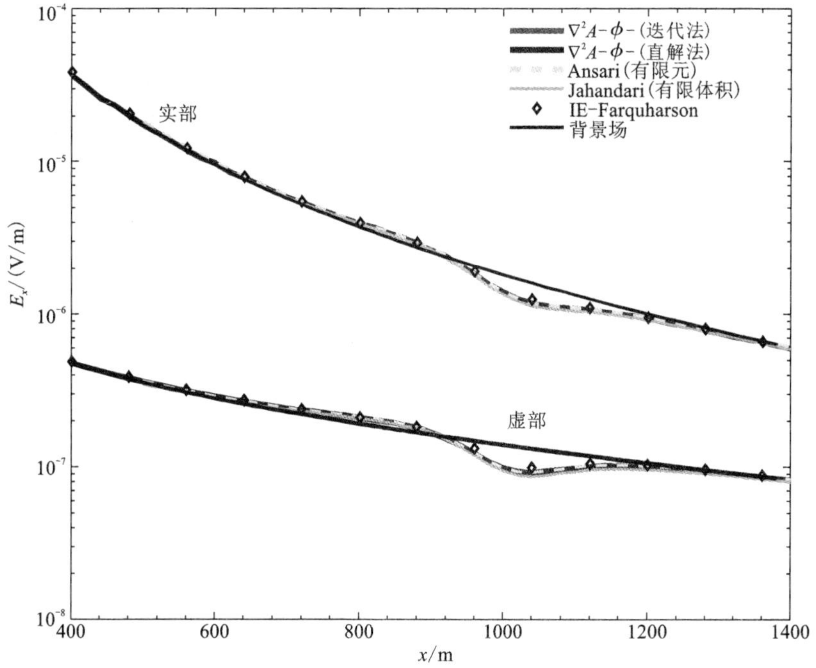

图 5－14　3 Hz 水平电场 E_x 分量实部与虚部对比曲线

5.3.3　地垒和地堑模型电磁响应模拟

下面的算例主要是为了测试频率域可控源电磁受地形影响特征，对于强加库伦规范的拉普拉斯结构的 $\boldsymbol{A}-\boldsymbol{\Phi}$ 求解系统在 ILU(1) 处理下采用 GMRES 算法进行求解。主要测试了轴向、旁侧装置下地垒、地堑以及地垒地形下存在低阻异常体的地电模型，具体响应特征如下所述。

1）纯地垒地形模型电磁响应模拟

建立如图 5－15 所示的地垒模型，地垒模型的底界面的尺寸为 2 km × 2 km，顶界面的尺寸为 0.45 km × 0.45 km，底界面和顶界面的高差为 450 m，地垒模型的中心距离坐标原点的水平距离为 6 km，在坐标轴的中心处分别设置了不同方向的极化场源：① x 方向的场源中心坐标为(50 m, 0 m, 0 m)，场源长度为 100 m，场源电流为 1 A；② y 方向的场源中心坐标为(50 m, 0 m, 0 m)，场源长度为 100 m，场源电流为 1 A。沿着 x 轴布设观测剖面，剖面的范围为 4.5 ~ 7.5 km，测

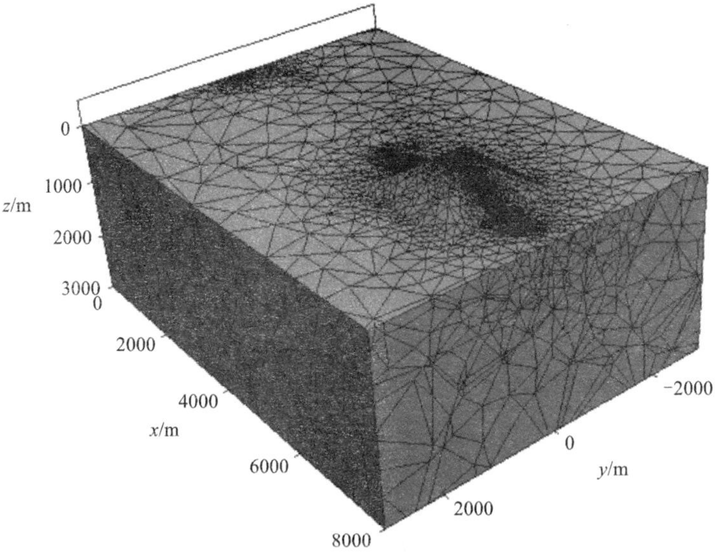

图5－15　地垒地形模型示意图

点的间距为100 m，测点个数为53，空气的电阻率设置为10^8 Ω · m，地下区域的电阻率为10^2 Ω · m，频率为2 Hz和32 Hz。

整个求解区域的大小为[－35 km, 35 km]^3，为了获取2 Hz的电磁响应，区域被剖分成549545个四面单元，89749个节点和629497个条边单元。同理，为了32 Hz的电磁响应，区域被剖分成570590个四面体单元，93227个节点和664042个条边单元。采用Krylov子空间的GMRES算法在ILU(1)预条件因子处理下实现了拉普拉斯结构的CSEM的$\boldsymbol{A}-\boldsymbol{\Phi}$求解系统的求解。图5－16～图5－17展示了两种极化方式的电磁场响应曲线和收敛曲线。从图5－16中可知，对于x方向的极化方式，观测x方向的电场，响应曲线呈现出四个突变位置，该位置与地形突变点一一对应，说明了地形拐点处电场存在不连续性。此外，从不同频率的相位响应曲线可知，不同频率受近源影响的程度也存在明显差异。另外，从图5－17中可知，拉普拉斯结构的$\boldsymbol{A}-\boldsymbol{\Phi}$耦合势的CSEM求解系统能够在有限迭代步数下达到收敛。图5－18展示了y方向极化的CSEM响应曲线。地垒模型的电场响应在地形正上方存在低阻异常体现象，曲线向下凹陷。y方向极化与x方向极化得到的响应曲线相比，存在明显不同。y方向极化的电场E_y的实部曲线和视电阻率曲线相对光滑，不存在突变点。这一现象说明了E_y曲线是不存在突变现象，场值E_y是连续变化的。

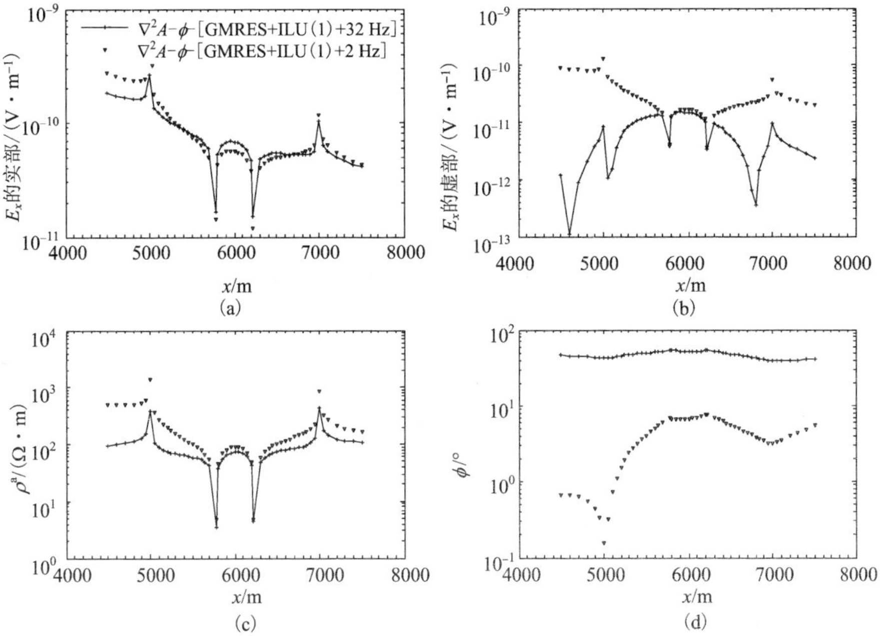

图 5－16　x 方向极化的可控源电磁法响应曲线

（a）水平电场 E_x 实部分量；（b）水平电场 E_x 虚部分量；（c）卡尼亚视电阻率；（d）相位

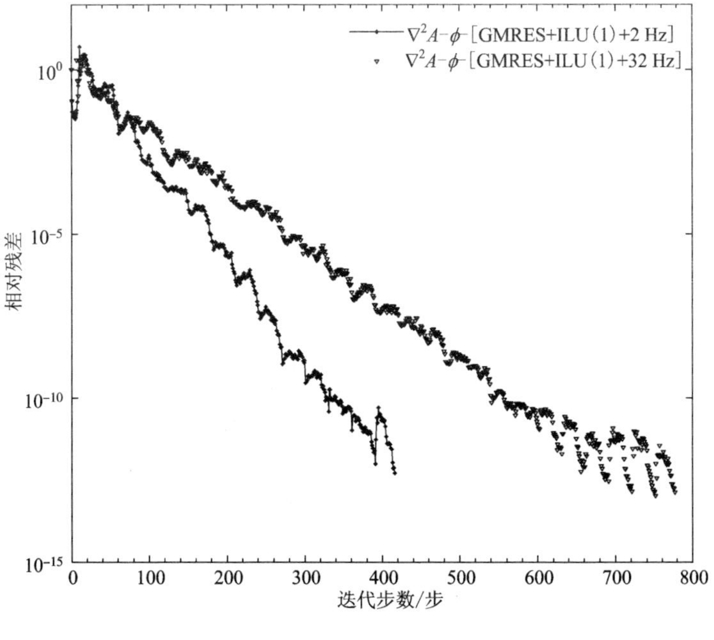

图 5－17　x 方向极化的可控源电磁法响应收敛曲线

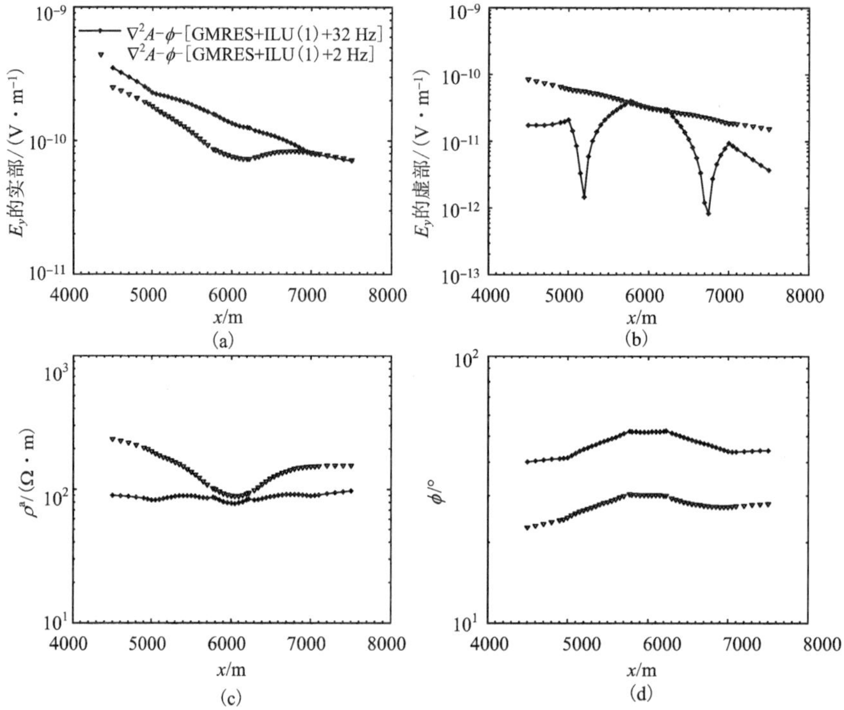

图 5-18　y 方向极化的可控源电磁法响应曲线

(a) 水平电场 E_y 实部分量；(b) 水平电场 E_y 虚部分量；(c) 卡尼亚视电阻率；(d) 相位

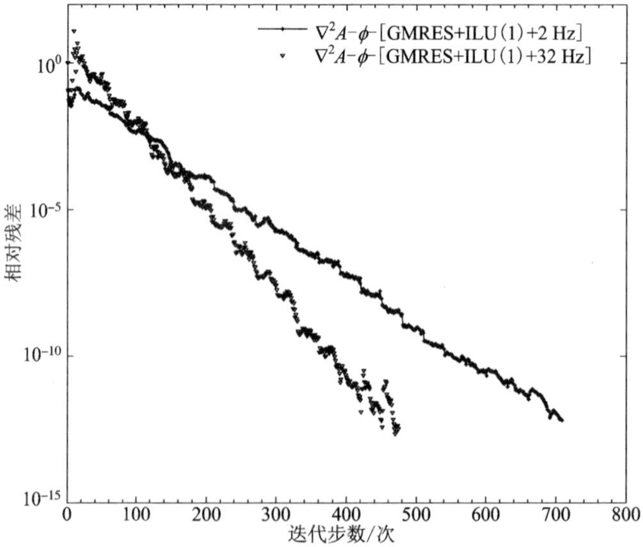

图 5-19　y 方向极化的可控源电磁法响应收敛曲线

2）纯地堑地形模型电磁响应模拟

建立如图5－20的地堑模型，地堑模型的顶界面大小为2 km×2 km，底界面大小为0.45 km×0.45 km，低界面和顶界面高差为450 m，地堑模型的中心距离坐标原点的水平距离为6 km，在坐标轴的中心处设置了 x 方向的极化场源，场源中心坐标为(50 m, 0 m, 0 m)，长度为100 m，电流大小为1 A。沿着 x 轴布设观测剖面，剖面范围为4.5～7.5 km，测点的间距为100 m，测点个数为53，空气的电阻率设置为 $10^8\ \Omega\cdot m$，地下空间的电阻率为 $10^2\ \Omega\cdot m$，频率为2 Hz和32 Hz，模型的网格剖分示意图如图5－20所示。

整个求解区域的大小设置为 $[-35\ km, 35\ km]^3$，为了获取2 Hz的电磁响应，计算区域被剖分成559768个四面单元，91460个节点和651444个边单元。同理，为了获取32 Hz的电磁响应，求解区域被剖分成551017个四面体单元、90057个节点和641321个边单元。采用GMRES迭代求解器在ILU(1)预条件因子处理下对拉普拉斯结构的CSEM的 $\boldsymbol{A}-\boldsymbol{\Phi}$ 求解系统进行求解。最终绘制了电场 E_x 分量的实部和虚部以及视电阻率和相位曲线，其结果如图5－21所示。地堑模型同样对电场 E_x 分量的实部和虚部以及视电阻率和相位响应产生严重影响，并在地形分界面处响应曲线呈现出突变现象。在地形中心位置，视电阻率和电场 E_x 分量的实部呈现向下凹陷的趋势，曲线的形体与地垒模型的结果正好相反。最后，从图5－22收敛曲线可知，基于拉普拉斯结构的 $\boldsymbol{A}-\boldsymbol{\Phi}$ 求解系统能够在有限的迭代步数下完成求解。

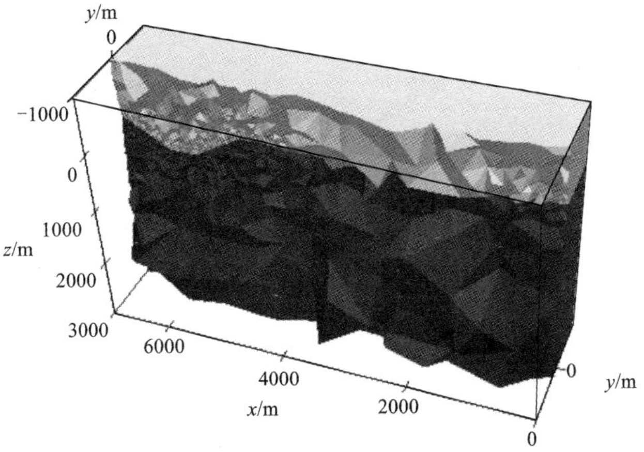

图5－20　地堑模型网格剖分示意图

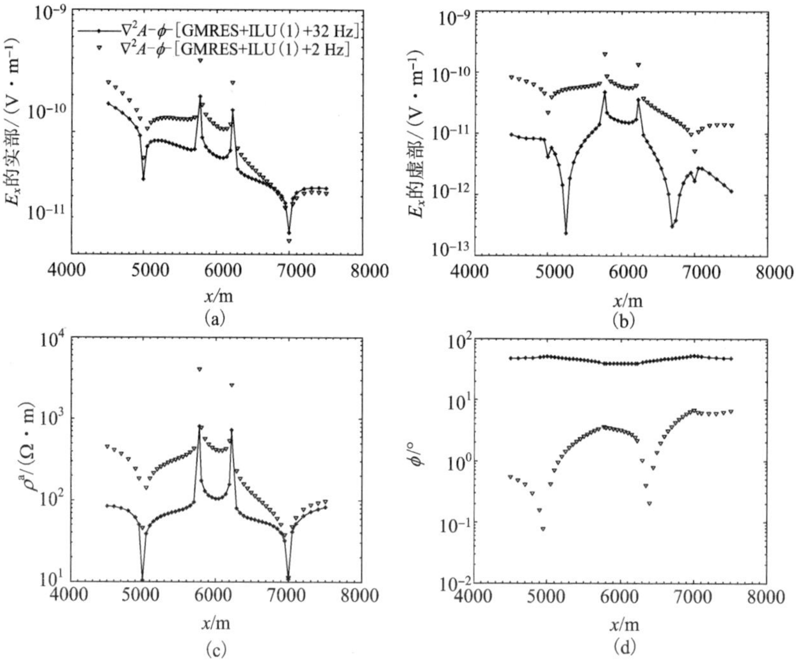

图 5 - 21 x 方向极化的可控源电磁法响应曲线

(a) 水平电场 E_x 实部分量；(b) 水平电场 E_x 虚部分量；(c) 卡尼亚视电阻率；(d) 相位

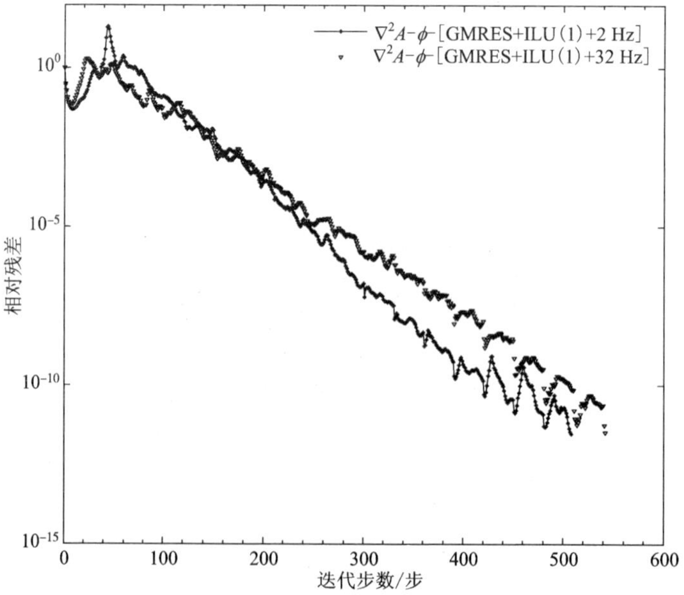

图 5 - 22 x 方向极化的可控源电磁法响应收敛曲线

3）带异常体的地垒模型的电磁响应

在图5－15所示的地垒模型下加载一个低阻异常模型，地垒模型的底界面的尺寸为2 km×2 km，顶界面的尺寸为0.45 km×0.45 km，底界面和顶界面高差为450 m，地垒模型的中心距离坐标原点的水平距离为6 km，不同之处在于低阻异常体被加载地形的正下方，异常体的尺寸为 $[0.5\ \text{km},\ 0.5\ \text{km}]^3$，异常体顶部与地形顶界面之间的距离为600 m，如图5－23所示。异常体电阻率为5 Ω·m，频率分别为16 Hz和64 Hz。采用GMRES迭代器在ILU(1)预条件因子处理下实现CSEM正演求解，得到的电磁响应如图5－23所示。

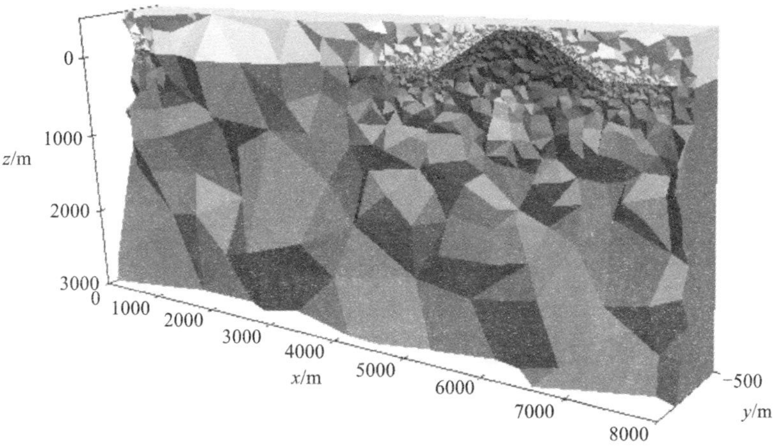

图5－23　地垒模型下的低阻异常体模型网格剖分示意图

从图5－24显示 x 方向极化的可控源电磁法的求解结果。从视电阻率曲线可知，由于低阻异常体加入使得模型起伏阶段的16 Hz的视电阻率明显偏低，64 Hz视电阻率影响相对较小，说明16 Hz的电磁响应受低阻异常体的影响明显。总体上讲，整个视电阻率和相位以及电场的 E_x 的实部和虚部受地形影响较大，低阻异常体的加入导致响应变化更为明显，但地形起伏较大的有可能会掩盖一些异常体信息，所以有必要对观测数据进行地形改正。同时，测试了 y 方向激发源的电磁响应，其结果以及收敛性如图5－22～图5－27所示，得到的结果与 x 方向激发源得到的响应特征类似，不同之处是曲线相对光滑，在地形分界面不存在突变现象。

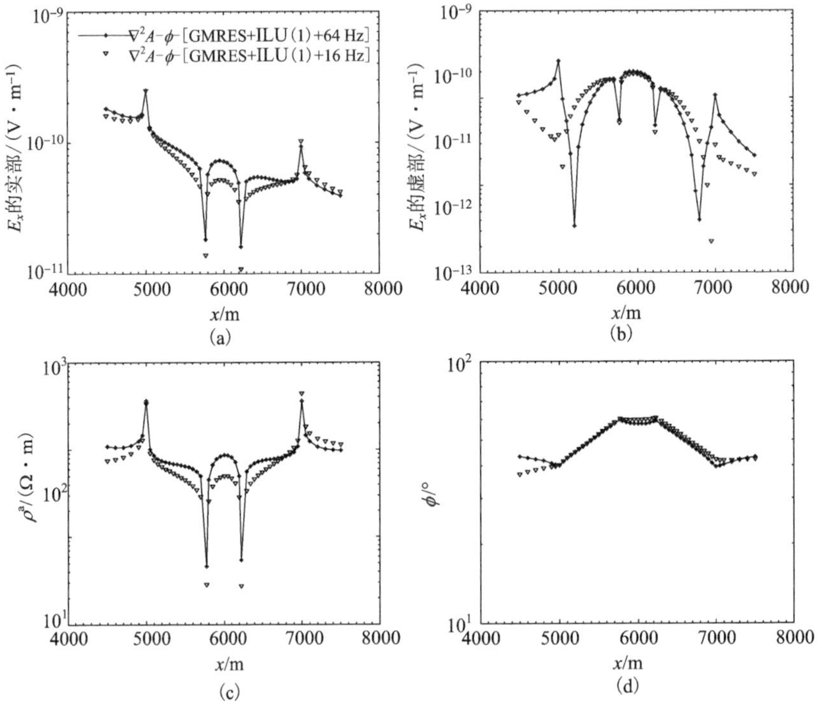

图 5－24　x 方向极化的可控源电磁法响应曲线

(a) 水平电场 E_x 实部分量；(b) 水平电场 E_x 虚部分量；(c) 卡尼亚视电阻率；(d) 相位

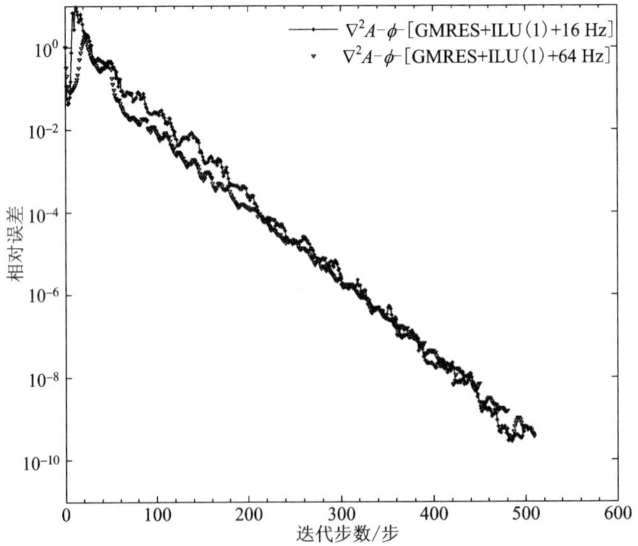

图 5－25　x 方向极化的可控源电磁法响应收敛曲线

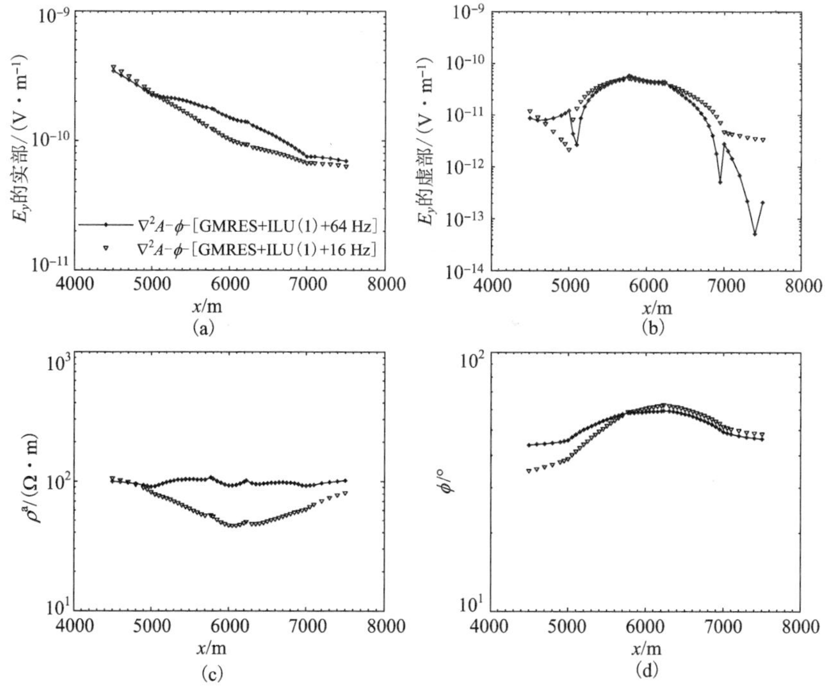

图 5 - 26　y 方向极化的可控源电磁法响应曲线

(a) 水平电场 E_y 实部分量；(b) 水平电场 E_y 虚部分量；(c) 卡尼亚视电阻率；(d) 相位

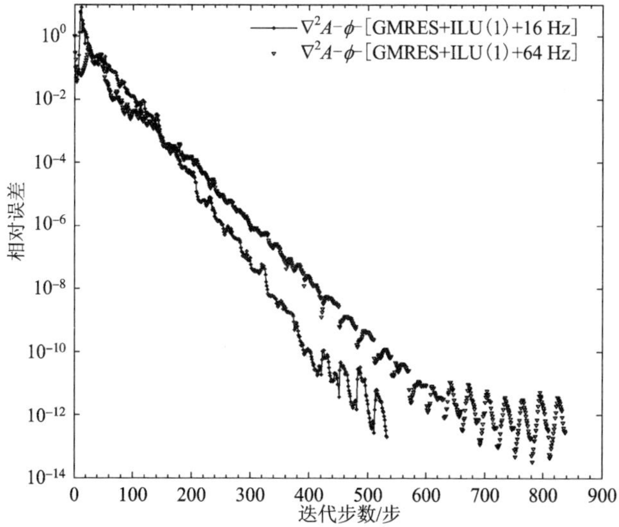

图 5 - 27　y 方向极化的可控源电磁法响应收敛曲线

5.3.4 场源的阴影和复印效应响应模拟

可控源电磁法通过引入人工场源信息，大大提高了观测信号的质量及抗干扰能力，但是由于人工场源引入同样伴随着难以处理的问题，比如非平面波效应、场源的阴影和复印效应(何继善，1990)，为了更好理解这些问题，设计以下三个算例进行简单的定性分析。

1) 测试模型 A

为了测试场源复印效应，建立如图5－28的地电模型。在均匀半空间下5.5～6.5 km处设置于一个低阻异常体，异常体的尺寸为1.0 km×1.0 km×0.5 km，异常体的中心坐标为(6 km, 0 km, 0 km)，异常体的电阻率为10 Ω·m，均匀半空间的电阻率为100 Ω·m，空气的电阻率设置为10^8 Ω·m，在坐标轴的中心位置分别加载x和y方向的有限长接地线源，场源的长度为100 m，发射电流为1 A，频率为32 Hz和128 Hz，x和y方向的有限长接地线源的中心坐标为(50 m, 0 m, 0 m)，并在场源的正下方分别加载一个高阻和低阻异常体A，低阻异常体的电阻率值为10 Ω·m，高阻异常体的电阻率值为2000 Ω·m，如图5－28所示。为了定性分析场源复印效应特点，本次研究采用GMRES迭代求解器在ILU(1)预条件因子下对基于拉普拉斯结构的可控源电磁法满足的$\boldsymbol{A}-\boldsymbol{\Phi}$求解系统进行求解，得到的视电阻率、相位和收敛曲线如图5－29～图5－32所示。

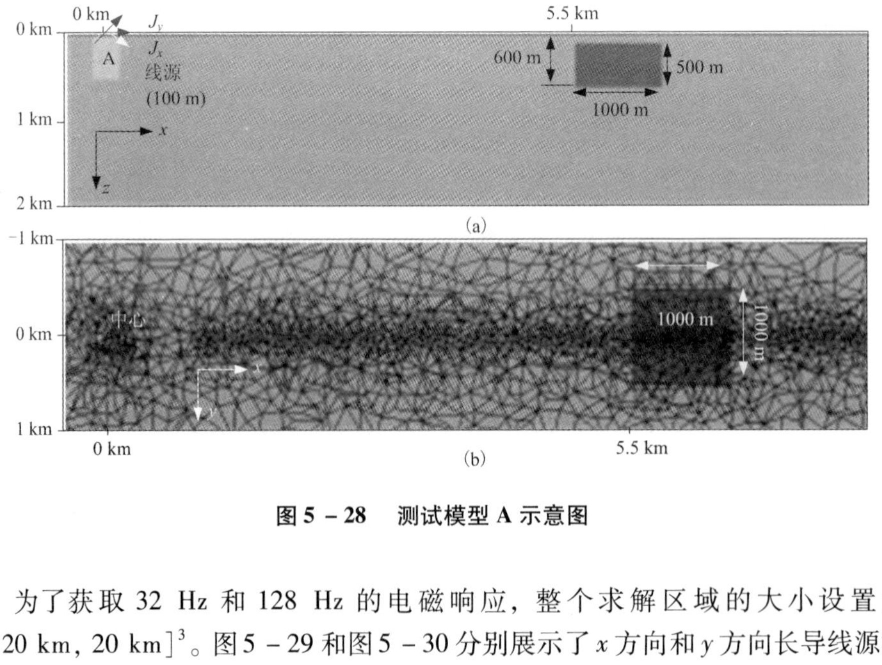

图5－28 测试模型A示意图

为了获取32 Hz和128 Hz的电磁响应，整个求解区域的大小设置为[－20 km, 20 km]^3。图5－29和图5－30分别展示了x方向和y方向长导线源激发得到的视电阻率和相位曲线。其中，虚线和实线分别展示了不存在异常体 A 的视电阻率和相位响应曲线；黑色的“◇”和“△”分别表示为存在高阻异常体 A 的响应曲线；黑色的“＊”和黑色的倒“△”分别表示为存在低阻异常体 A 的响应曲线。从图5－29的32 Hz和128 Hz轴向观测装置的视电阻率和相位响应曲线可知，场源正下方的低阻异常体和高阻异常体对远区的视电阻率和相位影响较小，然而，对过渡区和近区的视电阻率的值影响相对较大，尤其是相位曲线变化明显；高阻异常体同样产生类似的现象，整体幅值有所降低，表明高阻体排斥电流，低阻吸引电流，从而影响观测参数的变化。图 5－30 展示了旁侧装置的视电阻率和相位响应曲线。旁侧装置得到的响应特征与轴向装置类似，不同之处在于曲线受近源影响变弱和响应曲线在电性分界面处曲线较为光滑。另外，图5－31 和图5－32 展示了两种激发方式正演求解的收敛曲线，整体上 $\boldsymbol{A}-\boldsymbol{\Phi}$ 求解系统能够在有限步长下达到预设定求解精度，最终的相对残差为10^{-12}。

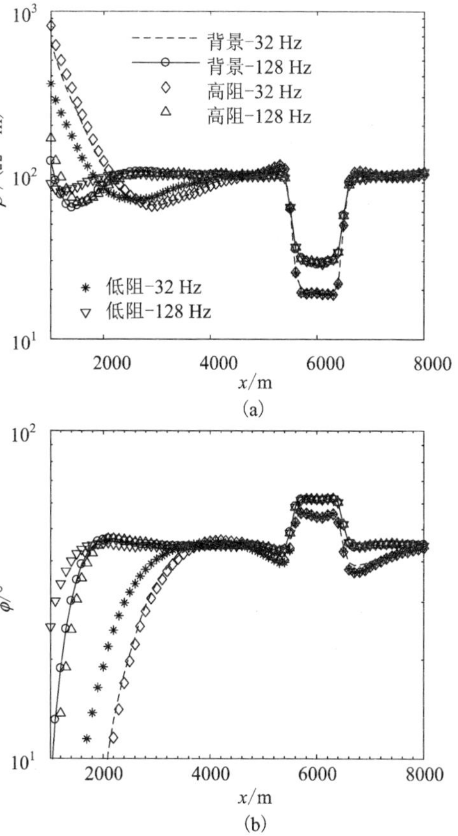

图 5－29　x 方向的源视电阻率和相位曲线

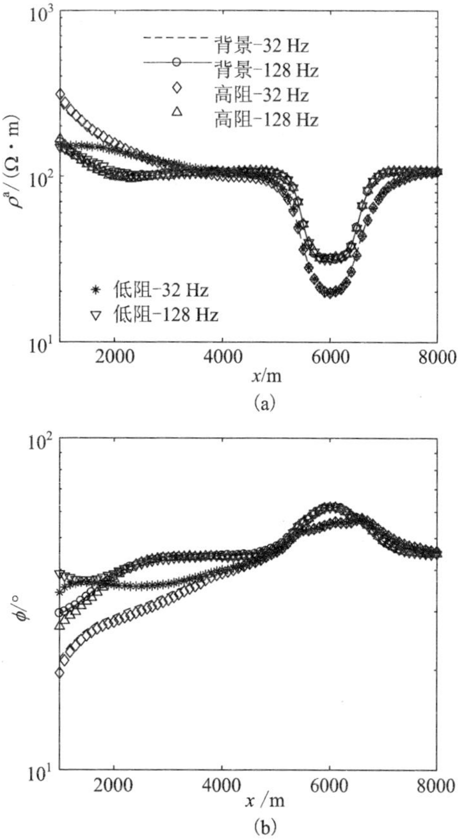

图 5－30　y 方向的源视电阻率和相位曲线

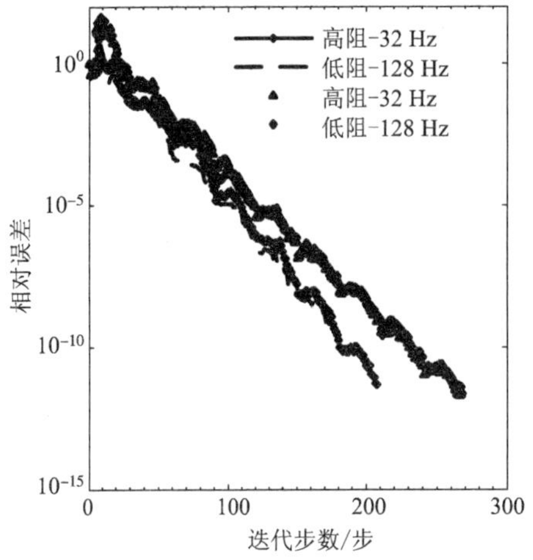

图 5－31　*x* 方向的源的电磁响应收敛曲线

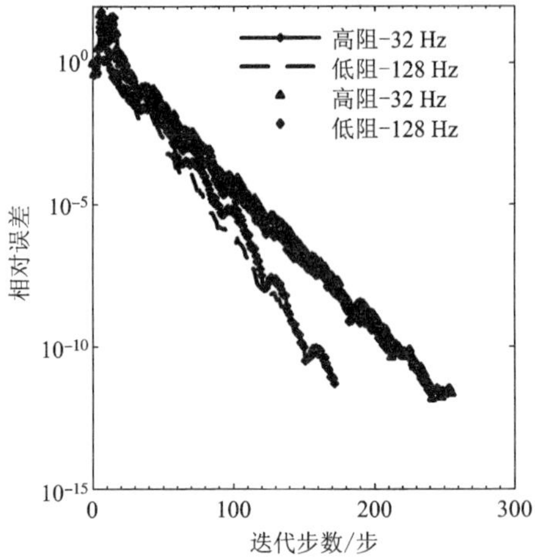

图 5－32　*y* 方向的源的电磁响应收敛曲线

2）测试模型 B

为了分析场源正下方的异常体对远离场源位置处视电阻率和相位的影响，在均匀半空间下 5.5 ～ 6.5 km 处设置于一个低阻异常体，异常体的尺寸为 1.0 km × 1.0 km × 0.5 km，异常体的中心坐标为（6 km，0 km，0 km），异常体的电阻率为 10 Ω · m，均匀半空间的电阻率为100 Ω · m，空气的电阻率设置为10^8 Ω · m，在坐标轴的中心位置分别加载 *x*，*y* 方向的有限长接地线源，场源的长度为 100 m，发射电流为 1 A，频率为 32 Hz 和 128 Hz，*x* 方向和 *y* 方向的有限长接地线源的中心坐标为（50 m，0 m，0 m），在距离场源的左端点约250 m 设置一个异常体 *B*，具体模型如图 5－33 所示。为了定性分析异常体位于场源的左侧的响应特点，利用 GMRES 迭代求解器在 ILU(1) 预条件因子下对基于拉普拉斯结构的可控源电磁法满足的 $\boldsymbol{A}-\boldsymbol{\Phi}$ 求解系统进行求解，得到的视电阻率、相位和收敛曲线如图 5－34 ～ 图 5－37 所示。

为了获取 32 Hz 和 128 Hz 的电磁响应，求解区域的大小设置为$[-20\ \text{km}, 20\ \text{km}]^3$。图 5－34 和图 5－35 分别展示了 *x* 方向和 *y* 方向有限长导线源激发得到的视电阻率和相位曲线。其中，虚线和实线分别展示了不存在异常体 *B* 的视电阻率和相位响应曲线；黑色的“◇”和“△”分别表示为存在高阻异常体 *B* 的响应曲线；黑色的“＊”和黑色的倒“△”分别表示为存在低阻异常体 *B* 的响应曲线。从图 5－34 的 32 Hz 和 128 Hz 轴向观测装置的视电阻率和相位响应曲线中可知，场源左侧的低阻异常体和高阻异常体对整个曲线的影响相对较小。图 5－35 展示了旁侧装置的视电阻率和相位响应曲线，旁侧装置得到响应特征与轴向装置类似，不同之处在于曲线受近源的影响变弱和响应曲线在电性分界面处曲线较为光滑。在图 5－36 和图 5－37 展示了两种激发方式正演求解的收敛曲线，整体上 $\boldsymbol{A}-\boldsymbol{\Phi}$ 求解系统能够在有限步长下达到需要的求解精度，相对残差为10^{-12}。

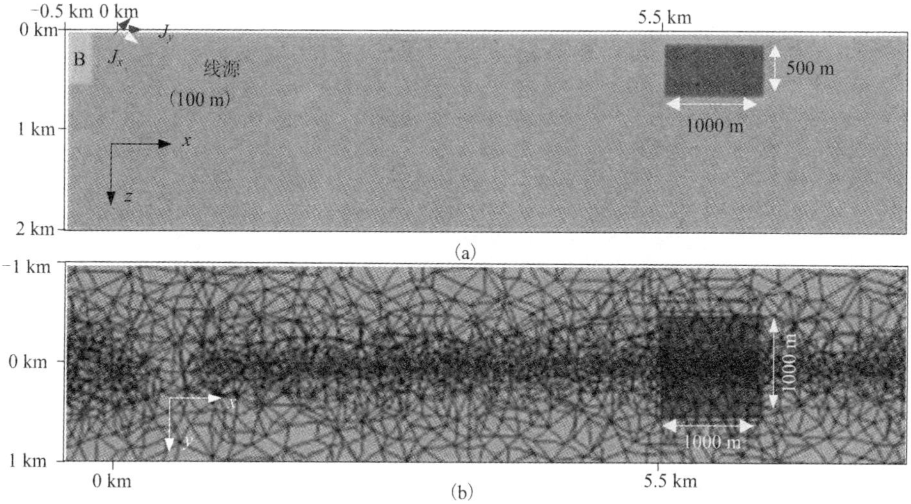

图 5 - 33　测试模型 *B* 示意图

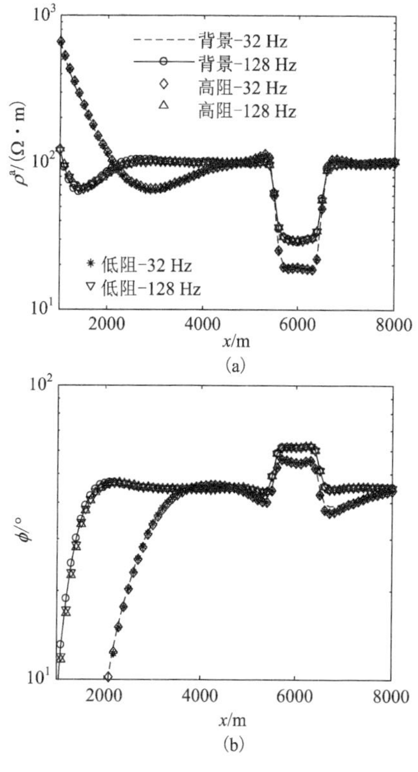

图 5 - 34　*x* 方向的源视电阻率和相位曲线

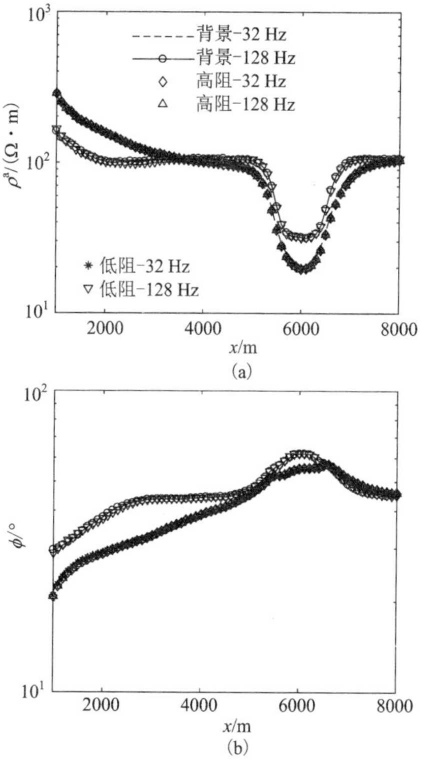

图 5 - 35　*y* 方向的源视电阻率和相位曲线

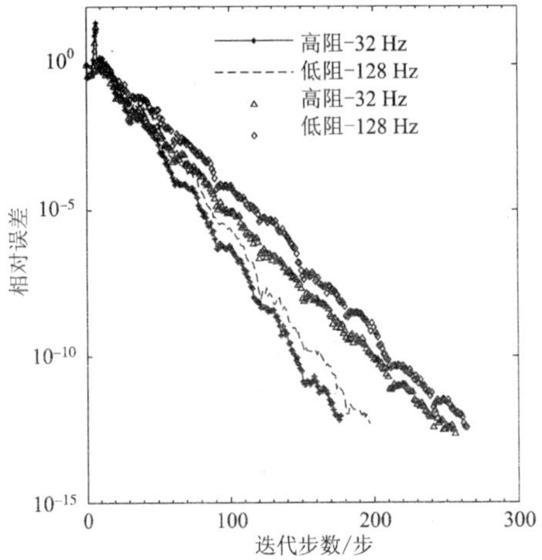

图5－36　x 方向的源视电阻率和相位曲线

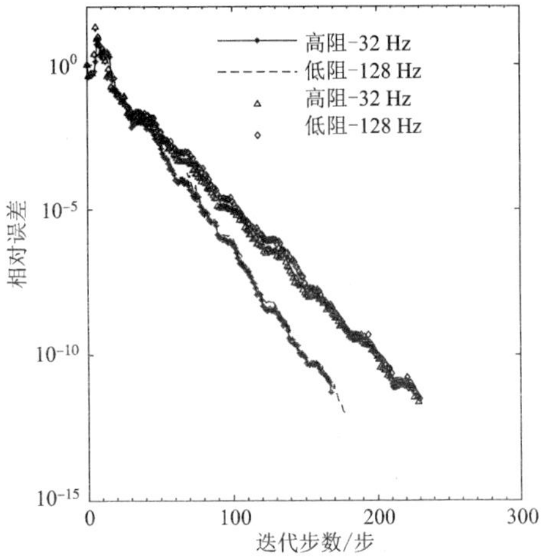

图5－37　y 方向的源视电阻率和相位曲线

3）测试模型 C

设计地电模型如图5－38所示，在均匀半空间下5.5 ～6.5 km处设置一个低阻异常体，异常体的尺寸为 1.0 km × 1.0 km × 0.5 km，异常体的中心坐标为(6 km, 0 km, 0 km)，异常体的电阻率为10 Ω·m，均匀半空间的电阻率为100 Ω·m，空气的电阻率设置为10^8 Ω·m，在坐标轴的中心位置分别加载x方向和y方向的有限长接地线源，场源的长度为 100 m，发射电流为 1A，频率为 32 Hz 和128 Hz，x 方向和y 方向的有限长接地线源的中心坐标为(50 m，0 m，0 m)，异常体C被设置在距离场源的右端点约 750 m。为了定性分析异常体 C 位于场源右侧的响应特点，采用GMRES迭代求解器在ILU(1)预条件因子处理下对基于拉普拉斯结构的可控源电磁法满足的 $\boldsymbol{A}-\boldsymbol{\Phi}$ 求解系统进行求解，得到的视电阻率、相位和收敛曲线如图5－39 ～ 图5－42 所示。

为了获取 32 Hz 和 128 Hz 的电磁响应，求解区域的大小设置为[－20 km, 20 km]^3。图5－39 和图5－40 分别展示了 x 方向和 y 方向有限长导线源激发得到的视电阻率和相位曲线。其中，虚线和实线分别展示了不存在异常体 C 的视电阻率和相位响应曲线；黑色的“◇”和“△”分别表示为存在高阻异常体 C 的响应曲线；黑色的“＊”和黑色的倒“△”分别表示为存在低阻异常体C的响应曲线。从图5－39的32 Hz 和 128 Hz 轴向观测装置的视电阻率和相位响应曲线中可知，场源右侧的低阻异常体和高阻异常体对远区的视电阻率和相位影响较小，对过渡区和近区的视电阻率的值变化差异不大。图5－40 展示了旁侧装置的视电阻率和相位曲线响应。旁侧装置得到响应特征与轴向装置类似，不同之处在于曲线受近源影响变弱和响应曲线在电性分界面处曲线较为光滑。另外，在该算例下旁侧装置的影响程度大于轴向装置。图5－41 和图5－42 展示了两种激发方式正演求解的收敛曲线，整体上 $\boldsymbol{A}-\boldsymbol{\Phi}$ 求解系统能够在有限步长下达到需要的求解精度，相对残差为10^{-12}。

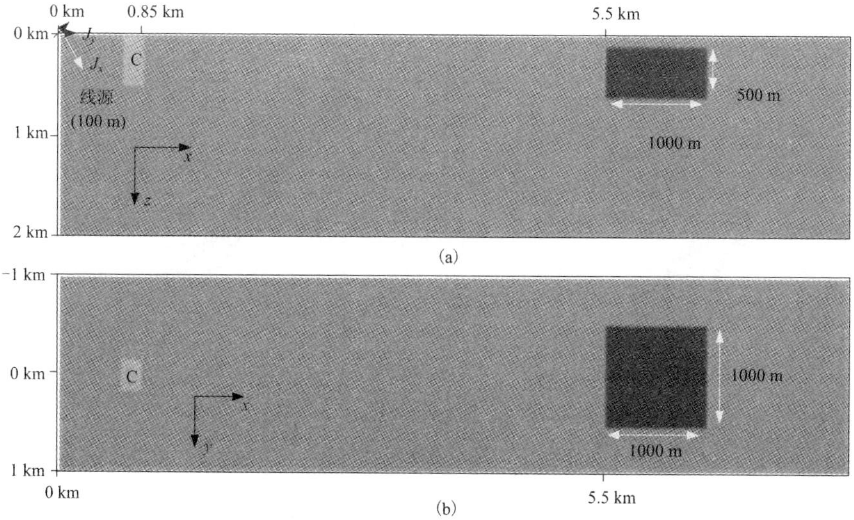

图 5－38　测试模型 C 示意图

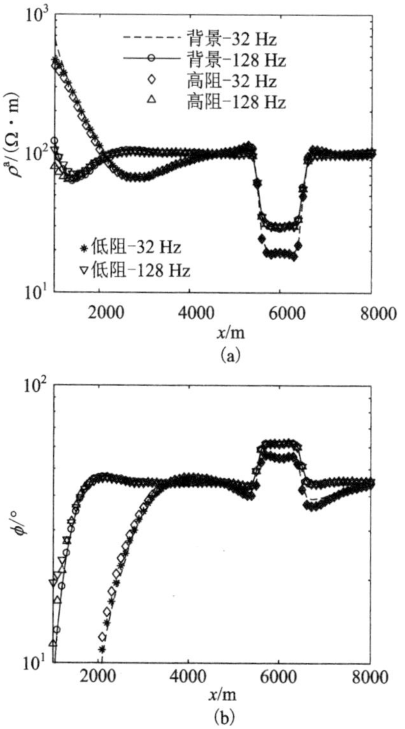

图 5－39　*x* 方向的源视电阻率和相位曲线

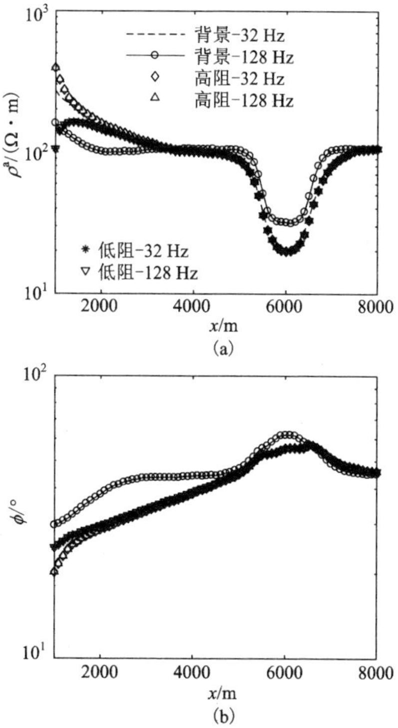

图 5－40　*y* 方向的源视电阻率和相位曲线

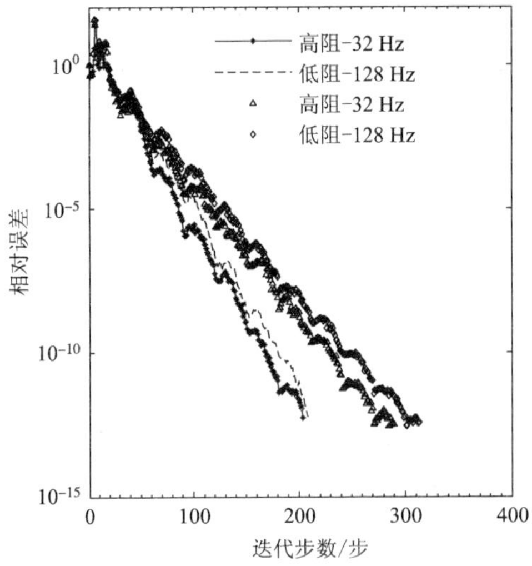

图 5 - 41　x 方向的源视电阻率和相位曲线

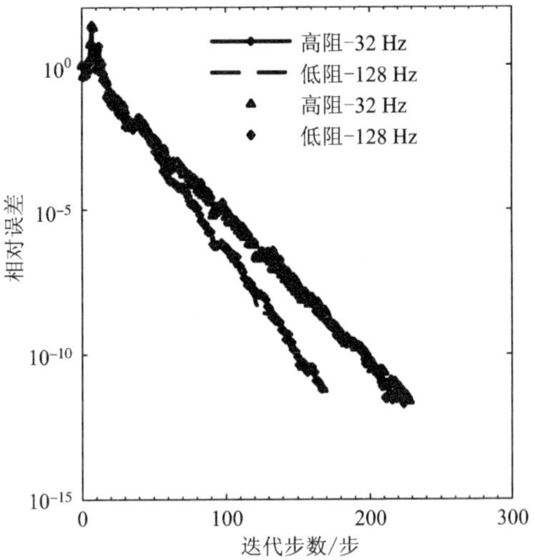

图 5 - 42　y 方向的源视电阻率和相位曲线

5.3.5　垂直磁偶源电磁响应

本算例主要是用来展示大回线源激励下垂直薄板地电模型的响应特征，该模型来源于 1976 年的 Lajoie[9]，如图 5 - 43 所示。大回线源位于地空界面处，回线源的中心与坐标系的中心重合，回线源的 y 方向的长度为 1000 m，x 方向的长度为 500 m，在 x 轴方向上 500 m 处存在一个垂直薄板，薄板是良导体，其 z 方向宽度为 250 m，y 方向长度为 500 m，薄板的 x 方向厚度为 4 m，其电导率为 0.377 Ω · m。薄板在 z 方向的顶部埋深为 50 m，底部埋深为 300 m。为了消除网格源奇异性和提高观测点处精度，对两者进行局部细化处理。空气的电导率为 10^8 Ω · m，频率为 500 Hz。求解区域的大小为 $[-20\ \text{km}, 20\ \text{km}]^3$，求解区域被离散成 699034 四面体单元，114696 个节点单元和 816326 个条边单元。将磁偶源的磁矩设置为 1 单元，测试了地下空间为不同电导率和是否存在垂直薄板的电磁响应特征。图 5 - 44 展示了磁场垂直分量实部和虚部响应曲线。另外，为了更好地展示薄板异常响应曲线，对测量得到的垂直磁场分量进行归一化处理，具体公式为 $\dfrac{H_z^{\text{total}} - H_z^{\text{free-space}}}{H_z^{\text{free-space}}} \times 100\%$，结果如图 5 - 45 所示。

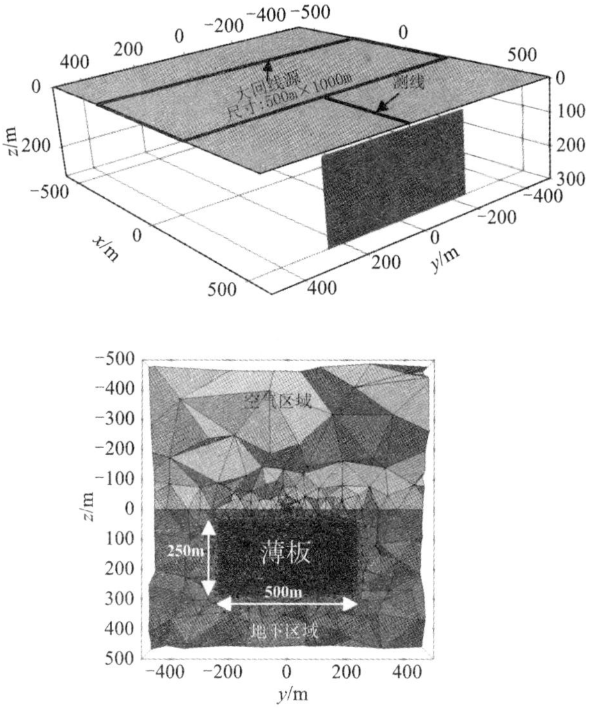

图 5 - 43　展示了垂直圆盘和回线源的几何结构

（a）表示大回线源位于地空界面，回线源的中心位于坐标系的中心处。垂直圆盘的顶部埋深为 50 m，底部埋深为 300 m，与回线源的中心之间的距离为 500 m；（b）展示了 $x=500$ m 处的 $y-z$ 断面

图5 - 44 的虚线展示了不存在垂直薄板时，地下半空间电导率逐渐变大的结果，随着电导率的增加，磁场垂直分量的实部逐渐变大；虚部突变点的位置逐渐向源方向移动，幅值在逐渐变大。图 5 - 44 的圆圈表示存在垂直薄板的磁场垂直分量的响应曲线，存在薄板的磁场垂直分量的实部结果与没有薄板时区别不大；存在薄板的磁场垂直分量的虚部与没有薄板时差别较大，曲线的整体幅值要大于没有薄板的情况，同样电导率增加，虚部突变位置向场源方向移动。上述结果也很难分辨出垂直薄板的相应位置，若只显示垂直分量的振幅则很难判断出下面是否存在垂直薄板。为此，本次采用了 Lajoie 提出的归一化处理，其相应的结果如图 5 - 45 所示。结果表明，没有垂直薄板的响应曲线随着电导率的增加响应曲线规律性不明显；存在垂直薄板的磁场垂直分量的响应曲线随着电导率的增加曲线变化较大，并且发现其与不存在垂直薄板的曲线交点正好是薄板在地表投影位置。上述结果表明，归一化后的结果能够很好地体现异常体的相应位置，异常响应也较为明显，是一种有效的处理手段。

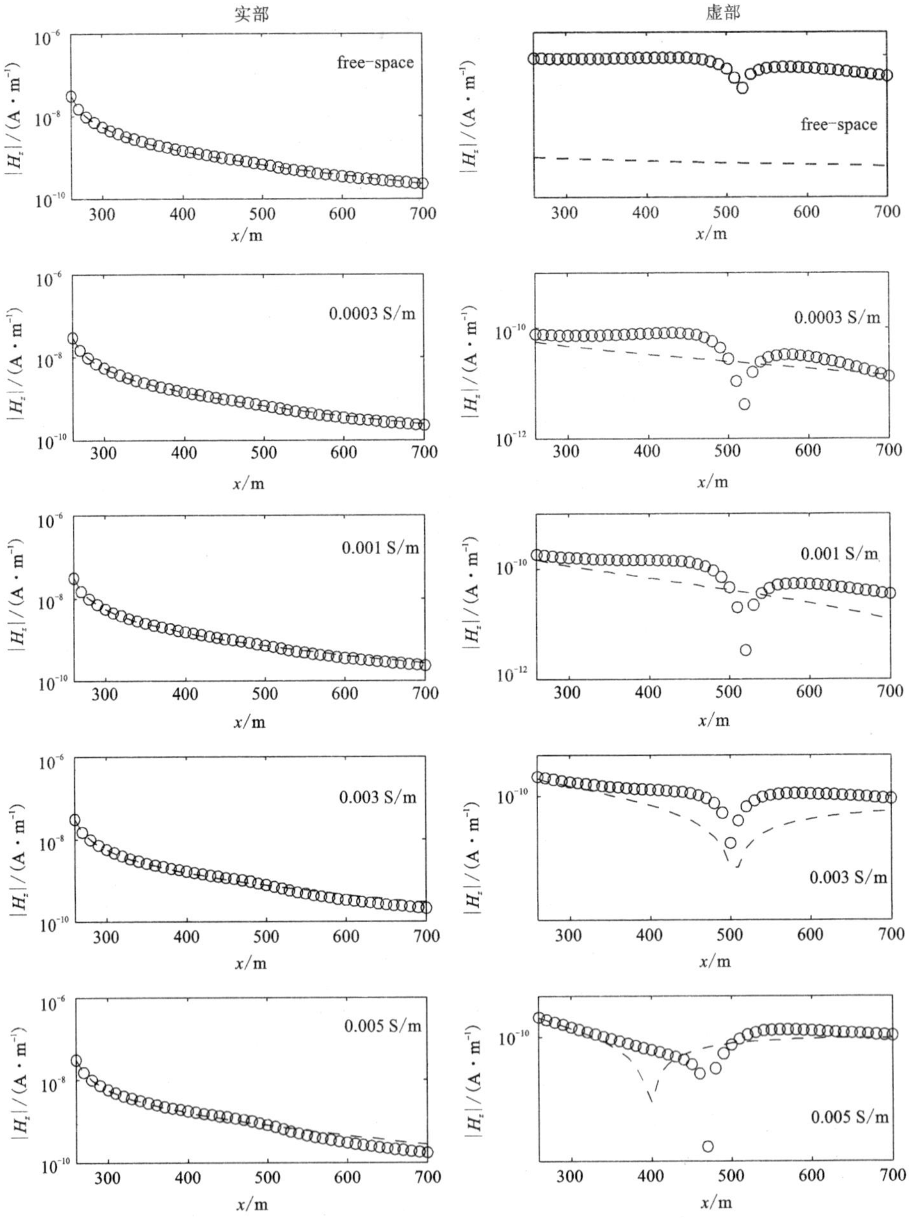

图 5－44　电导率不同的均匀半空间和均匀半空间存在垂直薄板的磁场 H_z 响应特征

其中：虚线为不存在薄板的均匀半空间 H_z 实部和虚部的响应特征，

圆圈为存在垂直薄板的 H_z 实部和虚部的响应特征

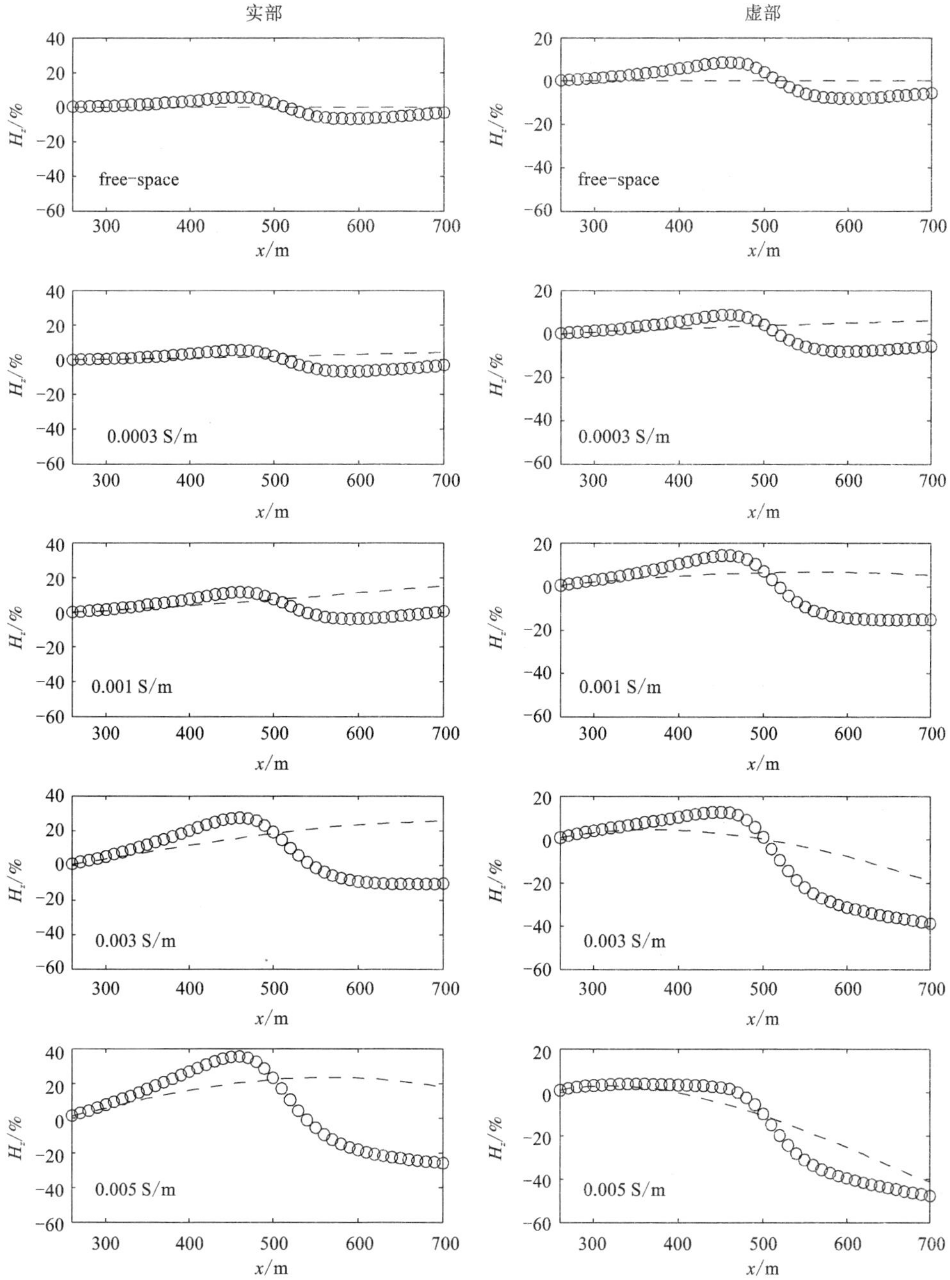

图 5－45　磁场 H_z 归一化的实部和虚部分量

5.4 小结

本章开展了基于拉普拉斯结构的$\boldsymbol{A}-\boldsymbol{\Phi}$的3D CSEM求解系统的研究，对正演求解系统的程序设计的正确性、模型测试响应特征以及收敛特性进行了分析与探讨，主要的成果如下：

（1）实现了拉普拉斯结构的$\boldsymbol{A}-\boldsymbol{\Phi}$系统3D CSEM满足的控制方程；其次，开展了形函数直接积分处理场源积分，同时为了降低场源奇异性，对场源处网格进行了局部加密；最后，基于Krylov子空间算法对拉普拉斯双旋度结构的$\boldsymbol{A}-\boldsymbol{\Phi}$形成线性方程进行了求解，分析了其收敛性和精度。

（2）构建了磁偶源和电偶源在均匀半空间产生的数值解与解析解进行对比，结果表明本章开发的算法正确、可靠；另外，设计块状异常体模型得到的数值解与公开的结果进行对比，测试结果表明本书开发的算法与公开的算法结果具有高度一致性，进一步表明本书开发算法可靠且精度高。

（3）分析了纯地形、地形下存在高、低阻异常体的响应特征。测试结果表明，地形的起伏严重影响CSEM响应特征，得到的计算结果较难判断是由地形引起还是异常体引起的。因此，在开展CSEM资料解释工作时，必须考虑地形的影响。另外，本章进行了场源的阴影和复印效应的分析，从结果中表明场源正下方的异常体对卡尼亚视电阻率和相位曲线影响最大。

（4）测试了拉普拉斯结构的$\boldsymbol{A}-\boldsymbol{\Phi}$可控源电磁法求解系统在Krylov子空间的GMRES和BICGSTAB迭代求解器的收敛特性。测试结果表明，不同预条件因子和求解器的收敛性存在差异，但总体上拉普拉斯结构的CSEM $\boldsymbol{A}-\boldsymbol{\Phi}$求解系统Krylov子空间迭代算法适应性较好。

（5）测试了大回线磁偶源在垂直薄板的响应特征，并对磁场的垂直分量的值进行归一化处理，从而更好地分辨出异常体响应特征，有助于对场的认识和理解。

第 6 章　三种求解系统性能对比分析

如前所述，前 3 章分别开展了基于电场方程、双旋度结构的 **A** - *Φ* 耦合势以及拉普拉斯结构的 **A** - *Φ* 耦合势的三维可控源电磁法正演模拟研究。同样地，开发的三种可控源电磁法正演求解系统同样适用于大地电磁法（MT），故本章主要是通过一些算例对比分析三种 CSEM 和 MT 正演求解系统的性能，总结出一些具有指导意义的结论。

6.1　三种求解系统 CSEM 特点分析

6.1.1　三种正演求解系统特点对比

设计一个电阻率为 100 Ω · m 的均匀半空间，在地表中心位置放置一个 x 方向的电偶源，偶极源的长度为 1 m，发射电流为 1A，发射频率为 10 Hz，整个求解区域的大小为 $[-30\ \text{km},\ 30\ \text{km}]^3$，采用三种求解系统对该模型进行求解，获取地表区域内的各类场分量等值线图，结果如图 6 - 1 ~ 图 6 - 3 所示。

采用 GMRES 迭代求解器在 SOR 预条件因子处理下对基于双旋度结构的 **A** - *Φ* 求解系统进行求解，迭代 325 步达到预设定求解精度，相对误差为 8.15×10^{-9}，求解时间为 562.36s；采用 GMRES 迭代求解器在 ILU（1）预条件因子处理下对基于拉普拉斯结构的 **A** - *Φ* 求解系统进行求解，迭代 178 步达到预设定的求解精度，相对误差为 3.6×10^{-10}，求解时间为 296.48s；采用 Pardiso 直接求解器对电场方程进行求解。从图 6 - 1 ~ 图 6 - 3 可知，基于双旋度结构的 **A** - *Φ* 求解系统得到的矢量位 **A** 的等值线无规律，不符合预期设想，但通过其得到电场的 E_x 等值线图与拉普拉斯结构求解系统和电场双旋度方程得到的电场等值具有高度一致性，说明采用矢量形函数离散的矢量位 **A** 不能完全保证散度自由。

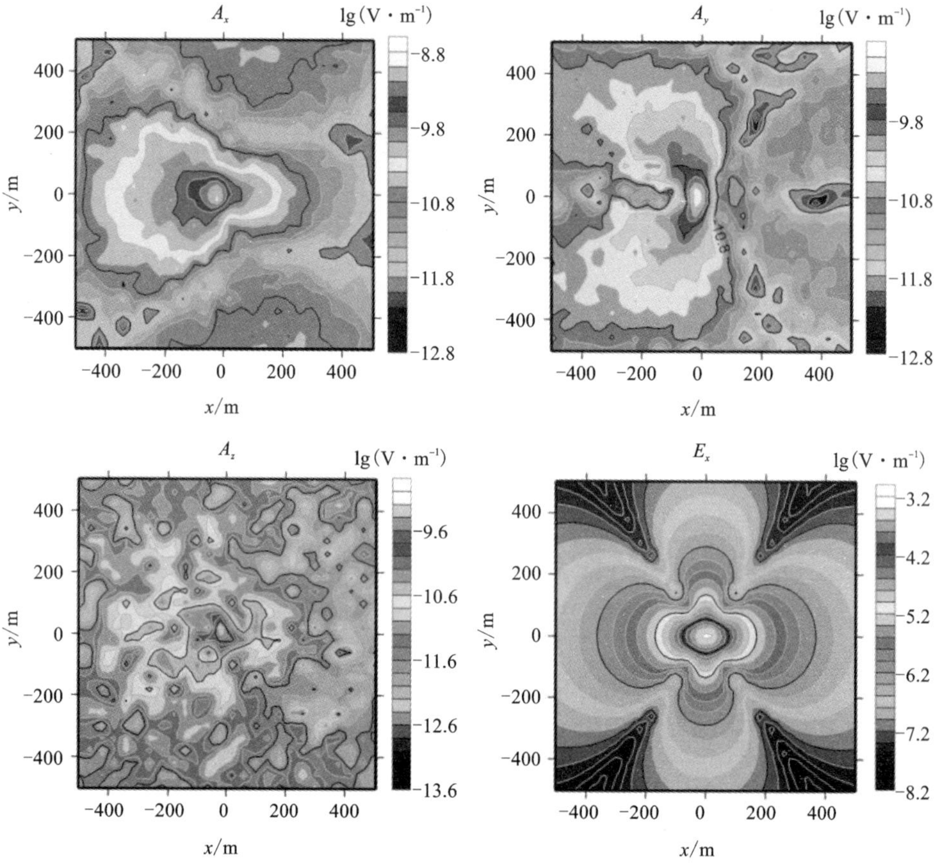

图 6-1　双旋度结构的 $A-\Phi$ 求解系统的矢量位 A 和电场 E_x 平面等值线图

6.1.2　块状异常体求解系统特点对比

设计块状异常体如图6-4所示，该模型来自Ansari(2014)。块状异常体模型被置于均匀半空间模型中，背景电阻率为 50 Ω·m，异常体尺寸为120 m×200 m×400 m，中心点坐标为(1000 m, 0 m, 300 m)。沿着 x 方向布设有限长导线源，源长度为100 m，源中心坐标为(50 m, 0 m, 0 m)，发射电流1A。沿着 x 方向布设一条测线，测线起时位置(400 m, 0 m, 0 m)，终点位置为(1400 m, 0 m, 0 m)，块状异常体的电阻率分别为5 Ω·m和1000 Ω·m。为了了解两种 $A-\Phi$ 求解系统得到的矢量位 A 和标量位 Φ 的分布特点，本书主要在已有的模型下进行相关讨论。为此，基于块状异常体模型，对于 x 方向的激发源，沿 x 轴观测 3 Hz 和 10 Hz 的电场 E_x、矢量位 A_x 和标量位 Φ_x 的梯度 $\nabla_x\Phi$ 的电磁响应，结果如图6-5 ~ 图6-8所示。

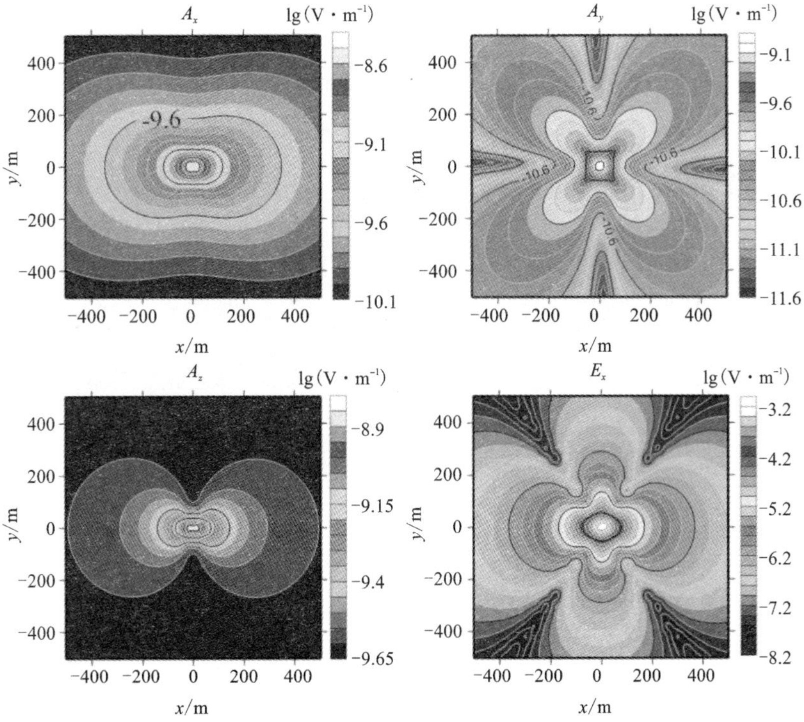

图 6 - 2　拉普拉斯结构的 $A-\Phi$ 求解系统的矢量位 A 和电场 E_x 平面等值线图

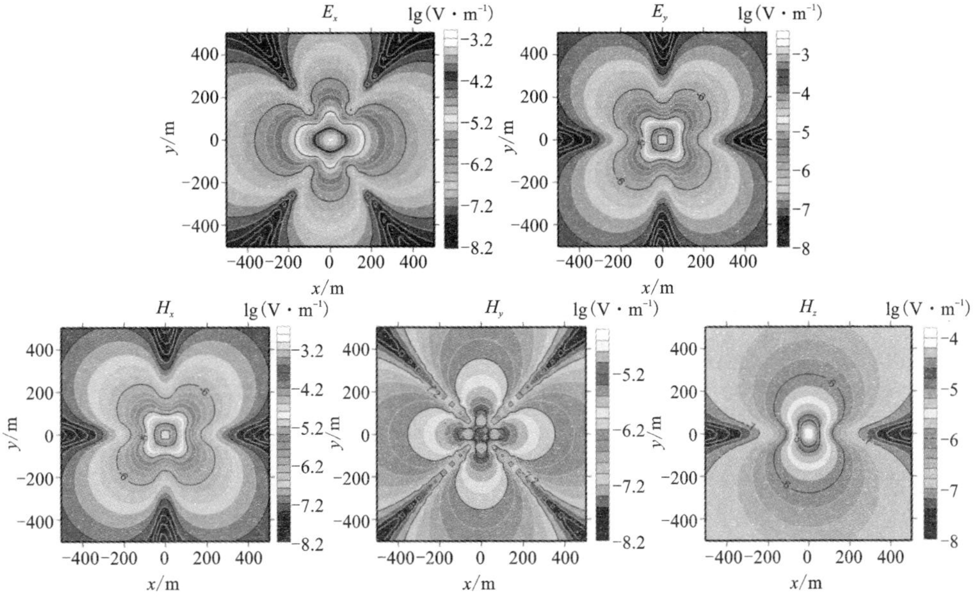

图 6 - 3　电场方程的电场和磁场分量平面等值线图

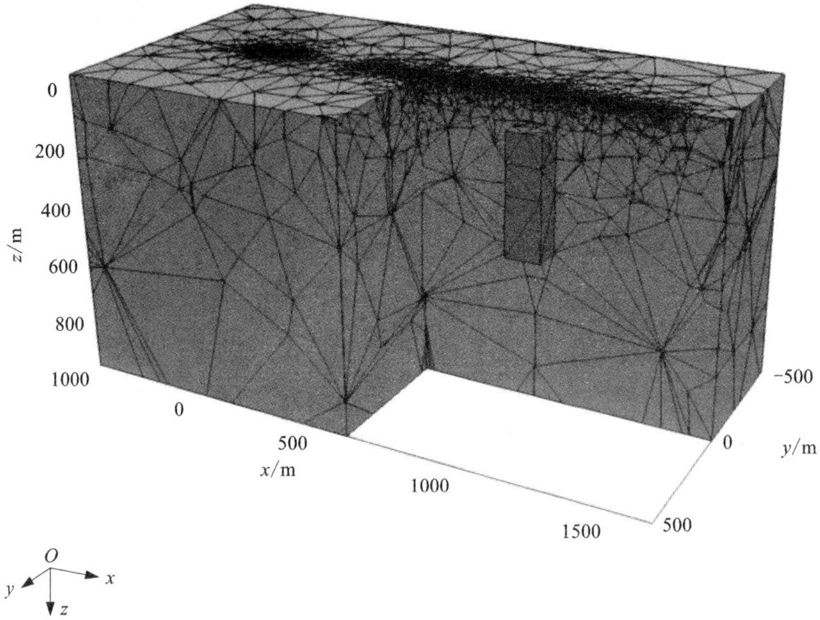

图 6 - 4　块状异常体模型

1) 低阻异常体响应特点对比

图 6 - 5 和图 6 - 6 分别展示了低阻块状异常体的两种 $\boldsymbol{A}-\boldsymbol{\Phi}$ 求解系统分别在 ILU(1) 和 SOR 预条件因子处理下采用 GMRES 求解得到的 A_x、$\nabla_x\boldsymbol{\Phi}$ 以及电场 E_x 的实部值和虚部值和电场方程直接解法的电场 E_x 值。从图 6 - 5 中可以看出，两种 $\boldsymbol{A}-\boldsymbol{\Phi}$ 求解系统通过 $\boldsymbol{A}$ 和 $\boldsymbol{\Phi}$ 计算得到的电场 E_x 实部和虚部分量具有高度吻合性，然而两者矢量位 A_x 分量的实部和虚部却存在明显差别。其中基于双旋度结构的 $\boldsymbol{A}-\boldsymbol{\Phi}$ 求解系统计算得到的 A_x 分量的实部和虚部的曲线存在不光滑现象，标量位的梯度 x 分量 $\nabla_x\boldsymbol{\Phi}$ 的实部与拉普拉斯结构计算得到的值吻合较好，虚部却存在明显差别。同样的现象发生在 10 Hz 的电磁响应上。从以上结果可知，虽然基于矢量有限元形函数自然保准到了每个单元的 $\boldsymbol{A}$ 的散度为零，但可能由于数值解误差不能完全保证散度自由，而导致类似现象出现。而基于拉普拉斯结构的 $\boldsymbol{A}-\boldsymbol{\Phi}$ 求解系统由于强加库伦规范条件保证了方程的唯一性，使得方程的解较为准确且曲线光滑。

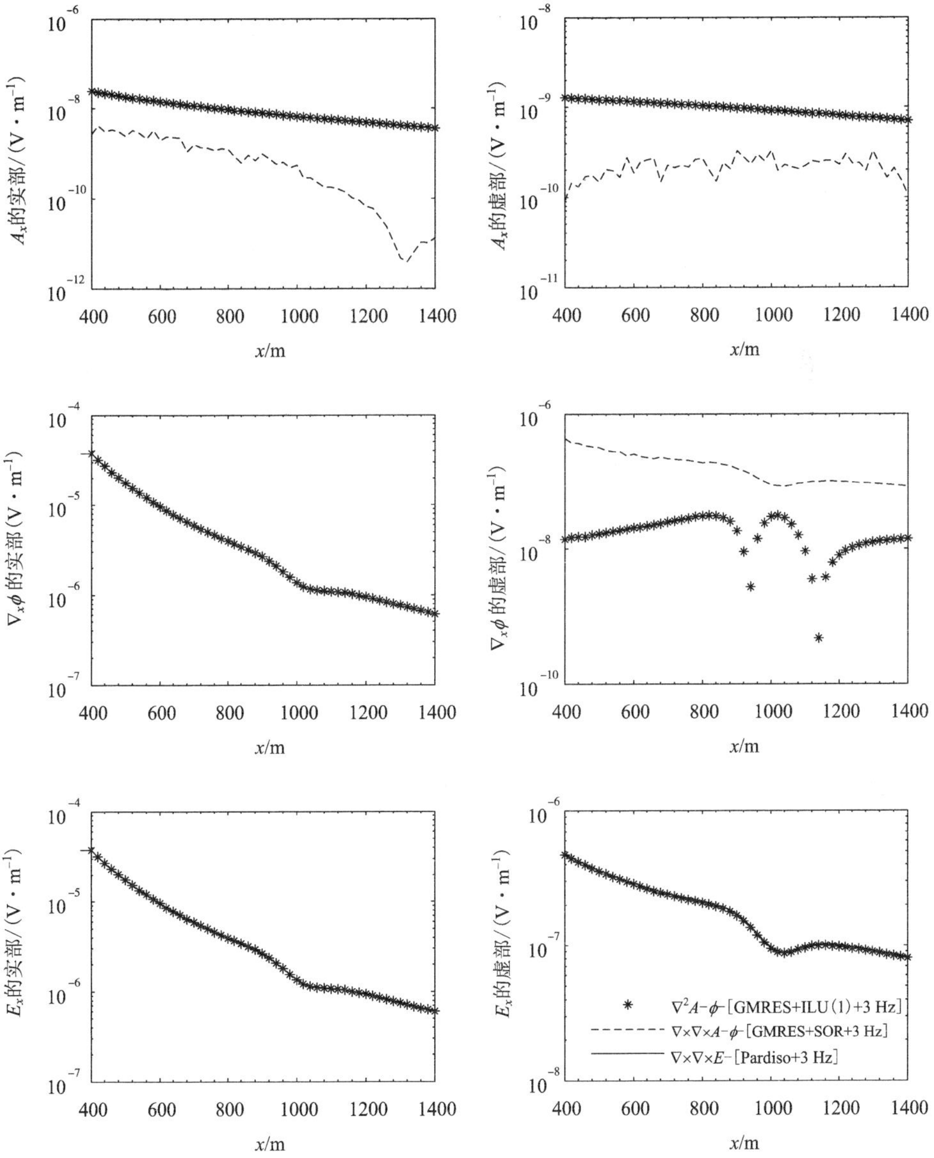

图 6－5　3 Hz 两种求解系统的 A_x、$\nabla_x\Phi$ 以及电场 E_x 的实部和虚部对比曲线

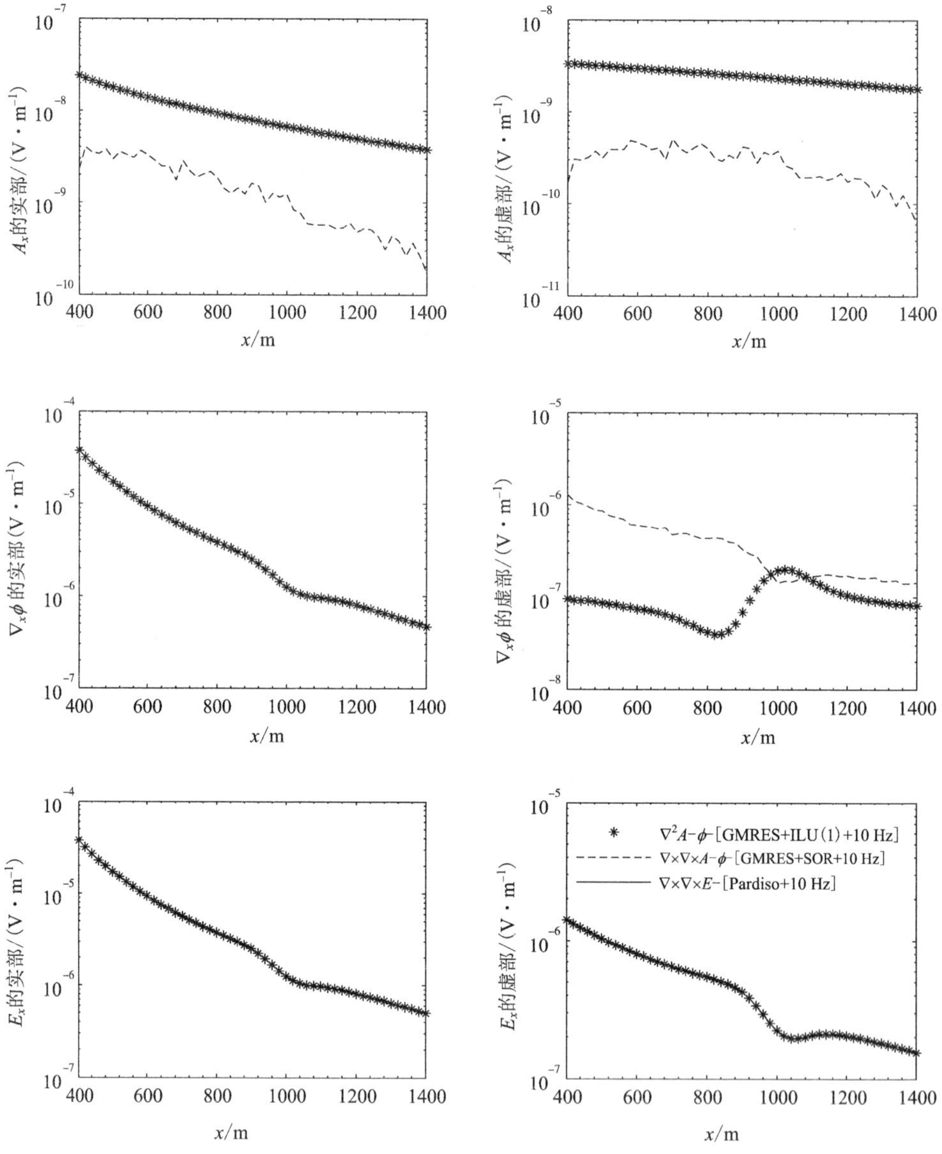

图6－6　10 Hz 两种求解系统的 A_x、$\nabla_x\boldsymbol{\Phi}$ 以及电场 E_x 的实部和虚部对比曲线

2）高阻异常体响应特点对比

图6－7和图6－8分别展示了高阻块状异常体在两种 $\boldsymbol{A}-\boldsymbol{\Phi}$ 求解系统通过GMRES迭代求解在ILU(1)和SOR预条件因子求解得到的 A_x、$\nabla_x\boldsymbol{\Phi}$ 以及电场 E_x 的实部值和虚部值和电场方程直接解法的电场 E_x 值。两种 $\boldsymbol{A}-\boldsymbol{\Phi}$ 求解系统都能够在300步以内达到预设定的求解精度。计算结果表明，块状高阻异常体得到的特

点与低阻异常体类似，不同之处在于高阻异常体排斥电流，使得电场曲线在异常体正上方向上弯曲。

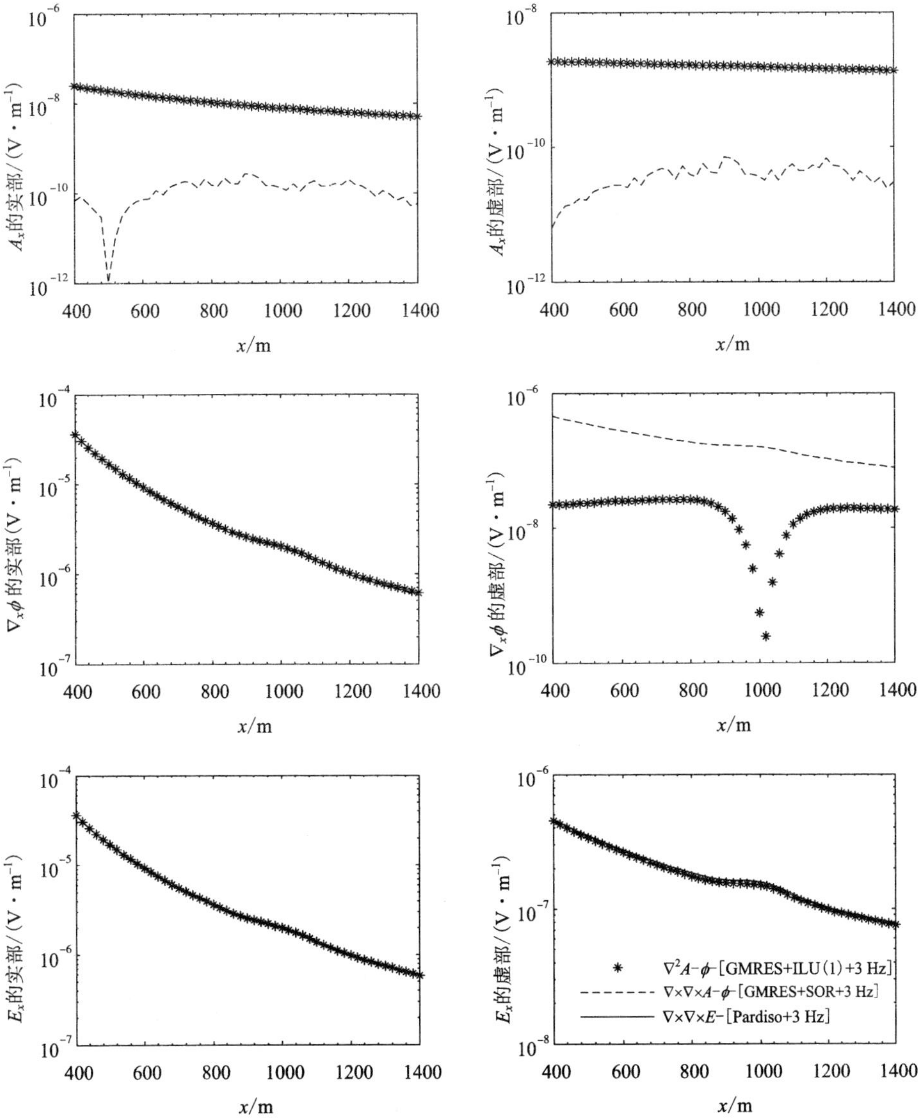

图 6-7　3 Hz 两种求解系统的 A_x、$\nabla_x\Phi$ 以及电场 E_x 的实部和虚部对比曲线

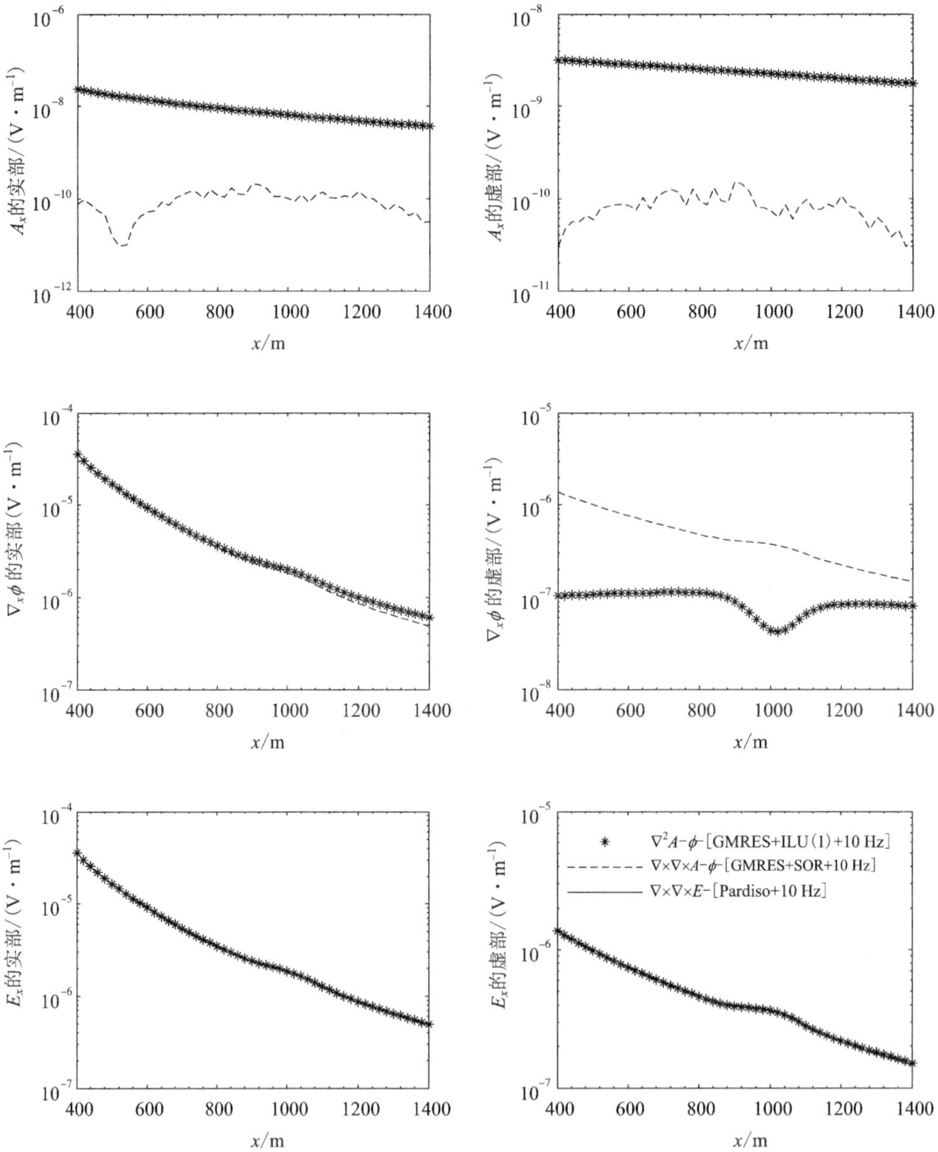

图 6－8　10 Hz 两种求解系统的 A_x、$\nabla_x\Phi$ 以及电场 E_x 的实部和虚部对比曲线

6.1.3　典型地电模型的相互验证

1）断层模型电磁响应特征对比验证

建立正断层地电模型如图6－9所示，正断层的下盘上升400 m，上顶面距离地表400 m，下断层的顶面距离地表800 m，断层错开的水平距离为500 m，断层的电阻率为10 Ω·m，背景电阻率为50 Ω·m，在x轴布设一条观测剖面，剖面长度为2000 m，观测点的范围为－1000 ～ 1000 m，在距离观测剖面外3000 m放置一个x方向的电偶源，偶极源的长度为1 m，发射电流为1A，偶极源的坐标为(0 m，3000 m，0 m)，观测的频率为0.1 Hz、2 Hz、4 Hz以及8 Hz。采用三种求解系统分别进行求解，获取了观测剖面电场和磁场值进行相互验证。

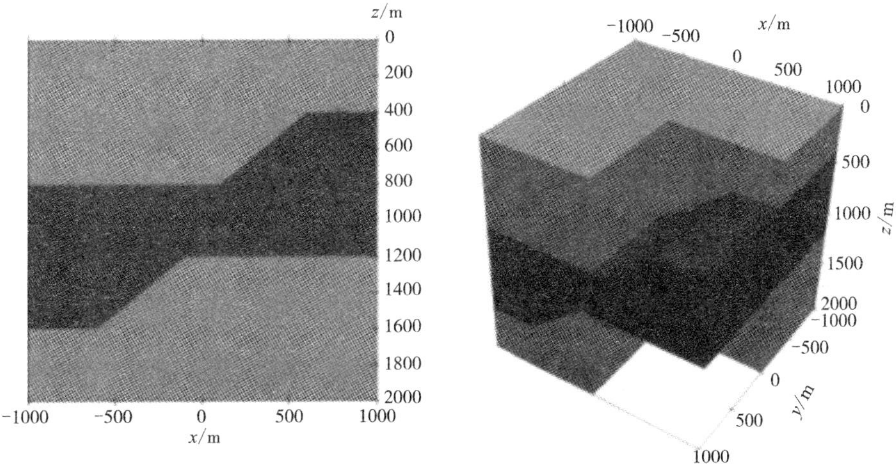

图6－9　断层异常体模型示意图

拉普拉斯结构$\nabla^2\boldsymbol{A}-\boldsymbol{\Phi}$求解系统采用Krylov子空间算法GMRES求解器在ILU(1)处理下进行求解，双旋度结构$\nabla\times\nabla\times\boldsymbol{A}-\boldsymbol{\Phi}$求解系统采用Krylov子空间算法GMRES求解器在SOR预条件因子处理下进行求解，而电场方程求解系统采用Pardiso进行求解，上述系统得到的结果如图6－10 ～ 图6－13所示，不同频率的收敛曲线如图6－14和图6－15所示。从电场E_x和磁场H_y的实部和虚部对比结果可知，三种求解系统的对比结果高度吻合，不同结果间的误差较小，说明三种求解系统都正确，且能够进行相互验证。另外，两种$\boldsymbol{A}-\boldsymbol{\Phi}$求解系统在相同网格条件下都能够达到预设定的收敛精度。但是，随着频率的增加，需要的迭代步数逐渐增加。

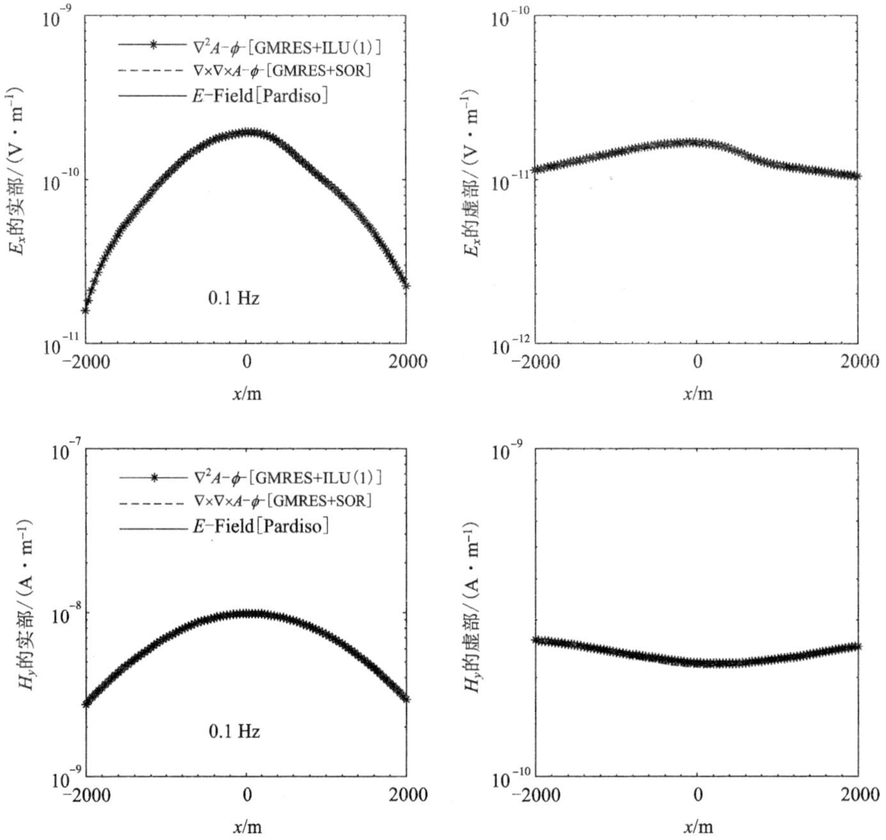

图 6－10　0.1 Hz 电场 E_x 和磁场 H_y 的响应对比图

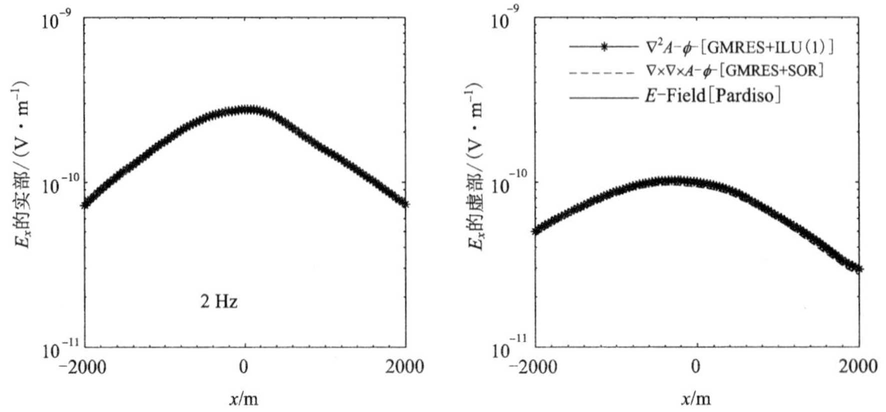

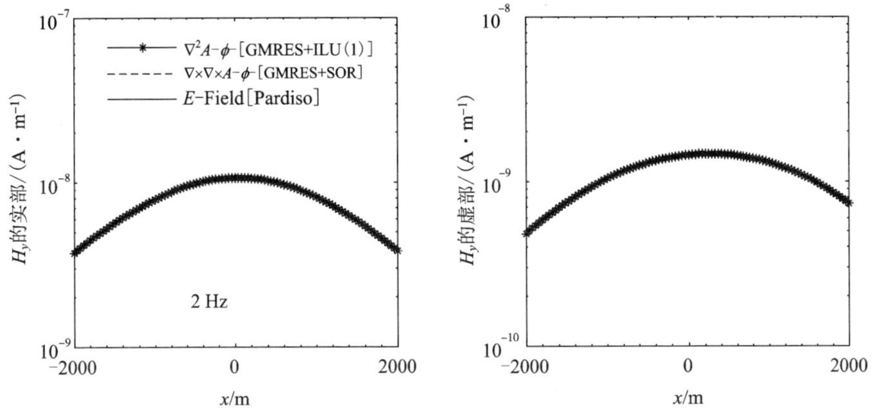

图 6－11　2 Hz 电场 E_x 和磁场 H_y 的响应对比图

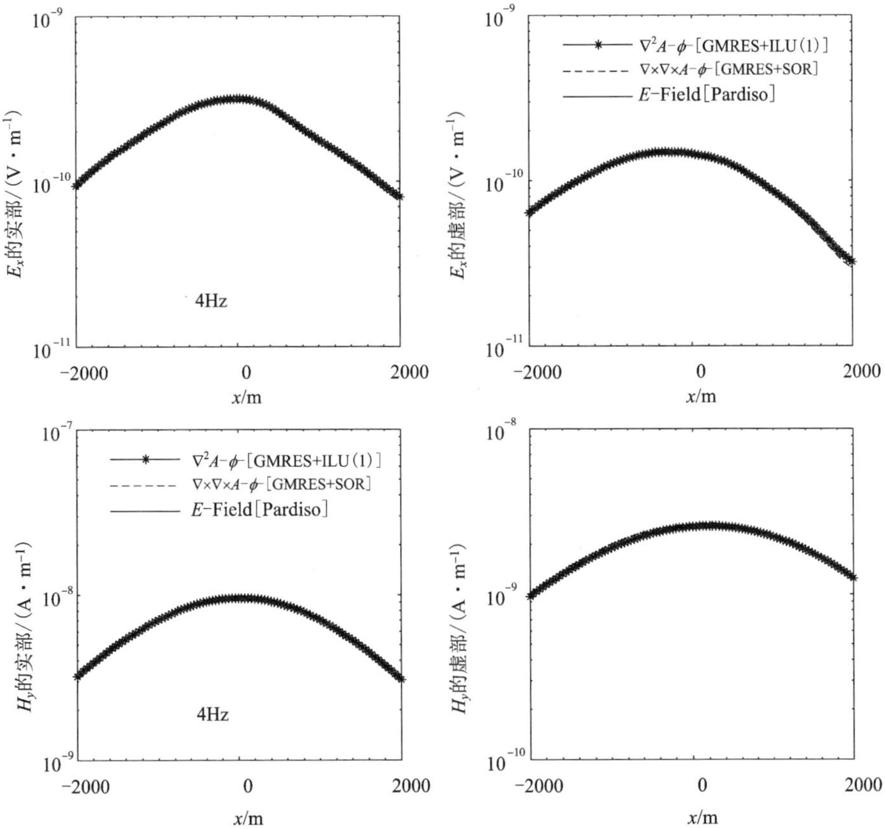

图 6－12　4 Hz 电场 E_x 和磁场 H_y 的响应对比图

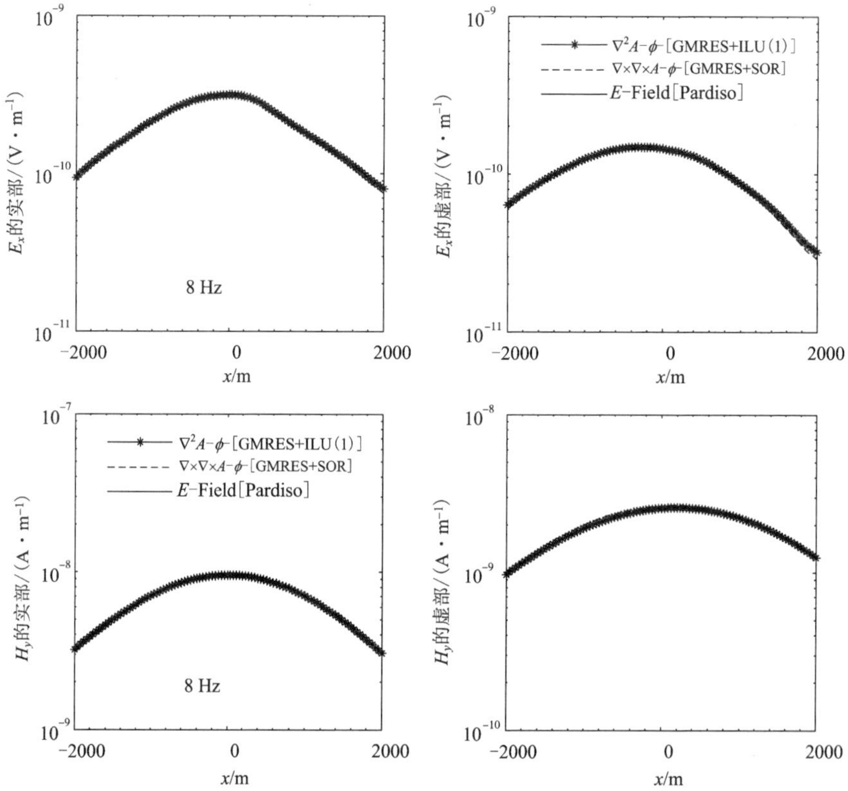

图 6-13　8 Hz 电场 E_x 和磁场 H_y 的响应对比图

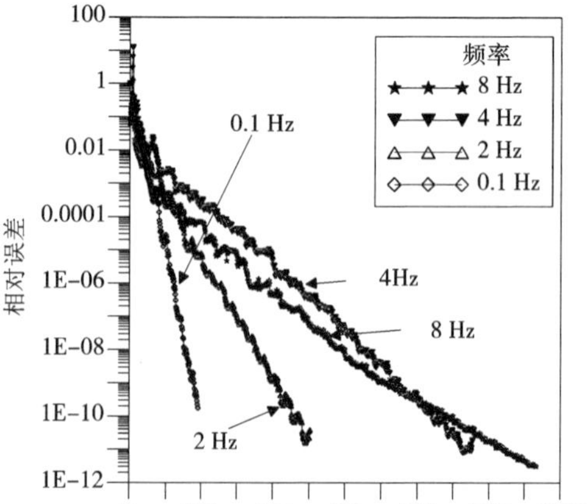

图 6-14　$\nabla^2 A - \Phi$ 系统 ILU(1) 的迭代收敛曲线

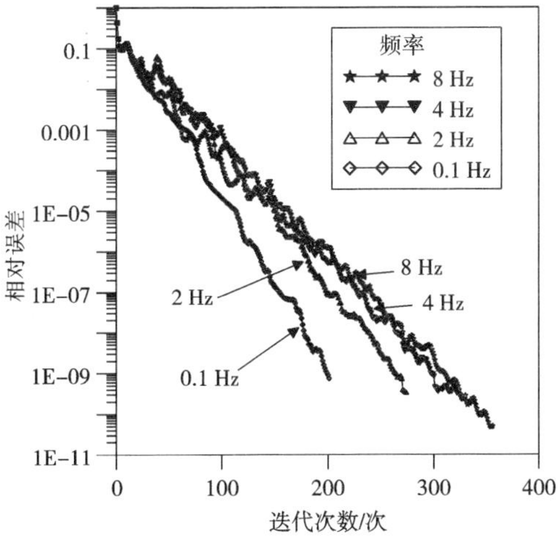

图6－15　$\nabla\times\nabla\times \boldsymbol{A}-\boldsymbol{\Phi}$ 系统SOR的迭代收敛曲线

2）大回线源薄板模型电磁响应特征对比验证

本算例主要是用来展示大回线源激励下垂直薄板地电模型的三种求解系统对比验证，具体模型如图5－43所示。大回线源位于地空界面处，回线源的中心与坐标系的中心重合，回线源的 y 方向的长度为1000 m，x 方向的长度为500 m，在 x 轴方向上500 m处存在一个垂直薄板，薄板是良导体，其 z 方向的宽度为250 m，y 方向的长度为500 m，薄板的 x 方向厚度为4 m。薄板在 z 方向的顶部埋深为50 m，底部埋深为300 m。自由空气的电导率为10^{-8}s/m，地下背景电导率为10^{-2}s/m，回线源的发射频率为10 Hz。整个求解区域的大小为$[-20\ \text{km}, 20\ \text{km}]^3$，求解区域被离散成772728个四面体单元，125041个节点单元以及816326个边单元。图6－16和图6－17展示了不同薄板电导率的磁场垂直分量实部和虚部响应曲线，图6－18和图6－19展示了迭代求解的收敛曲线。

拉普拉斯结构$\nabla^2\boldsymbol{A}-\boldsymbol{\Phi}$求解系统采用Krylov子空间算法GMRES求解器在ILU(1)处理下进行求解，双旋度结构$\nabla\times\nabla\times\boldsymbol{A}-\boldsymbol{\Phi}$求解系统采用Krylov子空间算法GMRES求解器在SOR预条件因子处理下进行求解，而电场方程求解系统采用Pardiso进行求解，上述系统的结果如图6－16和图6－17所示，不同薄板电导率的收敛曲线如图6－18和图6－19所示。从磁场 H_z 的实部和虚部对比结果可知，除薄板电导率为10 Ω·m的双旋度结构的迭代求解不收敛外，其他薄板电导率的三种求解系统的对比结果高度吻合，不同结果之间的误差较小，说明三种求解系统都正确。另外，两种 $\boldsymbol{A}-\boldsymbol{\Phi}$ 求解系统在相同网格条件时大部分能够达到预设定的求解精度。

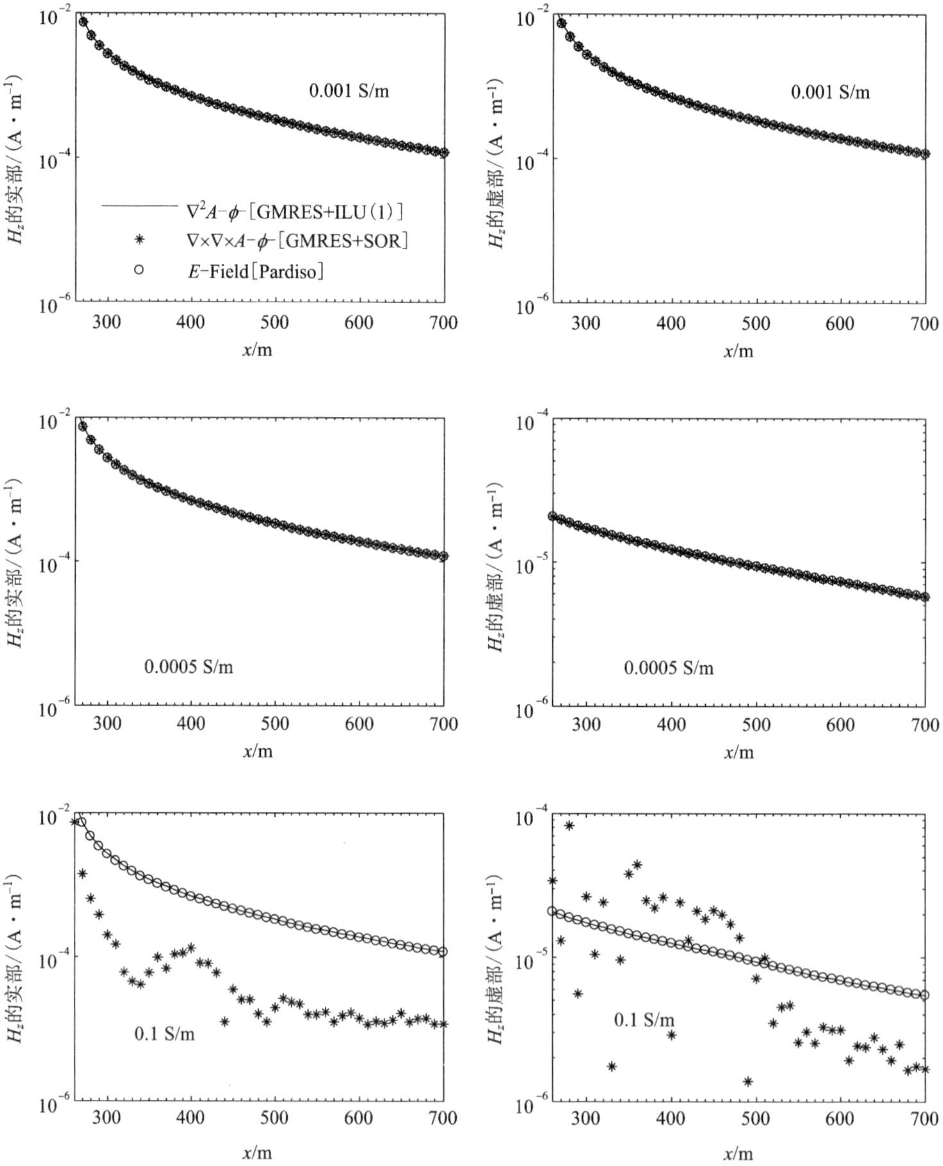

图 6-16　均匀半空间下薄板电导率不同的磁场 H_z 响应特征

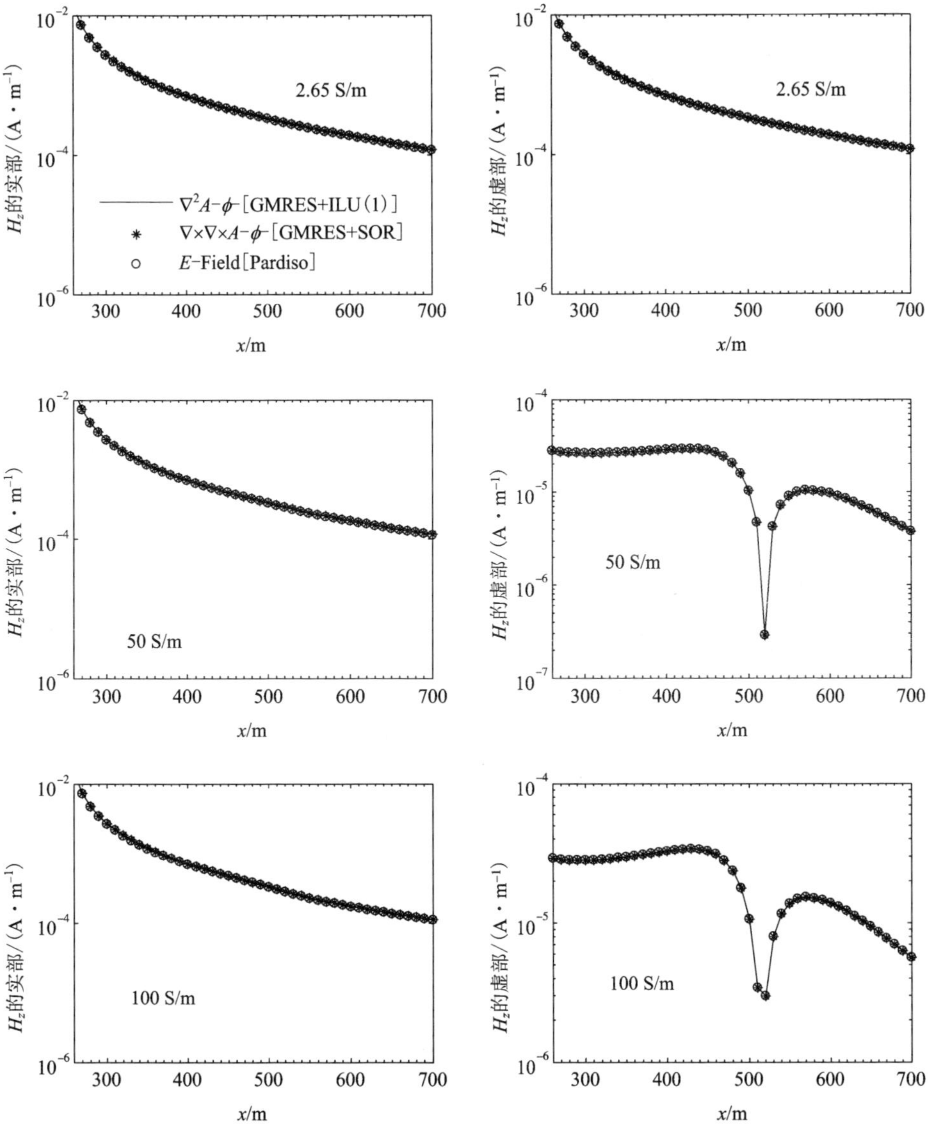

图 6－17　均匀半空间下薄板电导率不同的磁场 H_z 响应特征

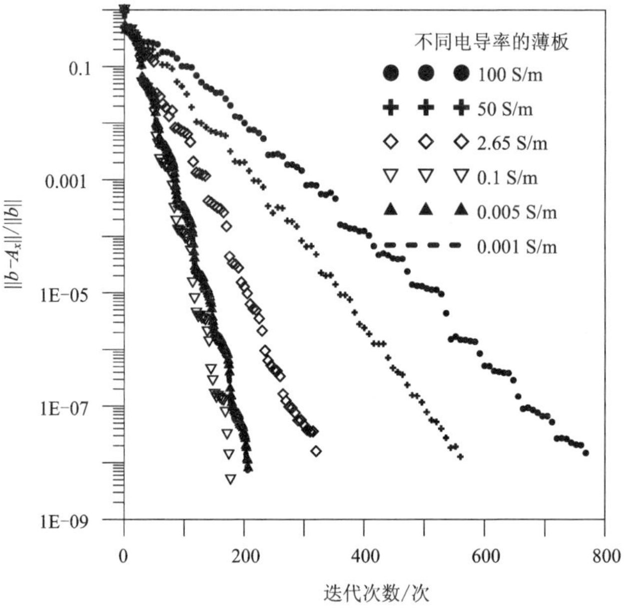

图 6-18 $\nabla^2 A-\Phi$ 系统 ILU(1) 的迭代收敛曲线

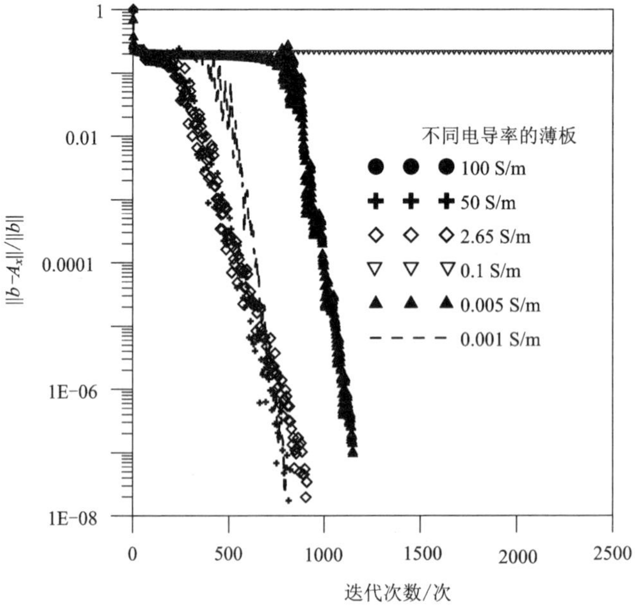

图 6-19 $\nabla\times\nabla\times A-\Phi$ 系统 SOR 的迭代收敛曲线

6.2　三种求解系统 MT 特点分析

6.2.1　3D－1模型大地电磁响应模拟

我们设置了国际标准模型库中的电磁3D－1模型如图6－20所示，来分析我们开发的两种求解系统在迭代求解时精度问题。在均匀半空间下埋藏了一个高电导率的异常体，其电导率为0.5Ω·m，背景电导率为100 Ω·m，空气电导率设置为10^8Ω·m，激发频率分别为0.1 Hz和10 Hz，介电常数和磁导率与空气的介电常数和磁导率相同。

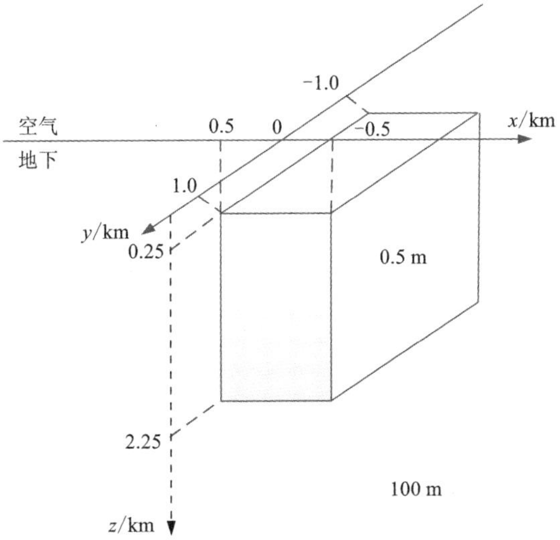

图6－20　3D－1模型示意图

为了求解0.1 Hz三维大地电磁响应。将计算区域的大小设置为[－35 km，35 km]^3，异常体的尺寸为：$x \in [-0.5\ \text{km}, 0.5\ \text{km}]$；$y \in [-0.5\ \text{km}, 0.5\ \text{km}]$；其顶部埋深的深度为250 m，并向$z$方向延伸至2250 m。利用tetgen(si，2015)非结构化网格生成器来离散计算区域，整个计算区域被剖分成161530个四面体单元，26449个节点以及189277条边单元。我们开发了三种有限元求解系统(分别为未规范的双旋度$\boldsymbol{A}-\boldsymbol{\Phi}$、规范后拉普拉斯算子$\boldsymbol{A}-\boldsymbol{\Phi}$以及电场的双旋度方程的电磁求解系统)与其他的求解方法，如国际COMMEMI(Zhdanov，Varentsov et al. 1997)[186]的结果，基于结构化六面体网格的散度校正电场双旋度方程有限元正演模拟的解(Farquharson 和 Miensopust, 2011)[84] 以及基于 $\boldsymbol{T}-\boldsymbol{\Omega}$ 的有限元正演模拟的解(Mitsuhata, 2004)[111] 进行对比验证, 从图6-21(a)~图6-21(d)结果中可以看出, 拉普拉斯结构的求解系统和电场方程直接解法与公开结果吻合度较高(基于双旋度耦合系统和电场双旋度方程的迭代结果不收敛), 阐述了本书开发的 EM 求解系统正确且算法可靠。

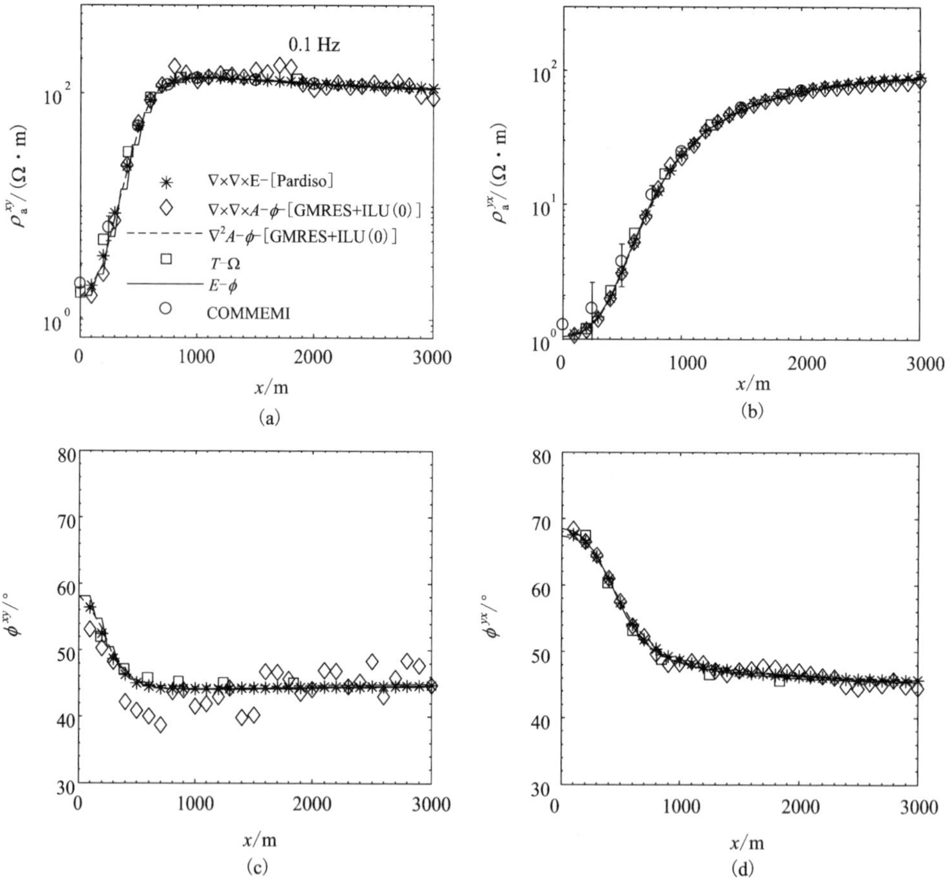

图6-21　频率为0.1 Hz, ρ^{xy}, ρ^{yx} 视电阻率和 φ^{xy}, φ^{yx} 相位曲线对比图

图6-22给出了本书开发的三种有限元求解系统的迭代收敛曲线, 未强加散度规范条件的双旋度结构的 $\boldsymbol{A}-\boldsymbol{\Phi}$ 耦合系统 XY 及 YX 模式迭代步数均为2500次(如图6-22中的"∗"以及"◇"所示); 强加 Coulomb 规范条件的拉普拉斯结构的 $\boldsymbol{A}-\boldsymbol{\Phi}$ 耦合系统 XY 及 YX 模式迭代步数分别为247次和246次(如图6-22中的虚线和带"●"的虚线所示)。同样地, 由于未强加散度修正的双旋度的电场形

成的系统矩阵严重病态，条件数较差，导致其迭代解法无法收敛，结果如图6－22所示。另外，在相同的求解精度以及迭代步长要求下，基于节点有限元的 $\boldsymbol{A}-\boldsymbol{\Phi}$ 耦合系统求解需要的内存为600MB，求解所需要的时间为100.3 s；而未散度规范的双旋度 $\boldsymbol{A}-\boldsymbol{\Phi}$ 耦合求解系统需要的内存为1024MB及求解的时间为1964.2 s，这点从四面体离散上可以看出，棱边数量远远大于节点数。从这一结果看，在ILU(0)预条件迭代求解过程中，强加Coulomb规范的节点有限元的 $\boldsymbol{A}-\boldsymbol{\Phi}$ 耦合求解系统的稳定性要优于双旋度 $\boldsymbol{A}-\boldsymbol{\Phi}$ 耦合系统，其求解所需要的迭代时间小于双旋度结构的 $\boldsymbol{A}-\boldsymbol{\Phi}$ 耦合系统，迭代求解所消耗的内存要小得多。

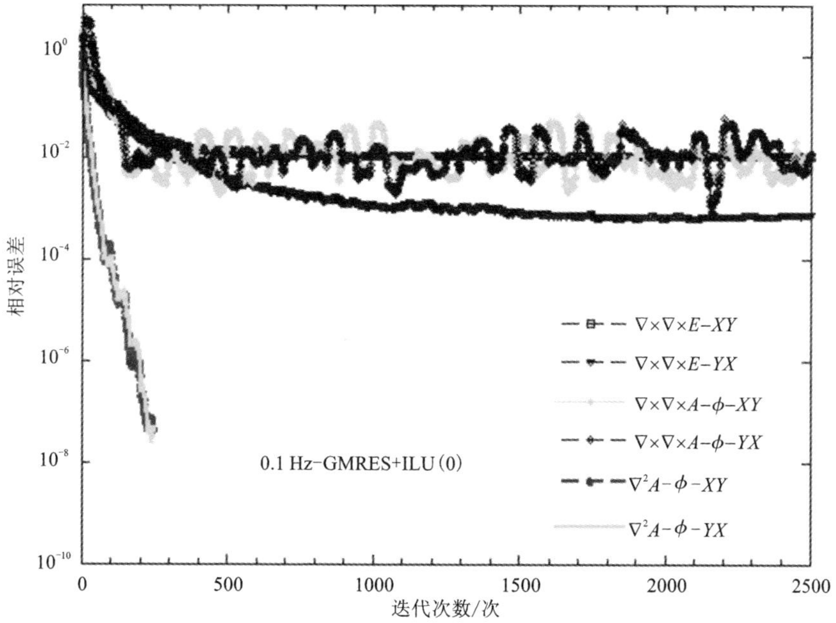

图6－22 0.1 Hz三种求解方案结合ILU(0)的GMRES迭代算法的收敛曲线对比图

10 Hz三维大地电磁响应，求解区域大小为[－7 km，7 km]^3。整个求解区域分别被剖分成273697个四面体单元，43816个节点以及318081个边单元。同样地，计算了三种有限元求解系统与其他的求解方法进行对比验证。迭代终止条件与0.1 Hz求解设置条件一致，且采用相同的求解方法和预条件因子。由图6－23视电阻率和相位的对比曲线可知，我们的计算结果与公开结果具有高度吻合性。同时，图6－24展示了三种求解系统迭代解收敛率。基于Coulomb规范的拉普拉斯结构的 $\boldsymbol{A}-\boldsymbol{\Phi}$ 耦合系统的 XY 和 YX 模式的迭代次数均为653次和569次，总求解时间为325.4 s。未强加散度规范的双旋度**A** – **Φ**系统的*XY*和*YX*模式的迭代次数均达到2500次，总的求解时间为3539.3 s。从计算结果可知，为强加散度规范**A** – **Φ**耦合求解系统在收敛曲线未能达到预设置的求解精度，但是通过**A**和**Φ**计算得到的电场和磁场是正确的，从另一个层面上可以了解该求解系统不稳定，在ILU(0)预条件求解过程中，其可能需要很多迭代步数才能得到正确的电磁场。总之，10 Hz迭代结果同样阐述了Coulomb规范的节点有限元的**A** – **Φ**耦合系统在ILU(0)预条件迭代求解过程中，其稳定性要优于未强加散度规范条件的双旋度**A** – **Φ**耦合系统。表6 – 1给出两种频率收敛曲线相关参数统计表。

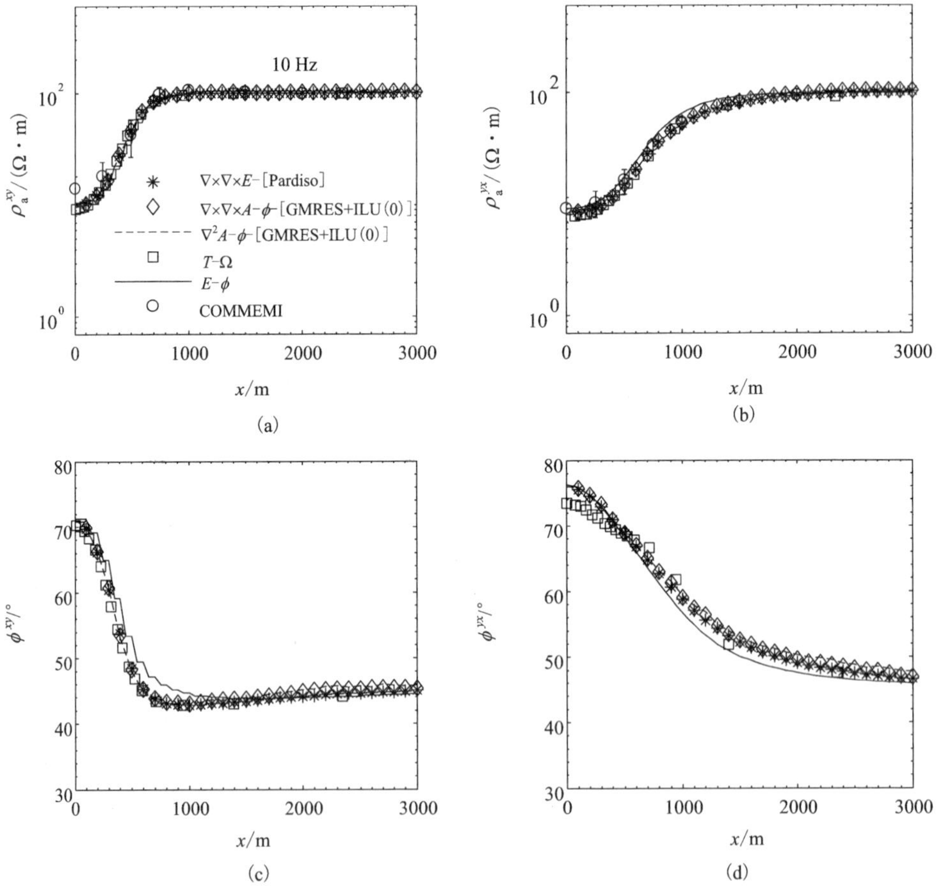

图6 – 23　频率为10 Hz，ρ^{xy}，ρ^{yx}视电阻率和φ^{xy}，φ^{yx}相位曲线对比图

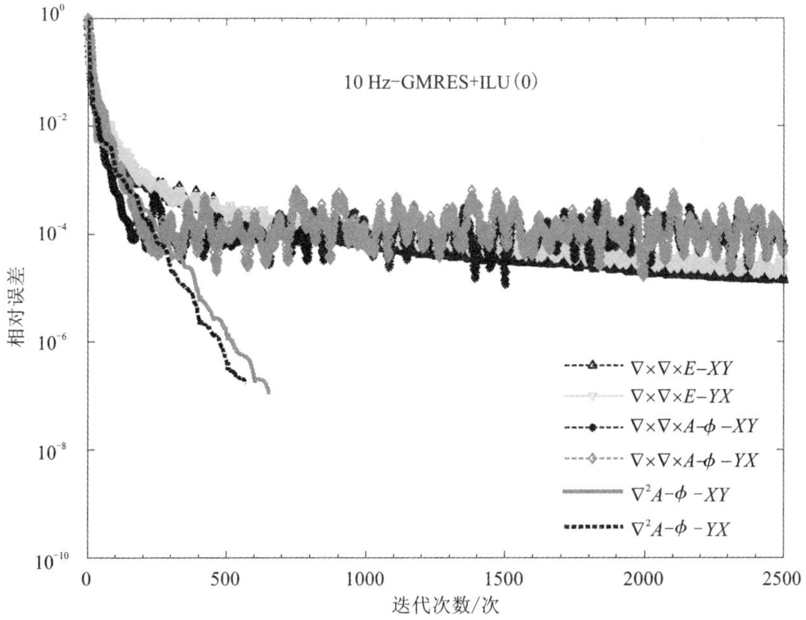

图 6－24　10 Hz 三种求解方案结合 ILU(0) 的 GMRES 迭代算法的收敛曲线对比图

表 6－1　不同求解系统的 GMRES + ILU(0) 预条件迭代求解收敛率对比

频率/Hz	方法	单元数/个	求解时间/s	迭代步数	‖b－Ax‖/‖b‖误差
0.1	E－field	161530	1271.72	2500	XY: 1.0×10^{-2}/YX: 7.2×10^{-4}
	$\nabla^2 A-\Phi$	161530	100.3	XY: 247/YX: 246	XY: 3.9×10^{-8}/YX: 5.0×10^{-8}
	$\nabla\times\nabla\times A-\Phi$	161530	1964.2	XY/YX: 2500	XY: 2.7×10^{-3}/YX: 7.7×10^{-3}
	$T-\Omega$	18816	/	/	/
	$E-\Phi$	191100	/	/	/
10	E－field	273697	2262.54	XY/YX: 2500	XY: 1.4×10^{-5}/YX: 2.0×10^{-5}
	$\nabla^2 A-\Phi$	273697	325.4	XY: 653/YX: 569	XY: 1.0×10^{-7}/YX: 1.7×10^{-7}
	$\nabla\times\nabla\times A-\Phi$	273697	3539.3	XY/YX: 2500	XY: 5.8×10^{-5}/YX: 4.9×10^{-5}
	$T-\Omega$	47040	/	/	/
	$E-\Phi$	191000	/	/	/

图 6－25 ~ 图 6－28 分别展示了 0.1 Hz 和 10 Hz 在对数空间下视电阻率等值线图，从图中可以了解到 ρ_{xx}，ρ_{yy} 基本形态一致，数值非常小，并且四个花瓣的中心反映出地下异常体的四个角点。而 ρ_{xy}，ρ_{yx} 视电阻率异常非常明显，在异常体

正上方存现低阻异常区。ρ_{xy} 视电阻率在 x 方向分界面明显，两边的分界面处与异常体电性分界面有较好的对应性；y 方向分界面在该视电阻率等值线平面图较难与异常体实际的电性分界面有较好的对应性。而ρ_{yx} 视电阻率等值线图在y方向分界面明显，两边的分界面处与异常体电性分界面有较好的对应性；x 方向的分界面在该视电阻率等值线平面图较难与异常体实际的电性分界面有较好的对应性。这一现象说明了x方向极化方式，测量x方向的电场，而电场在该方向存在电性不连续界面从而导致电性突变情况，所以在界面上异常响应较明显；反之，对于 y 方向极化方式同样存在类似的情况。

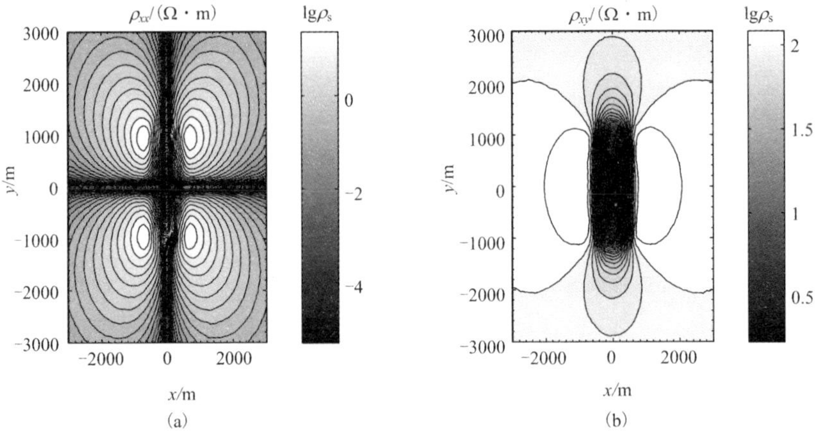

图 6-25　0.1 Hz 视电阻率等值线图

(a) ρ_{xx} 等值线图；(b) ρ_{xy} 等值线图

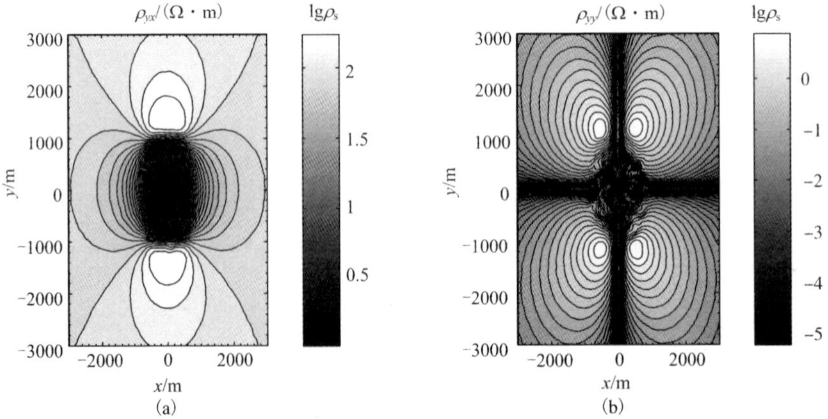

图 6-26　0.1 Hz 视电阻率等值线图

(a) ρ_{yx} 等值线图；(b) ρ_{yy} 等值线图

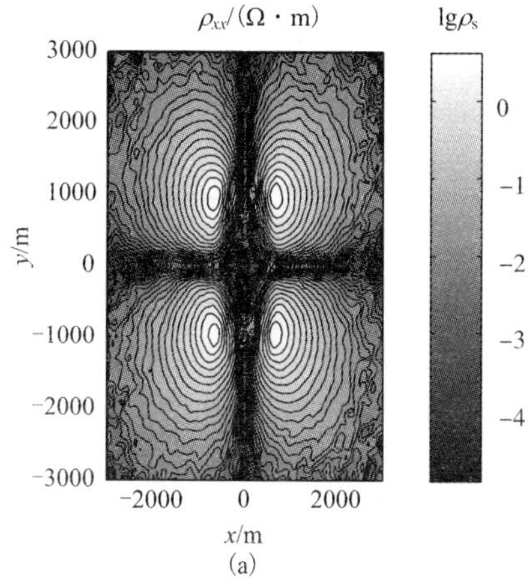

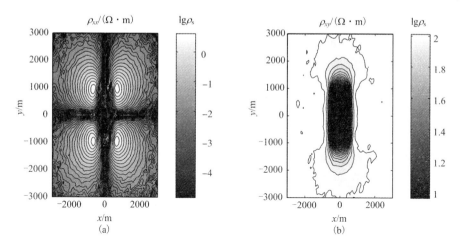

图 6 - 27　10 Hz 视电阻率等值线图

(a) ρ_{xx} 等值线图；(b) ρ_{xy} 等值线图

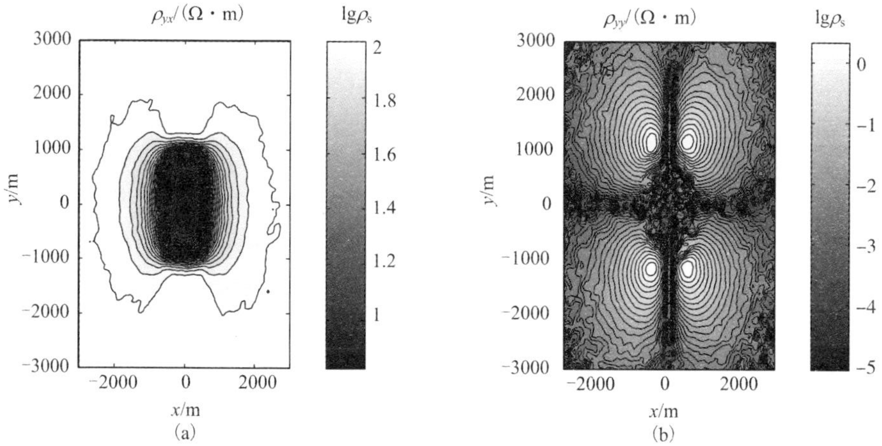

图 6 - 28　10 Hz 视电阻率等值线图

(a) ρ_{yx} 等值线图；(b) ρ_{yy} 等值线图

6.2.2　纯地形模型

为了进一步验证本书所开发的系统求解地形问题的精度和收敛性，我们建立了如图 6 - 29 梯形山的地形模型，该模型参考了 Ren et al. (Ren, Kalscheuer et al. 2013)[120] 参数设置，在坐标轴中心设置了一个梯形的地形模型，梯形高度为 450 m，其顶部的宽度大小为 450 m × 450 m，底部宽度大小为 2000 m × 2000 m，整个求解区域的大小为20 km×20 km×20 km，纯地形模型的电导率为100 Ω·m，空气的电导率为10^8 Ω·m，沿着y轴布设20条观测剖面，每条观测剖面的范围为$y \in [-1500$ m, 1500 m$]$，激发频率分别为2 Hz和100 Hz，具体如图6－29的$x-y$和$x-z$剖面所示。为了获取高精度的正演结果，我们采用了局部网格细化技术，来实现观测点附近的网格细化处理，具体细化情况如图6－30的$y-z$剖面所示。

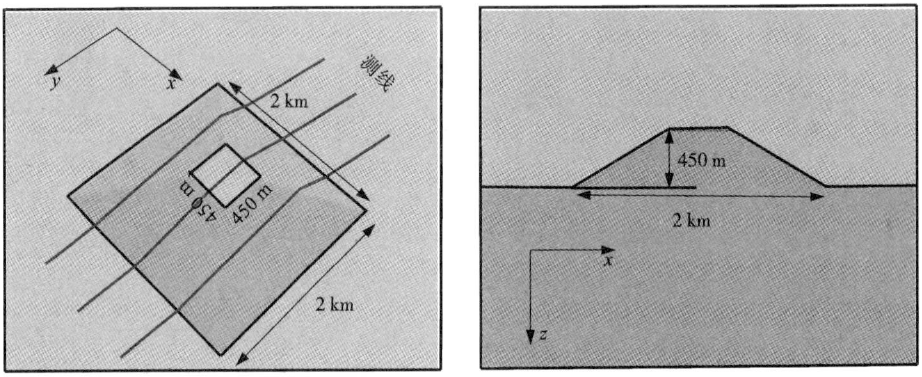

(a)　　(b)

图6－29　梯形山地形模型

(a) $x-y$平面；(b)$x-z$剖面

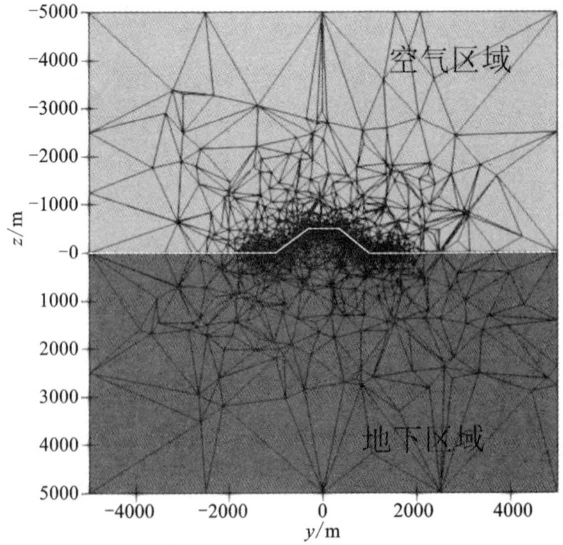

图6－30　地形模型网格示意图

为了获取 2 Hz 纯地形的大地电磁正演响应，将整个求解区域剖分成 525161 个四面体单元，节点数为 85803 个和 611254 个条边单元。采用开发的三种有限元求解系统（分别未强加规范的双旋度结构 $\boldsymbol{A}-\boldsymbol{\Phi}$、强加 Coulomb 规范的拉普拉斯结构 $\boldsymbol{A}-\boldsymbol{\Phi}$ 以及电场的双旋度方程的电磁求解系统）与 Ren et al.（Ren, Kalscheuer et al. 2013）面向目标自适应的正演结果进行对比分析，如图 6 - 31 所示。

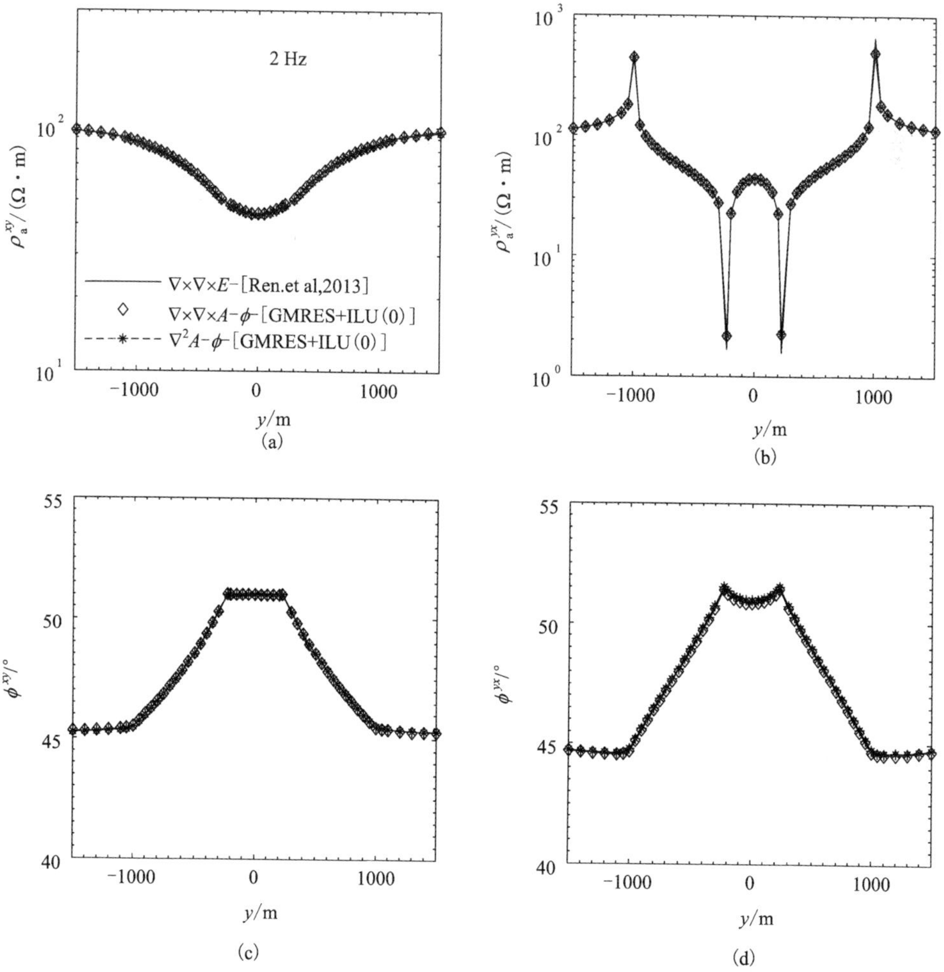

图 6 - 31　频率为 2 Hz，$\boldsymbol{\rho}^{xy}$，$\boldsymbol{\rho}^{yx}$ 视电阻率和 $\boldsymbol{\varphi}^{xy}$，$\boldsymbol{\varphi}^{yx}$ 相位曲线对比图

图 6 - 31 展示了主剖面对应的视电阻率和相位曲线，其中实线表示为面向目标自适应的结果，带“ * ”的虚线为拉普拉斯 $\boldsymbol{A}-\boldsymbol{\Phi}$ 的结果以及方形为双旋度 $\boldsymbol{A}-\boldsymbol{\Phi}$ 的

结果。由于电场双旋度未进行散度矫正，未能得到正确的解，在图中未进行显示。从图 6 - 31 的结果可以很清晰看出，双旋度结构和拉普拉斯结构的 $\boldsymbol{A}-\boldsymbol{\Phi}$ 求解系统所得的解都能够和面向目标自适应有限元的结果拟合较好，误差较小。另外，从图 6 - 31 中可知，地形在视电阻率和相位曲线产生明显畸变。图 6 - 31（a）展示了 x 方向的极化方式的视电阻率曲线，极化方向与地形分界面平行，电场 E_x 连续，视电阻率曲线光滑，在地形起伏或者拐点处不存在突变现象，同时正地形大地电磁响应表现出低阻异常体响应特征。图 6 - 31（b）的视电阻率曲线在地形起伏的拐点处产生了明显的突变情况，突变处的电场 E_y 不连续。

图 6 - 32 展示了三种求解方案的迭代收敛率，相同收敛率条件下，三种求解方向得到不同的收敛性能。从图中可以看出，在 ILU(0) 预条件因子的前提下，基于拉普拉斯结构的 $\boldsymbol{A}-\boldsymbol{\Phi}$ 求解收敛性能相比于其他两种方案最好。拉普拉斯结构的 $\boldsymbol{A}-\boldsymbol{\Phi}$ 的 XY 和 YX 模式分别在 118 步和 147 步能够达到预设定的精度，相对残差 $\|\boldsymbol{b}-\boldsymbol{A}\boldsymbol{x}\|/\|\boldsymbol{b}\|$ 分别为 1.29×10^{-8} 和 5.9×10^{-9}，该求解方案总求解时间为 272.13s；然而，基于双旋度结构的 $\boldsymbol{A}-\boldsymbol{\Phi}$ 求解系统未能达到预设定的求解精度（5000 步的求解时间为 17001.2s），但通过 $\boldsymbol{A}-\boldsymbol{\Phi}$ 修复的电场和磁场而计算的视电阻率和相位准确。从图中可以看出，在迭代步数在 400 步时，其迭代求解得到的 XY 和 YX 模式的相对残差 $\|\boldsymbol{b}-\boldsymbol{A}\boldsymbol{x}\|/\|\boldsymbol{b}\|$ 分别为 3.29×10^{-7} 和 4.5×10^{-7}，该求解系统预设置的精度达到最大限度，之后不再衰减。而双旋度的电场矢量有限元却很难出现类似情况，其结果不稳定，收敛率衰减较慢。另外，通过以上分析可以了解到电场矢量方程在空气中存在空解现象（空气电导率无穷小），或者说在高对比度的电导率分界面上会存在积累电荷，该积累电荷会严重影响矩阵的迭代求解的性能，从而使得求解系统的迭代解法不能得到真解。而拉普拉斯结构 $\boldsymbol{A}-\boldsymbol{\Phi}$ 求解系统能够平衡这种现象，使得方程的求解较为稳定，其迭代解法在合适预条件因子下可得真解。而双旋度结构 $\boldsymbol{A}-\boldsymbol{\Phi}$ 的求解系统相比于拉普拉斯结构来说，双旋度算子形成的系统矩阵的条件数要大于拉普拉斯算子，其会导致我们求解系统迭代不稳定，从而影响迭代求解效率。

为了获取 100 Hz 大地电磁响应，根据经验将整个求解区域剖分成 534900 个四面体单元，节点数为 87436 个和 622642 个边单元。同样地，我们采用开发的三种有限元求解系统（分别未强加规范的双旋度结构 $\boldsymbol{A}-\boldsymbol{\Phi}$、强加 Coulomb 规范的拉普拉斯结构 $\boldsymbol{A}-\boldsymbol{\Phi}$ 以及电场的双旋度方程的电磁求解系统）与 Ren et al.（Ren, Kalscheuer et al., 2013）面向目标自适应的正演结果进行对比验证，具体结果如图 6 - 33 所示。从视电阻率和相位曲线可知，基于双旋度结构的 $\boldsymbol{A}-\boldsymbol{\Phi}$ 的求解系统的迭代解收敛性差，通过 $\boldsymbol{A}$ 和 $\boldsymbol{\Phi}$ 修复得到的视电阻率和相位不准确，与实际的

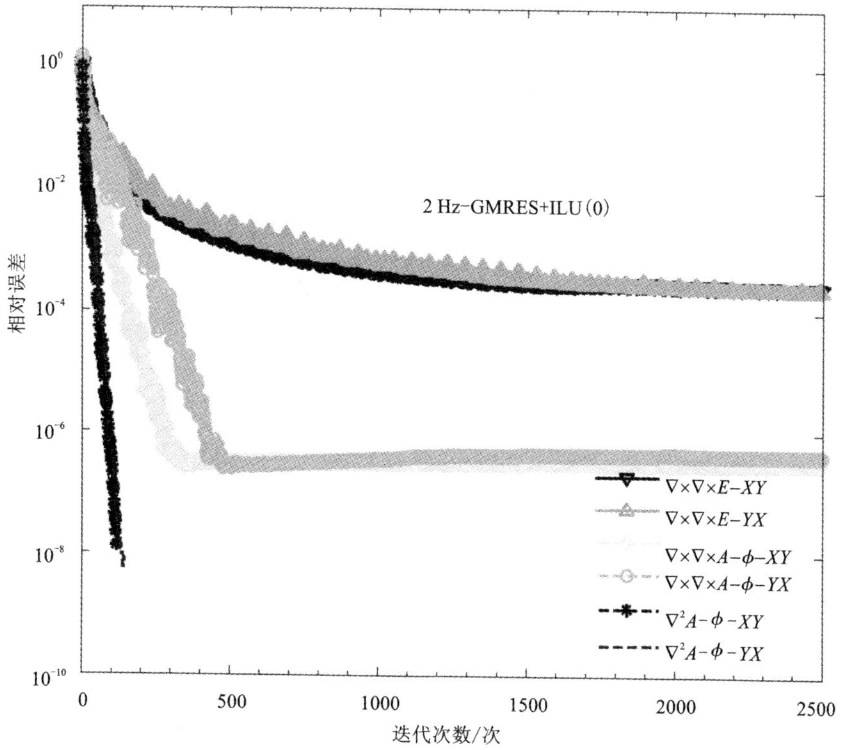

图6－32　2 Hz 三种求解方案结合 ILU(0) 的 GMRES 迭代算法的收敛曲线对比图

结果相差甚远。而基于拉普拉斯结构的 $\boldsymbol{A}-\boldsymbol{\Phi}$ 求解系统能比较稳定获取视电阻率和相位曲线，并与面向目标自适应有限元的解吻合较好。从迭代收敛曲线图5－34可知，基于双旋度结构的 $\boldsymbol{A}-\boldsymbol{\Phi}$ 的求解系统收敛曲线是振荡的，结果不稳定。而拉普拉斯结构的 $\boldsymbol{A}-\boldsymbol{\Phi}$ 的求解系统的 *XY* 和 *YX* 模式分别经过151次和208次迭代后，其相对衰减率达到预设值，相对误差 $\|\boldsymbol{b}-\boldsymbol{Ax}\|/\|\boldsymbol{b}\|$ 分别为 5.42×10^{-8} 和 4.78×10^{-8}，求解所需总时间为302.28 s。另外，从系统矩阵产生的未知数可知，基于双旋度结构的 $\boldsymbol{A}-\boldsymbol{\Phi}$ 的求解系统产生的未知数要远大于拉普拉斯结构 $\boldsymbol{A}-\boldsymbol{\Phi}$ 的求解系统，从数值上来讲，拉普拉斯结构 $\boldsymbol{A}-\boldsymbol{\Phi}$ 的求解系统能够节省一半的未知数，虽然采用迭代解法进行求解可以避免系统矩阵逆的求解，但同样能够节省不少内存需求。

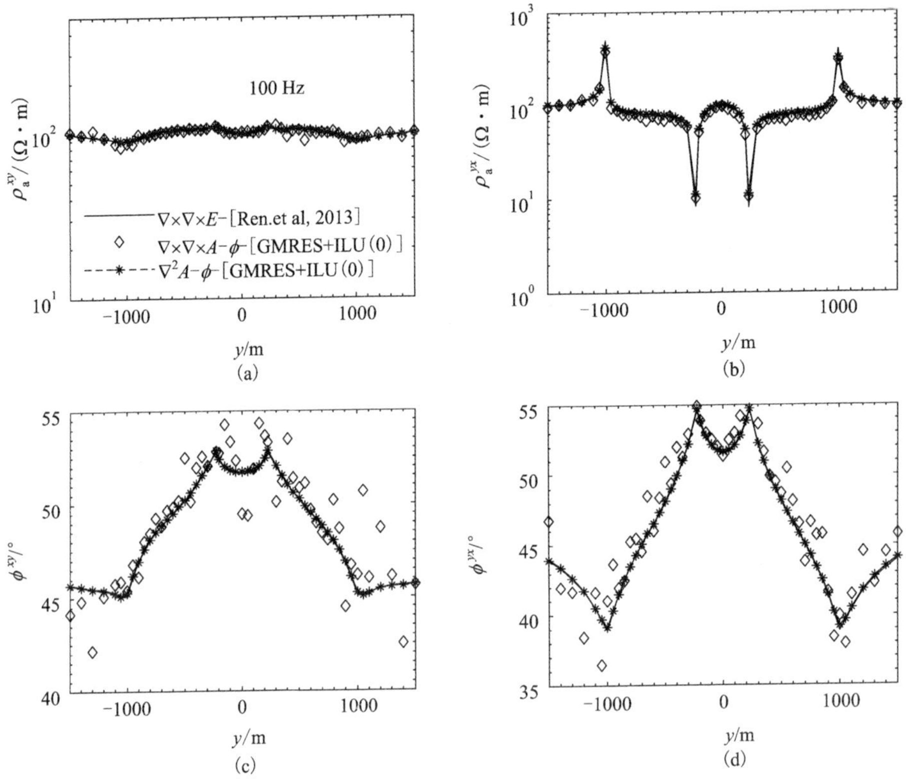

图 6－33　频率为 2 Hz，ρ^{xy}，ρ^{yx} 视电阻率和 ϕ^{xy}，ϕ^{yx} 相位曲线对比图

图6－35和图6－36分别展示了在2 Hz对数空间下视电阻率等值线图，从图中可以了解到 ρ^{xx}，ρ^{yy} 基本形态一致，数值非常小，高值区表示山脊所对应的位置。而 ρ^{xy}，ρ^{yx} 视电阻率等值线图同样存在类似现象，在山脊位置表现出低阻现象。ρ^{xy} 视电阻率在 x 方向分界面明显，y 方向的分界面在该视电阻率等值线平面图较难与实际地形起伏有一一对应关系。而 ρ^{yx} 视电阻率等值线图在 y 方向分界面明显，在 x 方向分界面在该视电阻率等值线平面图同样很难分辨起伏界面。这一现象说明了 x 方向极化方式，测量 x 方向的电场，而电场在该方向存在电性分界面从而导致在电性分界面存在突变情况，所以在界面上异常响应较为明显；反之，对于 y 方向极化方式同样存在类似情况。总之，地形起伏会严重影响我们对地下结构的判断，因此对其进行数值分析有助于理解地形产生的特征。

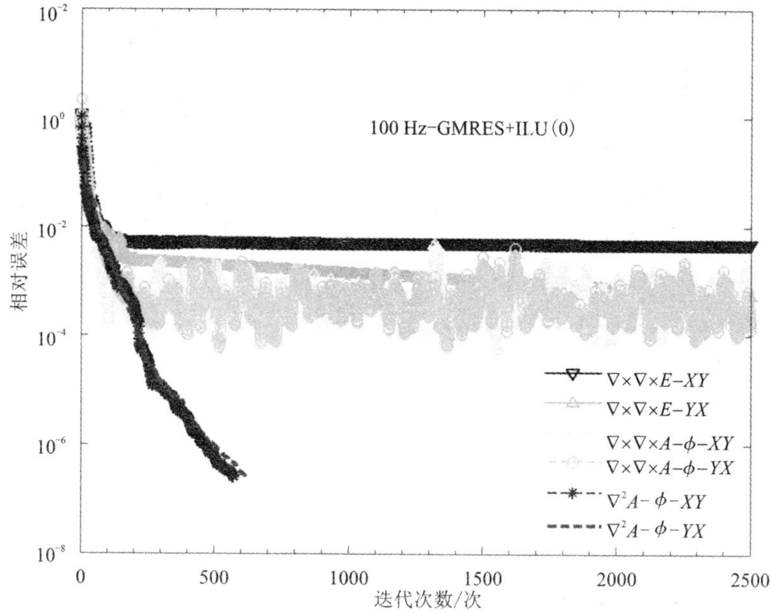

图 6－34　100 Hz 三种求解方案结合 ILU(0) 的 GMRES 迭代算法的收敛曲线对比图

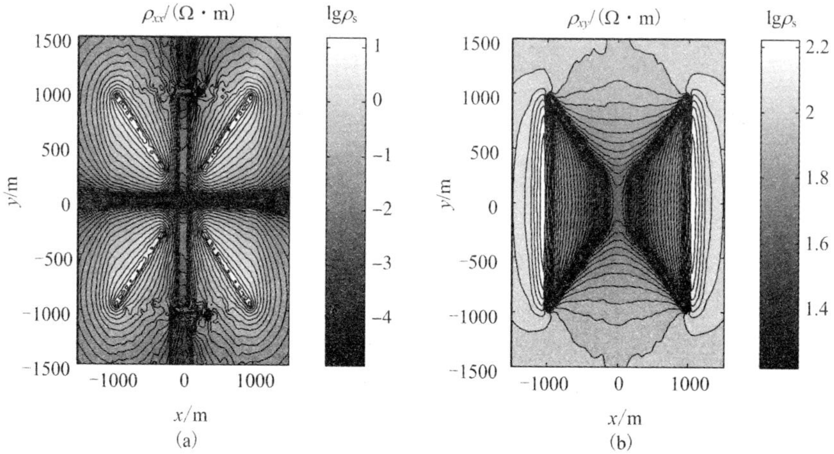

图 6－35　频率为 2 Hz, ρ^{xx}, ρ^{xy} 视电阻率等值线图

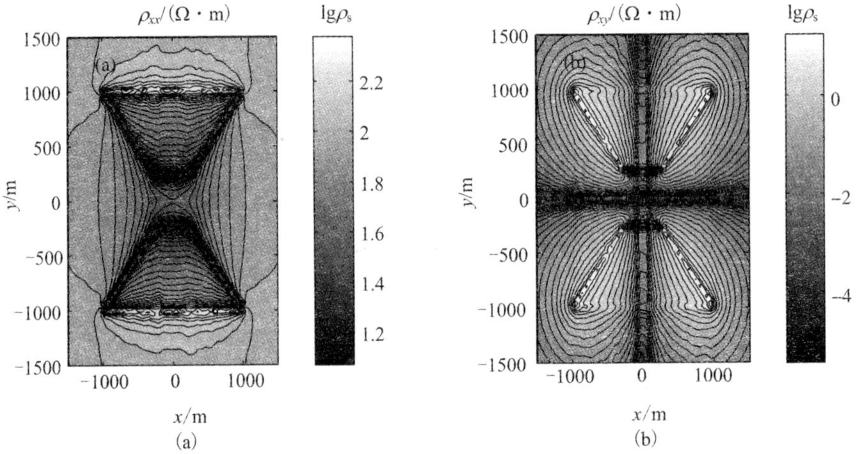

图 6 - 36　频率为 2 Hz，ρ^{yx}，ρ^{yy} 视电阻率等值线图

6.2.3　不同预条件因子收敛性分析

频率分别为 4 Hz 和 10 Hz。测试了 SOR、JACOBI、BJACOBI、ILU(0)、ILU(1) 以及 ILU(2) 等6种预条件因子的迭代收敛率，具体如下表5 - 2 所示。从表5 - 2 中能够发现，不同求解系统对于不同预条件因子其收敛特性存在明显的差别。

对于4 Hz 激发频率下，双旋度结构的求解系统在不同的预条件因子的处理下，迭代效率存在明显不同，以至于相对衰减率设置为 的精度下 BJACOBI、ILU(0)、ILU(1) 以及 ILU(2) 的预条件处理后求解系统达不到完全的收敛，只有在 SOR 和 JACOBI 预条件因子的处理下，系统矩阵能够达到预设置的相对衰减率。在 JACOBI 预条件因子下，对于 *XY* 和 *YX* 模式下的双旋度结构的 $\boldsymbol{A}-\boldsymbol{\Phi}$ 求解系统得到的相对误差 $\|\boldsymbol{b}-\boldsymbol{Ax}\|/\|\boldsymbol{b}\|$ 分别为 1.4×10^{-6} 和 1.3×10^{-6}，SOR 预条件因子两种模式得到的相对误差 $\|\boldsymbol{b}-\boldsymbol{Ax}\|/\|\boldsymbol{b}\|$ 分别为 2.5×10^{-7} 和 3.6×10^{-7}，SOR 预条件因子迭代求解所需要步数要少于 JACOBI 预条件因子，导致 JACOBI 预条件求解消耗时间会更长。表6 - 2 展示了4 Hz 拉普拉斯结构 $\boldsymbol{A}-\boldsymbol{\Phi}$ 求解系统在不同预条件因子处理的求解效率，该求解系统在有限步数内都能够达到需要的求解精度。在同样的网格以及频率下，拉普拉斯结构 $\boldsymbol{A}-\boldsymbol{\Phi}$ 求解系统的不同填充元素的 ILU 预条件因子相比于 SOR、JACOBI 以及 BJACOBI 预条件因子具有明显优势，这些优势主要体现在迭代步数以及稳定性上，甚至 ILU(2) 预条件

因子只需要几十步就能够完成求解，适合多源问题的求解。表6－2展示了10 Hz两个迭代求解系统的不同预条件因子求解效率，对比结果展示了类似情况。通过不同频率收敛性对比分析可见，不同频率相同预条件因子其求解所表现收敛特性存在一定差异。总体上讲，SOR预条件因子对于双旋度结构的 $\boldsymbol{A}-\boldsymbol{\Phi}$ 求解系统的迭代求解相对来说稳定，而ILU预条件因子对于拉普拉斯结构的 $\boldsymbol{A}-\boldsymbol{\Phi}$ 求解系统要好，得到的结果相比于JACOBI、BJACOBI以及SOR要稳定。

表6－2　不同预条件因子下，两种 $A-\Phi$ 系统的GMRES求解器收敛性对比

频率/单元数	求解系统	未知数	预条件因子	迭代步数	求解时间/s	残差
4 Hz/318561	$\nabla\times\nabla\times\boldsymbol{A}-\boldsymbol{\Phi}$	423187	JACOBI	*XY*: 404/*YX*: 667	882.89	1.4×10^{-6}/ 1.3×10^{-6}
			BJACOBI	*XY*: 5000/*YX*: 5000	11044.6	3.2×10^{-4}/ 4.4×10^{-4}
			SOR	*XY*: 118/*YX*: 176	363.165	2.5×10^{-7}/ 3.6×10^{-7}
			ILU(0)	*XY*: 5000/*YX*: 5000	11105.3	3.1×10^{-4}/ 4.3×10^{-4}
			ILU(1)	*XY*: 5000/*YX*: 5000	16240.2	1.0×10^{0}/ 1.03×10^{0}
			ILU(2)	*XY*: 5000/*YX*: 5000	25673.6	1.1×10^{0}/ 1.0×10^{0}
	$\nabla^2\boldsymbol{A}-\boldsymbol{\Phi}$	208596	JACOBI	*XY*: 362/*YX*: 380	207.886	4.6×10^{-7}/ 6.4×10^{-7}
			BJACOBI	*XY*: 104/*YX*: 106	94.1089	2.3×10^{-7}/ 2.2×10^{-7}
			SOR	*XY*: 125/*YX*: 133	116.517	1.9×10^{-7}/ 2.2×10^{-7}
			ILU(0)	*XY*: 101/*YX*: 103	88.5124	2.3×10^{-7}/ 2.2×10^{-7}
			ILU(1)	*XY*: 48/*YX*: 54	100.76	1.3×10^{-7}/ 1.9×10^{-7}
			ILU(2)	*XY*: 33/*YX*: 40	265.877	1.3×10^{-7}/ 8.4×10^{-7}

续表 6 – 2

频率/单元数	求解系统	未知数	预条件因子	迭代步数	求解时间/s	残差
10 Hz/580939	$\nabla\times\nabla\times A-\Phi$	781360	JACOBI	XY: 615/YX: 843	2274.18	1.1×10^{-6}/ 1.2×10^{-6}
			BJACOBI	XY: 5000/YX: 5000	22165.7	4.2×10^{-2}/ 3.6×10^{-2}
			SOR	XY: 183/YX: 230	990.03	2.4×10^{-7}/ 8.5×10^{-7}
			ILU(0)	XY: 5000/YX: 5000	22976.8	4.3×10^{-2}/ 3.5×10^{-2}
			ILU(1)	XY: 5000/YX: 5000	25541.0	1.1×10^{0}/ 1.2×10^{0}
			ILU(2)	XY: 5000/YX: 5000	46387.6	1.3×10^{0}/ 1.0×10^{0}
	$\nabla^2A-\Phi$	389040	JACOBI	XY: 886/YX: 722	1491.28	9.5×10^{-8}/ 4.8×10^{-8}
			BJACOBI	XY: 290/YX: 323	634.161	4.4×10^{-7}/ 2.2×10^{-7}
			SOR	XY: 377/YX: 470	811/634	4.4×10^{-7}/ 2.2×10^{-7}
			ILU(0)	XY: 290/YX: 324	557.65	4.3×10^{-7}/ 2.2×10^{-7}f
			ILU(1)	XY: 160/YX: 180	576.309	2.6×10^{-7}/ 2.3×10^{-7}
			ILU(2)	XY: 95/YX: 94	870.163	9.8×10^{-8}/ 1.2×10^{-7}

6.3 三种求解系统内存及精度分析

本节是通过控制不同收敛率限制下分析 x 方向水平电偶源在均匀半空间下的电场求解精度。偶极源长度为 1 m，位于坐标中心，发射电流为 1A，测试频率为 1 Hz，在 x 轴上的40 ~ 1600 m 内等间距布设40 个测点，采用 GMRES 迭代求解器

对 $\boldsymbol{A}-\Phi$ 两种系统进行求解，得到 x 方向电场的平均相对误差见表 6－3 所示。

表 6－3　不同衰减率的 GMRES 求解得到的电场 E_x 的求解精度对比

控制精度	平均相对误差 ($\nabla\times\nabla\times\boldsymbol{A}-\Phi$/SOR)	平均相对误差 [$\nabla^2\boldsymbol{A}-\Phi$/ILU(1)]
10^{-9}	10.73%	6.9%
10^{-10}	3.2%	1.2%
10^{-11}	1.16%	1.01%
10^{-12}	1.02%	0.99%
10^{-13}	1.01%	1.00%
10^{-14}	1.01%	1.00%

下面采用 6.1.2 小节的块状低阻异常体模型来测试三种求解系统的内存消耗、求解时间等性能，具体的参数指标如表 6－4 所示。

表 6－4　三种求解系统相关技术性能对比

系统/求解器	单元数/个	自由度/个	内存/GB	时间/s	迭代步数/步	残差
$\boldsymbol{E}$ － Field/Pardiso	54220	63624	0.1	1.95	—	—
	126470	147327	0.8	4.61		
	198928	231290	2.0	9.33		
	980669	1137819	15.8	77.95		
	1548648	1819759	61.0	907.95		
	4375738	5121051	170.0	5126.0		
$\nabla\times\nabla\times\boldsymbol{A}-\Phi$ /Pardiso	54220	72950	0.2	2.78	—	—
	126470	168088	0.9	7.74		
	198928	263541	3.2	13.72		
	980669	1294644	26.6	137.44		
	1548648	2070675	111.0	2407.55		
	4375738	5825677	250.0	6686.0		

续表 6 - 4

系统 / 求解器	单元数 / 个	自由度 / 个	内存 /GB	时间 /s	迭代步数 / 步	残差
$\nabla^2 \boldsymbol{A} - \Phi$ /Pardiso	54220	37304	0.2	2.21	—	—
	126470	83044	0.8	7.16		
	198928	129004	1.5	10.01		
	980669	627300	16.8	108.1		
	1548648	1003664	97.0	2049.0		
	4375738	2818504	250.0	6024.0		
$\nabla\times\nabla\times \boldsymbol{A} - \Phi$ /GMRES(SOR)	54220	72950	0.3	17.6	107	5.16×10^{-14}
	126470	168088	0.6	48.79	157	1.17×10^{-13}
	198928	263541	1.2	93.91	188	4.09×10^{-12}
	980669	1294644	5.6	1157.62	389	1.42×10^{-13}
	1548648	2029458	15.0	3564.96	934	1.24×10^{-12}
	4375738	5825677	24.4	45824.5	5000	3.12×10^{-9}
$\nabla^2 \boldsymbol{A} - \Phi$ /GMRES(SOR)	54220	37304	0.3	12.56	143	5.25×10^{-14}
	126470	83044	0.5	53.31	228	1.12×10^{-13}
	198928	129004	0.9	97.17	294	1.04×10^{-13}
	980669	627300	4.1	2975.16	1248	1.55×10^{-13}
	1548648	1003664	14.6	4945	1608	1.24×10^{-12}
	4375738	2818504	22.6	46721.4	5000	3.12×10^{-9}
$\nabla\times\nabla\times \boldsymbol{A} - \Phi$ /GMRES[ILU(1)]	54220	72950	0.3	1395.67	5000	7.93×10^{-1}
	126470	168088	0.6	3027.51	5000	1.28×10^{0}
	198928	263541	1.2	4553.67	5000	1.72×10^{0}
	980669	1294644	5.6	23425.5	5000	3.33×10^{0}
	1548648	2029458	15.0	38823.5	5000	1.26×10^{0}
	4375738	5825677	24.4	47731.5	5000	1.10×10^{0}

续表 6 – 4

系统／求解器	单元数／个	自由度／个	内存／GB	时间／s	迭代步数／步	残差
$\nabla^2 \boldsymbol{A}-\boldsymbol{\Phi}$ /GMRES[ILU(1)]	54220	37304	0.3	10.89	59	5.8×10^{-14}
	126470	83044	0.5	34.54	88	1.29×10^{-12}
	198928	129004	0.9	71.23	126	1.49×10^{-13}
	980669	627300	4.1	1860.26	777	2.08×10^{-13}
	1548648	1003664	14.6	5729.1	1146	1.3×10^{-12}
	4375738	2818504	22.6	48731.5	5000	3.12×10^{-9}

从表6 – 4 的结果可以看出，对于小规模问题来说，直接求解器求解电场方程存在明显优势，其求解的内存需求在小型计算机上能够满足，一旦未知数超过 100 万后，计算机内存需求直接超过 15GB，当未知数超过 500 万，一般小型服务器都难以满足其需求，虽然目前大多数直接求解器(如 Pardiso，MUMPS) 具有高度并行求解能力，求解效率高，但计算机内存需求是不可逾越的难题。而 $\boldsymbol{A}-\boldsymbol{\Phi}$ 求解系统，对于小规模模型来说，求解效率也能满足需求，几十万个单元求解时间不到 1 min，当未知数超过 100 万，计算机内存需求不超过 6GB，虽然耗时方面稍长，但是能够在现有的计算资源上实现计算，适合电磁反演求解。另外，当网格不断加密时，$\boldsymbol{A}-\boldsymbol{\Phi}$ 求解系统的条件数逐渐变大，使得迭代求解系统同样面临收敛慢的现象，影响求解效率，这一问题迫切需要开展高度并行化迭代求解系统的开发。

6.4　小结

本节开展了三种 CSEM 正演求解系统的性能对比和相互验证研究。通过算例分析的结果可以得到以下结论：

(1) 从均匀半空间电偶源正演结果可以看出，基于双旋度结构的矢量位 $\boldsymbol{A}$ 和标量位 $\boldsymbol{\Phi}$ 的平面等值线图呈现随机性，等值线无明显规律；而拉普拉斯结构的矢量位 $\boldsymbol{A}$ 和标量位 $\boldsymbol{\Phi}$ 的平面等值线图呈现明显规律性，符合理论预期设想；虽然最终电场等值线图是一致的，但是双旋度结构的 $\boldsymbol{A}-\boldsymbol{\Phi}$ 系统解的唯一性难以保证。另外，测试了块状高阻、低阻异常体的响应特征，计算结果同样呈现类似现象。

(2) 测试可控源电磁法两种 $\boldsymbol{A}-\boldsymbol{\Phi}$ 系统不同频率的收敛性能，从测试的算例可以看出，随着激发频率的增大，迭代解法需要的迭代步数会增加，时间会变长。另外，总体上看在中等网格尺度基于拉普拉斯结构的 $\boldsymbol{A}-\boldsymbol{\Phi}$ 系统的收敛性能相对稳定。

（3）通过三种求解系统在同一模型的内存需求、求解时间和收敛性的对比结果表明，随着网格密度的增加，电场方程直接解法的内存需求急剧上升，当未知数超过100万时，一般的个人计算机很难满足需求；当未知数超过500万时，内存需求超过250 GB；而拉普拉斯结构的 $\boldsymbol{A}-\boldsymbol{\Phi}$ 系统迭代解法在相同的单元数下内存需求最小；另外，随着网格密度不断增加，两种 $\boldsymbol{A}-\boldsymbol{\Phi}$ 系统的条件数会逐渐增大，导致求解系统收敛变慢，影响求解效率。

第 7 章　基于有限元 - 积分方程法耦合算法的 3D CSEM 正演模拟

7.1　引言

本书前几章主要开展了三种可控源电磁法有限元边值问题的求解，分析了可控源电磁法满足的电场方程以及两种 $A-\Phi$ 系统的正演迭代解法的收敛性，但在求解上述问题时，截断边界的影响不可避免，为了减少截断边界的影响往往需要进行扩边处理，从而导致了大量未知数的出现，影响求解效率。目前，Dirichlet 和 Nenmman 边界条件应用最为广泛，近年来一些学者成功将 PML 引入电磁法正演中，取得了可观的效果。总体上讲，一种好的边界条件的加载能够影响正演求解的精度以及效率，为此本章开展了一种矢量有限元 - 积分方程耦合算法的三维可控源法正演模拟算法的研究。该算法通过利用积分方程法精确表达截断边界的场值，减少求解区域的大小，从而提高正演求解效率和精度。

20 世纪 80 年代有学者开始关注混合算法的研究，如 Lee 等[188] 开展了混合方法的三维电磁正演模拟，并分析了平面波电磁和有源电磁求解精度，讨论了直接法求解和迭代法求解的时间消耗问题；Best 等[189] 提出了一种二次磁场的混合求解方法，该方法能够很好地解决电导率相差高达 1000 倍的三维电磁正演计算问题；Xie 等[190] 基于磁场积分公式开展了一种全局积分和局部微分混合算法，并以此为基础完成三维和 2.5D 电磁正反演计算。之后，采用节点有限元和积分方程法混合求解法得到了较好的发展[191, 192]。但是，节点有限元不满足散度条件，其形成的系统方程在求解过程中会产生伪解现象[193]；另外，大多数混合求解方法都是采用结构化的网格来模拟复杂异常体与地表地形，网格离散不准确带来的误差严重影响电磁正演计算的精度。

为此，本章开展了基于非结构化四面体网格矢量有限元 - 积分方程耦合算法的三维可控源法正演模拟研究。首先，针对传统积分方程法采用矩形网格和近似的奇异体积分求解技术，制约了体积分方程法处理复杂地下异常体的能力，推导了一种基于完全积分公式、四面体非结构化网格和奇异体积分的解析求解并矢格林函数的高精度频率域可控源电磁模型的正演算法的研究；其次，推导了二次场算法的电场方程矢量有限元求解系统，然后采用积分方程法无截断边界属性特点，将矢量有限元的边界区域二次电场通过电并矢格林函数映射到内部边单元，有效减少有限元的求解区域，最终获得可控源电磁法的有限元－积分方程耦合算法的求解系统；然后，设计了规则的四面体模型验证本书开发的精确求解并矢格林函数的有效性及精确性；最后，以块状地电模型为例，对可控源电磁法的有限元－积分方程耦合算法、积分方程法算法与公开的结果进行相互验证，验证了本书开发的算法的有效性及正确性；另外，着重分析了可控源电磁法的有限元－积分耦合算法相对积分方程法优势，并以此为基础，分析了海洋可控源电磁法电磁场各分量受地形影响的响应特征。

7.2 可控源电磁法的基本理论

在各向同性介质下，频率域电磁法满足的 Maxwell 方程如下(时间因子为 $e^{-i\omega t}$)：

$$\nabla\times \boldsymbol{E} = -\xi \boldsymbol{H} \tag{7-1}$$

$$\nabla\times \boldsymbol{H} = \chi \boldsymbol{E} + \boldsymbol{J}_s \tag{7-2}$$

$$\nabla\cdot(\varepsilon \boldsymbol{E}) = 0 \tag{7-3}$$

$$\nabla\cdot \boldsymbol{B} = 0 \tag{7-4}$$

其中：$\xi = -i\omega\mu$；$\chi = \sigma - i\omega\varepsilon$；$\boldsymbol{J}_s$ 为外部激发电流；$\boldsymbol{E}$ 为电场强度；$\boldsymbol{H}$ 为磁场强度；$\boldsymbol{B}$ 磁感应强度；σ 为电导率；μ 为磁导率；ε 为介电常数；$\omega = 2\pi f$ 为角频率；$i = \sqrt{-1}$；f 为频率。

将公式(7－2)代入到式(7－1)中，可得：

$$\nabla\times\nabla\times \boldsymbol{E} - k^2 \boldsymbol{E} = -\xi \boldsymbol{J}_s \tag{7-5}$$

其中：波数 $k = \sqrt{i\omega u(\sigma - i\omega\varepsilon)} = \sqrt{-\xi\chi}$。

将总场分解成正常场和散射场，其表达式为：

$$\boldsymbol{E} = \boldsymbol{E}^n + \boldsymbol{E}^s \tag{7-6}$$

$$\boldsymbol{H} = \boldsymbol{H}^n + \boldsymbol{H}^s \tag{7-7}$$

其中：$\boldsymbol{E}^n$、$\boldsymbol{E}^s$ 分别表示为正常电场和散射电场；$\boldsymbol{H}^n$、$\boldsymbol{H}^s$ 分别表示为正常磁场和散射磁场。将公式(7－6)代入到式(7－5)中，可得：

$$\nabla\times\nabla\times(\boldsymbol{E}^n + \boldsymbol{E}^s) - k^2(\boldsymbol{E}^n + \boldsymbol{E}^s) = -\xi \boldsymbol{J}_s \tag{7-8}$$

同时，正常电场同样满足方程式(7－5)，其表达式为：

$$\nabla\times\nabla\times \boldsymbol{E}^n + k_0^2 \boldsymbol{E}^n = -\xi \boldsymbol{J}_s \tag{7-9}$$

其中：$k_0 = \sqrt{i\omega u(\sigma_0 - i\omega\varepsilon)} = \sqrt{-\xi\chi_0}$ 表示为背景波数；σ_0 为背景电导率。

通过公式(7－8)和公式(7－9)，可获得散射电场$\boldsymbol{E}^s$ 的控制方程，其表达式为：

$$\nabla\times\nabla\times\boldsymbol{E}^{s}-k^{2}\boldsymbol{E}^{s}=-\xi(\chi-\chi_{0})\boldsymbol{E}^{n} \tag{7-10}$$

7.2.1　积分方程法理论推导

为了推导出散射电场$\boldsymbol{E}^{s}$满足的积分表达式，引入电并矢格林函数，其表达式为：

$$\nabla\times\nabla\times\overline{\overline{\boldsymbol{G}}}^{E}(\boldsymbol{r},\boldsymbol{r}')-k_{0}^{2}\overline{\overline{\boldsymbol{G}}}^{E}(\boldsymbol{r},\boldsymbol{r}')=-\xi\,\overline{\overline{\boldsymbol{I}}}\delta(\boldsymbol{r}-\boldsymbol{r}') \tag{7-11}$$

其中：$\overline{\overline{\boldsymbol{G}}}^{E}(\boldsymbol{r},\boldsymbol{r}')$为电并矢格林函数；$\delta(\boldsymbol{r}-\boldsymbol{r}')$为delta函数；$\overline{\overline{\boldsymbol{I}}}$表示张量单位矢量。

构建下面恒等式：

$$\iiint_{\Omega}\{(7-10)\cdot\overline{\overline{\boldsymbol{G}}}^{E}(\boldsymbol{r},\boldsymbol{r}')-(7-11)\cdot\boldsymbol{E}^{s}\}\mathrm{d}v=0 \tag{7-12}$$

化简为：

$$\begin{aligned}&\iiint_{\Omega}[\nabla\times\nabla\times\boldsymbol{E}^{s}-k^{2}\boldsymbol{E}^{s}+\xi(\chi-\chi_{0})\boldsymbol{E}^{n}]\overline{\overline{\boldsymbol{G}}}^{E}(\boldsymbol{r},\boldsymbol{r}')\mathrm{d}v\\&\quad-\iiint_{\Omega}[\nabla\times\nabla\times\overline{\overline{\boldsymbol{G}}}^{E}(\boldsymbol{r},\boldsymbol{r}')-k_{0}^{2}\overline{\overline{\boldsymbol{G}}}^{E}(\boldsymbol{r},\boldsymbol{r}')+\xi\,\overline{\overline{\boldsymbol{I}}}\delta(\boldsymbol{r}-\boldsymbol{r}')]\cdot\boldsymbol{E}^{s}\mathrm{d}v=0\end{aligned} \tag{7-13}$$

使用格林函数恒等式：

$$\begin{aligned}&\iiint_{\Omega}\nabla\times\nabla\times\boldsymbol{E}^{s}\cdot\overline{\overline{\boldsymbol{G}}}^{E}(\boldsymbol{r},\boldsymbol{r}')-\nabla\times\nabla\times\overline{\overline{\boldsymbol{G}}}^{E}(\boldsymbol{r},\boldsymbol{r}')\cdot\boldsymbol{E}^{s}\mathrm{d}v\\&\quad=\iint_{\partial\Omega}[\overline{\overline{\boldsymbol{G}}}^{E}(\boldsymbol{r},\boldsymbol{r}')\times\nabla\times\boldsymbol{E}^{s}\cdot n-\boldsymbol{E}^{s}\times\nabla\times\overline{\overline{\boldsymbol{G}}}^{E}(\boldsymbol{r},\boldsymbol{r}')\cdot\boldsymbol{n}]\mathrm{d}s=0\end{aligned} \tag{7-14}$$

在公式(7 - 14) 中，采用了散射场$\boldsymbol{E}^{s}$在无穷边界场值衰减为零。因此，将公式(7 - 14) 代入到公式(7 - 13) 中，并化简为：

$$\begin{aligned}&\iiint_{\Omega}[-k^{2}\boldsymbol{E}^{s}+\xi(\chi-\chi_{0})\boldsymbol{E}^{n}]\cdot\overline{\overline{\boldsymbol{G}}}^{E}(\boldsymbol{r},\boldsymbol{r}')\mathrm{d}v+k_{0}^{2}\iint_{\Omega}\overline{\overline{\boldsymbol{G}}}^{E}(\boldsymbol{r},\boldsymbol{r}')\cdot\boldsymbol{E}^{s}\mathrm{d}v=\\&\qquad\iiint_{\Omega}[\xi\,\overline{\overline{\boldsymbol{I}}}\delta(\boldsymbol{r}-\boldsymbol{r}')]\cdot\boldsymbol{E}^{s}\mathrm{d}v\end{aligned} \tag{7-15}$$

上述公式进一步化简为：

$$\boldsymbol{E}^{s}=\iiint_{\Omega}(\chi-\chi_{0})\overline{\overline{\boldsymbol{G}}}^{E}(\boldsymbol{r},\boldsymbol{r}')\boldsymbol{E}\mathrm{d}v \tag{7-16}$$

公式(7 - 16) 表示为任意观测点处的散射电场。结合正常场$\boldsymbol{E}^{n}$，任意观测点r_{α}处的总场表达式为：

$$\boldsymbol{E}(\boldsymbol{r}_{\alpha})=\boldsymbol{E}^{n}(\boldsymbol{r}_{\alpha})+\iiint_{\Omega}(\chi-\chi_{0})\overline{\overline{\boldsymbol{G}}}^{E}(\boldsymbol{r},\boldsymbol{r}')\cdot\boldsymbol{E}\mathrm{d}v \tag{7-17}$$

根据公式(7 - 1) 可知，任意观测点r_{α}处的磁场表达式为：

$$\boldsymbol{H}(\boldsymbol{r}_\alpha) = \boldsymbol{H}^n(\boldsymbol{r}_\alpha) + \frac{1}{\mathrm{i}\omega\mu}\iiint_\Omega (\chi - \chi_0)\,\overline{\overline{\boldsymbol{G}}}^H(\boldsymbol{r}_\alpha, \boldsymbol{r}')\cdot\boldsymbol{E}\mathrm{d}v \tag{7-18}$$

其中，$\overline{\overline{\boldsymbol{G}}}^H(\boldsymbol{r}, \boldsymbol{r}') = \nabla\times\overline{\overline{\boldsymbol{G}}}^E(\boldsymbol{r}, \boldsymbol{r}')$ 表示为磁并矢格林函数。

1）均匀半空间并矢格林函数

并矢格林函数是开展积分方程三维电磁数值模拟的基础，其物理意义表示为偶极源或点源产生的场，在数学结构上呈现张量形式。本章主要利用由 Blade1[194] 给出的电并矢格林函数，具体表达式为：

$$\overline{\overline{\boldsymbol{G}}}(\boldsymbol{r}, \boldsymbol{r}') = \frac{1}{\sigma_0}[k_0^2\overline{\overline{\boldsymbol{I}}} - \nabla\nabla']G(\boldsymbol{r}, \boldsymbol{r}') \tag{7-19}$$

其中：$\overline{\overline{\boldsymbol{I}}}$ 表示张量单位向量；$G(\boldsymbol{r}, \boldsymbol{r}')$ 是全空间的标量格林函数，其表达式为：

$$G(\boldsymbol{r}, \boldsymbol{r}') = \frac{\mathrm{e}^{\mathrm{i}kR}}{4\pi R} \tag{7-20}$$

其中：$R = |\boldsymbol{r} - \boldsymbol{r}'|$ 表示源点和观测点之间的距离。但是，将公式(7－19)应用到半空间三维电磁积分方程数值模拟中，其不能完全表示源在地－空界面产生的二次散射电流和电荷项。为此，Hohmman[49] 将并矢格林函数分解为电流项(一次、二次)和电荷项(一次、二次)，并根据源镜像原理给出了二次电流项以及二次电荷项。

故此，电并矢格林函数可表示为：

$$\overline{\overline{\boldsymbol{G}}}^E(\boldsymbol{r}, \boldsymbol{r}') = \overline{\overline{\boldsymbol{G}}}_n^E(\boldsymbol{r}, \boldsymbol{r}') + \overline{\overline{\boldsymbol{G}}}_s^E(\boldsymbol{r}, \boldsymbol{r}') \tag{7-21}$$

其中：$\overline{\overline{\boldsymbol{G}}}_n^E(\boldsymbol{r}, \boldsymbol{r}')$、$\overline{\overline{\boldsymbol{G}}}_s^E(\boldsymbol{r}, \boldsymbol{r}')$ 分别表示为并矢格林函数一次项和二次项。其具体形式如下表示：

$$\overline{\overline{\boldsymbol{G}}}_n^E(\boldsymbol{r}, \boldsymbol{r}') = \overline{\overline{\boldsymbol{G}}}_{nA}^E(\boldsymbol{r}, \boldsymbol{r}') + \overline{\overline{\boldsymbol{G}}}_{n\varphi}^E(\boldsymbol{r}, \boldsymbol{r}') \tag{7-22}$$

$$\overline{\overline{\boldsymbol{G}}}_s^E(\boldsymbol{r}, \boldsymbol{r}') = \overline{\overline{\boldsymbol{G}}}_{sA}^E(\boldsymbol{r}, \boldsymbol{r}') + \overline{\overline{\boldsymbol{G}}}_{s\varphi}^E(\boldsymbol{r}, \boldsymbol{r}') \tag{7-23}$$

其中：

$$\overline{\overline{\boldsymbol{G}}}_{nA}^E(\boldsymbol{r}, \boldsymbol{r}') = \frac{\mathrm{e}^{\mathrm{i}k_0R}}{4\pi R}\overline{\overline{\boldsymbol{I}}} \tag{7-24}$$

$$\overline{\overline{\boldsymbol{G}}}_{n\varphi}^E(\boldsymbol{r}, \boldsymbol{r}') = \nabla\nabla'\frac{\mathrm{e}^{\mathrm{i}k_0R}}{4\pi R} \tag{7-25}$$

$$\overline{\overline{\boldsymbol{G}}}_{sA}^E(\boldsymbol{r}, \boldsymbol{r}') = \gamma_2 x\hat{x} + \gamma_2\hat{y}\hat{y} - \frac{\mathrm{e}^{\mathrm{i}k_0R_s}}{4\pi R_s}\hat{z}\hat{z} \tag{7-26}$$

$$\overline{\overline{\boldsymbol{G}}}_{s\varphi}^E(\boldsymbol{r}, \boldsymbol{r}') = \begin{pmatrix} \frac{\partial}{\partial x'}[(x - x')\gamma_1]\hat{x}\hat{x} & \frac{\partial}{\partial y'}[(x - x')\gamma_1]\hat{x}\hat{y} & \frac{\partial}{\partial z'}[(x - x')\gamma_3]\hat{x}\hat{z} \\ \frac{\partial}{\partial x'}[(y - y')\gamma_1]\hat{y}\hat{x} & \frac{\partial}{\partial y'}[(y - y')\gamma_1]\hat{y}\hat{y} & \frac{\partial}{\partial z'}[(y - y')\gamma_3]\hat{y}\hat{z} \\ \frac{\partial}{\partial x'}[(z + z')\gamma_3]\hat{z}\hat{x} & \frac{\partial}{\partial y'}[(z + z')\gamma_3]\hat{z}\hat{y} & \frac{\partial}{\partial z'}[(z + z')\gamma_3]\hat{z}\hat{z} \end{pmatrix} \tag{7-27}$$

其中，$\gamma_1 = \frac{1}{4\pi\rho}\int_0^\infty \left(2-\frac{\lambda}{u_1}\right)e^{-u_1(z+z')}\lambda J_1(\lambda\rho)\mathrm{d}\lambda$，$\gamma_3 = (-\mathrm{i}k_0R_s+1)\frac{e^{\mathrm{i}k_0R_s}}{4\pi R_s^3}$

$$\gamma_2 = \frac{1}{4\pi}\int_0^\infty \left(\frac{u_1-\lambda}{u_1+\lambda}\right)\frac{\lambda}{u_1}e^{-u_1(z+z')}J_0(\lambda\rho)\mathrm{d}\lambda,\ u_1 = \sqrt{\lambda^2-k_0^2}$$

$$\rho = \sqrt{(x-x')^2+(y-y')^2},\ R = \sqrt{\rho^2+(z-z')^2}$$

$R_s = \sqrt{\rho^2+(z+z')^2}$，$\boldsymbol{r}(x, y, z)$为场点，$\boldsymbol{r}'(x', y', z')$为源点，$\hat{x}$，$\hat{y}$，$\hat{z}$分别表示为$x$，$y$，$z$方向的单位矢量。

2）积分方程法线性方程离散

在均匀半空间背景下，通过Tetgen程序将地下异常体离散成M个非规则四面体子单元[195]（图7－1），令每个单元内部电场为常值（即零次基函数），其值为单元中心$r_i(i=1, 2, \cdots, M)$处的值，并对公式(7－17)进行离散化，可得：

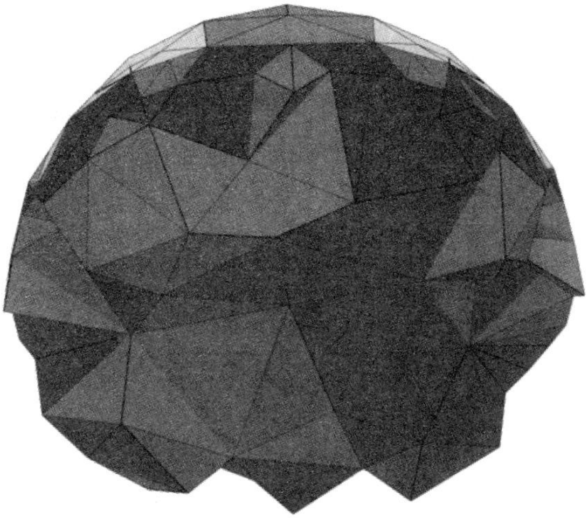

图7－1　模型离散示意图

$$\boldsymbol{E}(\boldsymbol{r}_\alpha) = \boldsymbol{E}^n(\boldsymbol{r}_\alpha) + \sum_{i=1}^{M}\iiint_{\Omega_i}(\chi_i-\chi_0)\,\overline{\overline{\boldsymbol{G}}}^E(\boldsymbol{r}_\alpha, \boldsymbol{r}'_i)\cdot E_i\mathrm{d}v \qquad (7-28)$$

为了求解异常区域的总场，式(7－28)重写如下：

$$\sum_{i=1}^{M}\left[\iiint_{\Omega_i}(\chi_i-\chi_0)\,\overline{\overline{\boldsymbol{G}}}^E(\boldsymbol{r}_m, \boldsymbol{r}'_i)\cdot\mathrm{d}v - \overline{\overline{\boldsymbol{I}}}\delta_{mi}\right]E(\boldsymbol{r}'_i) = -\boldsymbol{E}^n(\boldsymbol{r}') \qquad (7-29)$$

其中，$\delta_{mi} = \begin{cases}1 & m=i\\ 0 & m\neq i\end{cases}$，$\overline{\overline{I}}$为$3\times3$的单位矢量。将观测点置于异常区内，每个单元中心内存在三个分量，离线后的方程式(7－29)可形成$3M$个线性方程组，其形式为：

$$\begin{bmatrix} \Gamma_{xx}^{11} & \cdots & \Gamma_{xx}^{1M} & \Gamma_{xy}^{11} & \cdots & \Gamma_{xy}^{1M} & \Gamma_{xz}^{11} & \cdots & \Gamma_{xz}^{1M} \\ \vdots & \cdots & \vdots & \vdots & \cdots & \vdots & \vdots & \cdots & \vdots \\ \Gamma_{xx}^{M1} & \cdots & \Gamma_{xx}^{MM} & \Gamma_{xy}^{M1} & \cdots & \Gamma_{xy}^{MM} & \Gamma_{xz}^{M1} & \cdots & \Gamma_{xz}^{MM} \\ \Gamma_{yx}^{11} & \cdots & \Gamma_{yx}^{1M} & \Gamma_{yy}^{11} & \cdots & \Gamma_{yy}^{1M} & \Gamma_{yz}^{11} & \cdots & \Gamma_{yz}^{1M} \\ \vdots & \cdots & \vdots & \vdots & \cdots & \vdots & \vdots & \cdots & \vdots \\ \Gamma_{yx}^{M1} & \cdots & \Gamma_{yx}^{MM} & \Gamma_{yy}^{M1} & \cdots & \Gamma_{yy}^{MM} & \Gamma_{yz}^{M1} & \cdots & \Gamma_{yz}^{MM} \\ \Gamma_{zx}^{11} & \cdots & \Gamma_{zx}^{1M} & \Gamma_{zy}^{11} & \cdots & \Gamma_{zy}^{1M} & \Gamma_{zz}^{11} & \cdots & \Gamma_{zz}^{1M} \\ \vdots & \cdots & \vdots & \vdots & \cdots & \vdots & \vdots & \cdots & \vdots \\ \Gamma_{zx}^{M1} & \cdots & \Gamma_{zx}^{MM} & \Gamma_{zy}^{M1} & \cdots & \Gamma_{zy}^{MM} & \Gamma_{zz}^{M1} & \cdots & \Gamma_{zz}^{MM} \end{bmatrix} \begin{bmatrix} E_{x,1} \\ \vdots \\ E_{x,M} \\ E_{z,1} \\ \vdots \\ E_{y,M} \\ E_{z,1} \\ \vdots \\ E_{z,M} \end{bmatrix} = \begin{bmatrix} E_{x,1}^{n} \\ \vdots \\ E_{x,M}^{n} \\ E_{y,1}^{n} \\ \vdots \\ E_{y,M}^{n} \\ E_{z,1}^{n} \\ \vdots \\ E_{z,M}^{n} \end{bmatrix}. \tag{7-30}$$

将公式(7 - 30) 写成矩阵的形式为:

$$[\Re][\boldsymbol{E}] = -[\boldsymbol{E}^n] \tag{7-31}$$

其中：$\boldsymbol{E}^n$ 表示为电偶源、有限长导线源在均匀半空间或层状介质下产生的背景场或平面波电磁场在层状介质的解；矩阵[$\Re$] 中的各个元素为并矢格林函数的数值积分，通过迭代解法或直接解法求解线性方程式(7 - 31)，来获取异常区单元中的总场，然后采用式(7 - 17) 和式(7 - 18) 得到任意观测点处总电磁场。

3) 并矢格林函数奇异性去除

计算公式(7 - 31) 中的矩阵[$\Re$] 的系数时，需要涉及并矢格林函数积分计算。然而，当 $\boldsymbol{r} = \boldsymbol{r}'$ 时，并矢 Green 函数具有很强奇异性，导致系数矩阵[$\Re$] 主对角元素不准确，从而导致计算结果精度差。首先，我们将矩阵[$\Re$] 的系数分解成电流以及电荷两部分[196]，矩阵[$\Re$] 的系数奇异积分项仅仅存在于电流及电荷的一次场项[公式(7 - 22) 和式(7 - 23)]，其他积分项不存在奇异性。传统的奇异值积分处理技术常常采用挖点法计算获得的奇异值体积分，从而降低了计算精度。对于四面体单元而言，该方法会造成严重的数值误差，因此，开发一种格林函数的奇异性去除办法，实现了任意多面体下格林函数积分解析计算，可以大大提高奇异值积分的计算精度及实用性[78, 197, 198]。

含奇异性及强奇异性积分项的电流及电荷的积分公式为:

$$g_1 = \iiint_{\Omega} \frac{e^{ik_1R}}{4\pi R}\bar{\bar{\boldsymbol{I}}}dv' \tag{7-32}$$

$$g_2 = \iiint_{\Omega} \nabla\nabla'\left(\frac{e^{ik_1R}}{4\pi R}\right)dv' \tag{7-33}$$

其中：$k_1 = \sqrt{i\omega\mu\sigma_0}$；$R = |\boldsymbol{r} - \boldsymbol{r}'|$；$\Omega$ 为积分区域。

当 $\boldsymbol{r} = \boldsymbol{r}'$ 时，公式$\frac{e^{ik_1R}}{4\pi R}$以及$\nabla\nabla'\left(\frac{e^{ik_1R}}{4\pi R}\right)$存在强奇异性，为了能够处理此类强

奇异体积分，对公式(7－32)和公式(7－33)进行如下变换，可得：

$$g_1 = \iiint_\Omega \frac{e^{ik_1R}}{4\pi R}\bar{\bar{I}}dv' = \iiint_\Omega \left(\frac{e^{ik_1R}}{4\pi R} - \frac{1}{4\pi R} + \frac{k_1^2 R}{8\pi}\right)\bar{\bar{I}}dv' + \iiint_\Omega \left(\frac{1}{4\pi R} - \frac{k_1^2 R}{8\pi}\right)\bar{\bar{I}}dv'$$

$$= \chi_1 + \chi_2 \tag{7-34}$$

$$g_2 = \iiint_\Omega \nabla\nabla'\left(\frac{e^{ik_1R}}{4\pi R} - \frac{1}{4\pi R} + \frac{k_1^2 R}{8\pi}\right)dv' + \iiint_\Omega \nabla\nabla'\left(\frac{1}{4\pi R} - \frac{k_1^2 R}{8\pi}\right)dv'$$

$$= \psi_1 + \psi_2 \tag{7-35}$$

其中：$\chi_1 = \iiint_\Omega \left(\frac{e^{ik_1R}}{4\pi R} - \frac{1}{4\pi R} + \frac{k_1^2 R}{8\pi}\right)\bar{\bar{I}}dv'$；$\chi_2 = \iiint_\Omega \left(\frac{1}{4\pi R} - \frac{k_1^2 R}{8\pi}\right)\bar{\bar{I}}dv'$；$\psi_1 = \iiint_\Omega \nabla\nabla'\left(\frac{e^{ik_1R}}{4\pi R} - \frac{1}{4\pi R} + \frac{k_1^2 R}{8\pi}\right)dv'$；$\psi_2 = \iiint_\Omega \nabla\nabla'\left(\frac{1}{4\pi R} - \frac{k_1^2 R}{8\pi}\right)dv'$

由于$\lim_{R\to 0}\chi_1 = \frac{ik_1}{4\pi}$，$\lim_{R\to 0}\nabla\chi_1 = -\frac{ik_0^3}{12\pi}[(x-x')\boldsymbol{i}_x, (y-y')\boldsymbol{i}_y, (z-z')\boldsymbol{i}_z]$是连续光滑函数，因此，$\chi_1$，$\psi_1$是连续可导函数，其可以采用具有代数精度的高斯数值积分进行计算。因此，奇异积分项转移到式χ_2、ψ_2中，为了能够对其进行奇异性去除，即对式(7－34)、式(7－35)分别进行矢量恒等式及梯度定理处理，可得：

$$\chi_2 = \sum_{i=1}^{4} \frac{1}{4\pi}\iint_{T_i}[(\boldsymbol{r}-\boldsymbol{r}')\cdot\boldsymbol{n}_i]\left(-\frac{1}{2}R^{-1} + \frac{k_1^2}{8}R\right)\bar{\bar{I}}ds' \tag{7-36}$$

$$\psi_1 = \sum_{i=1}^{4}\left\{\left[\nabla\iint_{T_i}\left(\frac{e^{ik_1R}}{4\pi R} - \frac{1}{4\pi R} + \frac{k_1^2 R}{8\pi}\right)ds'\right]^T \boldsymbol{n}_i\right\} \tag{7-37}$$

$$\psi_2 = \sum_{i=1}^{4}\left\{\left[\nabla\iint_{T_i}\left(\frac{1}{4\pi R} - \frac{k_1^2 R}{8\pi}\right)ds'\right]^T \boldsymbol{n}_i\right\} \tag{7-38}$$

其中：T_i为四面体第i个面；$\boldsymbol{n}_i$为四面体第i个面的单位外法向矢量，令$d_i = [(\boldsymbol{r}-\boldsymbol{r}')\cdot\boldsymbol{n}_i]$表示场点到四面体单元(源点单元)各面中心有向距离。从包含奇异性积分公式(7－36)及公式(7－38)可知，其主要涉及$\iint_{T_i} R^q ds'$，$\iint_{T_i}\nabla R^q ds'$，($q = \pm 1$)这两类奇异面积分计算。

为了去除单元积分的奇异性，构建一个局部坐标系，如图7－2所示。点o为点$\boldsymbol{r}$(观测点)在三角单元T_j上投影点，$\beta(o) = \sum\beta(o)_j$为投影点$\boldsymbol{o}$与每一边$C_j$两端点的夹角之和，$\boldsymbol{m}_j$、$\boldsymbol{e}_j$分别为边$C_j$的单位法向和切向。$h_i$为点$\boldsymbol{r}$到多边形$T_j$的距离，即$h_i = (\boldsymbol{r}-\boldsymbol{r}')\cdot\boldsymbol{n}_i$，$\boldsymbol{n}_i$为多边形$T_j$的面法向，$m_j$是投影点$\boldsymbol{o}$到边$C_j$的垂向距离，即$m_j = (\boldsymbol{o}-\boldsymbol{r}')\cdot\boldsymbol{m}_j$，$\rho$表示为点$\boldsymbol{o}$到边$C_j$上任一点距离，即$\rho = |\boldsymbol{o}-\boldsymbol{r}'|$，$v_0$，$v_1$分别表示为边$C_j$两个端点，假设中间变量$s = (\boldsymbol{r}'-\boldsymbol{o})\cdot\boldsymbol{e}_j$，$s_0$，$s_1$是边$C_j$顶点，$v_0$，$v_1$是中间变量，$R_0$，$R_1$分别表示为观测点到边$C_j$两个端点的距

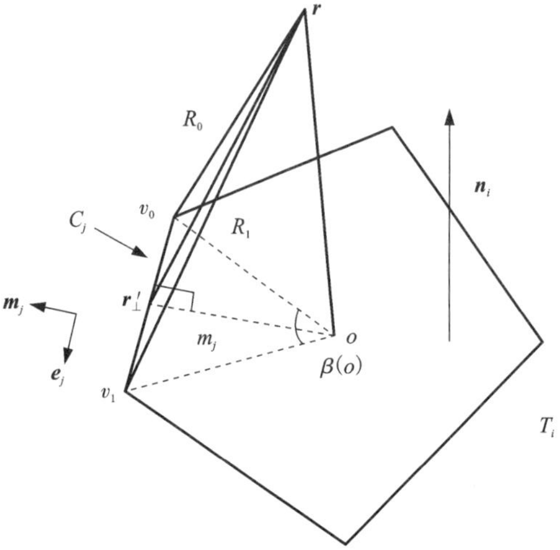

图7－2　点 r 和多边形 T_j 的边 C_j 的关系

离，$R_\perp$ 表示为观测点与点 $\boldsymbol{o}$ 到边 C_j 的投影点 $r'_\perp$ 之间的距离，即 $R_\perp = \sqrt{(h_i^2 + m_j^2)}$，$R$ 表示为观测点到原点的距离，即 $R = |\boldsymbol{r} - \boldsymbol{r}'| = \sqrt{(h_i^2 + \rho^2)}$。根据上述公式导出了关于 $I_q = \iint_{T_i} R^q \mathrm{d}s'$ 的积分恒等式为：

$$R^q = \nabla'_s \cdot \frac{1}{q+2} \frac{R^{q+2}}{\rho^2}(\boldsymbol{r}' - \boldsymbol{o}) \tag{7-39}$$

其中，∇'_s 为2D局部坐标下面散度算子，假设($\boldsymbol{u}'$, $\boldsymbol{v}'$) 分别为 r' 的局部坐标系，$\boldsymbol{o}$ 为2D局部坐标中心点(0, 0)，$R = \sqrt{\boldsymbol{u}'^2 + \boldsymbol{v}'^2 + h_i^2}$，$\rho = \mathrm{sqrt}(\boldsymbol{u}'^2 + \boldsymbol{v}'^2)$，其相关证明如下：

$$\begin{aligned}
\nabla'_s \cdot \frac{1}{q+2} \frac{R^{q+2}}{\rho^2}(\boldsymbol{r}' - \boldsymbol{o}) &= \frac{1}{q+2} \cdot \left\{ \frac{\partial}{\partial u'}\left(\frac{R^{q+2}}{\rho^2}\boldsymbol{u}'\right) + \frac{\partial}{\partial v'}\left(\frac{R^{q+2}}{\rho^2}\boldsymbol{v}'\right) \right\} \\
&= \frac{1}{q+2}\left\{ 2\frac{R^{q+2}}{\rho^2} + (q+2)R^{q+1}\frac{R\rho^4}{\quad} - R^{q+2}2\rho\frac{u'}{\rho^5} \right. \\
&\quad \left. + (q+2)R^{q+1}\frac{\boldsymbol{v}'}{R\rho^4} - R^{q+2}2\rho\frac{\boldsymbol{v}'}{\rho^5} \right\} \\
&= \frac{1}{q+2}\left\{ \frac{(q+2)R^q\rho^4 - 2R^{q+2}\rho^2}{\rho^4} + 2\frac{R^{q+2}}{\rho^2} \right\} \\
&= R^q
\end{aligned} \tag{7-40}$$

为了处理 $R \to 0$ 弱奇异积分，将任意多边形 T_j 的积分分解为两部分，一部分为奇异部分，即以 $\boldsymbol{o}$ 点为中心的无限小区域 O_ε，$\varepsilon \to 0$；另一部分为除奇异部分的其他区域 $\Omega_i - O_\varepsilon$，此时积分公式可写为：

$$
\begin{aligned}
I_{R_q} &= \iint_{T_i} R^q \mathrm{d}s' \\
&= \iint_{T_i - O_\varepsilon} \nabla'_s \cdot \frac{1}{q+2}\frac{R^{q+2}}{\rho^2}(\boldsymbol{r}' - \boldsymbol{o})\mathrm{d}s' + \iint_{O_\varepsilon} R^q \mathrm{d}s' \\
&= \iint_{T_i - O_\varepsilon} \nabla'_s \cdot \frac{1}{q+2}\frac{R^{q+2}}{\rho^2}(\boldsymbol{r}' - \boldsymbol{o})\mathrm{d}s' + \int_0^{\beta(o)}\int_0^{\varepsilon} \rho\left(\sqrt{h_i^2 + \rho^2}\right)^q d\rho' d\theta' \\
&= \frac{1}{q+2}\sum_{j=1}^{S}[\boldsymbol{m}_j \cdot (\boldsymbol{r}' - \boldsymbol{o})]\int_{C_j}\frac{R^{q+2}}{\rho^2}\mathrm{d}l' - \frac{1}{q+2}\frac{(h_i^2 + \varepsilon^2)^{q+2}}{\varepsilon}\int_0^{\beta(o)}\int_0^{\varepsilon} d\rho' d\theta' \\
&\quad + \int_0^{\beta(o)}\int_0^{\varepsilon} \rho\left(\sqrt{h_i^2 + \rho^2}\right)^q d\rho' d\theta' \\
&= \frac{1}{q+2}\sum_{j=1}^{S} A_j^{q+2} - \frac{\beta(\boldsymbol{o})}{q+2} h_i^{q+2}
\end{aligned} \tag{7-41}
$$

式中：$\beta(\boldsymbol{o})$ 为投影点 $\boldsymbol{o}$ 在多边形内 T_j 的固体角，固体角采用下面公式进行计算：

$$
\beta(\boldsymbol{o}) = \sum_{j=1}^{S} \boldsymbol{m}_j \cdot \boldsymbol{u}_j\left(\arctan\frac{s_1}{|m_j|} - \arctan\frac{s_0}{|m_j|}\right) \tag{7-42}
$$

式中：$\boldsymbol{u}_j$ 为点 $\boldsymbol{o}$ 到点$r'_\perp$ 的单位矢量。从公式(7－42)可知，当点 $\boldsymbol{o}$ 位于多边形内时，$\beta(\boldsymbol{o}) = 2\pi$；若在多边形边上，$\beta(\boldsymbol{o}) = \pi$；若在多边形拐角点上，$\beta(\boldsymbol{o}) = \Theta$；若在多边形外部，$\beta(\boldsymbol{o}) = 0$。

当 $q = \pm 1$ 时，公式(7－41)中的 A_j^{q+2} 的解析表达式的具体形式如下表示。当 $q = -1$ 时，其表达式为：

$$
\begin{aligned}
A_j^1 &= \boldsymbol{m}_j(\boldsymbol{r}' - \boldsymbol{o})\int_{C_j}\frac{R}{\rho^2}\mathrm{d}l' = m_j\int_{s_0}^{s_1}\frac{\left(\sqrt{h_i^2 + m_j^2 + [(\boldsymbol{r}' - \boldsymbol{o})\cdot \boldsymbol{e}_j]^2}\right)}{m_j^2 + [(\boldsymbol{r}' - \boldsymbol{o})\cdot \boldsymbol{e}_j]^2}\mathrm{d}l' \\
&= m_j\int_{s_0}^{s_1}\frac{(h_i^2 + m_j^2 + s^2)}{m_j^2 + s^2}\mathrm{d}l' = \left\{|h_i|\arctan\left(\frac{h_i s}{R m_j}\right) + m_j\ln(s + R)\right\}\Bigg|_{s_0}^{s_1} \\
&= |h_i|\left\{\arctan\left(\frac{|h_i|s_1}{R_1 m_j}\right) - \arctan\left(\frac{|h_i|s_0}{R_0 m_j}\right)\right\} + m_j\ln\frac{s_1 + R_1}{s_0 + R_0}
\end{aligned} \tag{7-43}
$$

当 $q = 1$ 时，其表达式为：

$$
\begin{aligned}
A_{l_j}^3 &= \boldsymbol{m}_j(\boldsymbol{r}' - \boldsymbol{o})\int_{C_j}\frac{R^3}{\rho^2}\mathrm{d}l' = = m_j\int_{s_0}^{s_1}\frac{\left(\sqrt{h_i^2 + m_j^2 + s^2}\right)^3}{m_j^2 + s^2}\mathrm{d}l' \\
&= \left\{|h_i|^3\arctan\left(\frac{|h_i|s}{R m_j}\right) + \frac{1}{2}m_j(3|h_i|^2 + m_j^2)\ln(s + R) + \frac{1}{2}m_j(sR)\right\}\Bigg|_{s_0}^{s_1}
\end{aligned}
$$

$$= |h_i|^3\left\{\arctan\left(\frac{|h_i|s_1}{R_1 m_j}\right)-\arctan\left(\frac{|h_i|s_0}{R_0 m_j}\right)\right\}+\frac{1}{2}(3|h_i|^2+m_j^2)m_j\ln\frac{s_1+R_1}{s_0+R_0}$$

$$+\frac{1}{2}m_j(s_1R_1-s_0R_0) \tag{7-44}$$

同理，对于任意多边形，可推导出$\iint_{T_i}\nabla R^q\mathrm{d}s'$的积分计算，其表达式为：

$$\iint_{T_i}\nabla R^q\mathrm{d}s' = -\sum_{j=1}^{S}\boldsymbol{m}_j\int_{C_j}R^q\mathrm{d}l' + q|h_i|\boldsymbol{n}_i\iint_{T_i}R^{q-2}\mathrm{d}s' \tag{7-45}$$

其中，$\int_{C_j}R^q\mathrm{d}l' = \frac{1}{q+1}[s_1(R_1)^q - s_0(R_0)^q] + \frac{q}{q+1}(R_\perp)^2\int_{C_j}R^{q-2}\mathrm{d}l'$，$\int_{C_j}R^{-1}\mathrm{d}l' = \ln\left(\frac{s_1+R_1}{s_0+R_0}\right)$。

公式(7－45)中同样涉及$q=\pm1$时的积分计算，即当$q=-1$时：

$$\iint_{T_i}\nabla R^{-1}\mathrm{d}s' = -\sum_{j=1}^{S}\boldsymbol{m}_j\int_{C_j}R^{-1}\mathrm{d}l' - |h_i|\boldsymbol{n}_i\iint_{T_i}R^{-3}\mathrm{d}s' \tag{7-46}$$

当$q=1$时，

$$\iint_{T_i}\nabla R\mathrm{d}s' = -\sum_{j=1}^{S}\boldsymbol{m}_j\int_{C_j}R\mathrm{d}l' + |h_i|\boldsymbol{n}_i\iint_{T_i}R^{-1}\mathrm{d}s' \tag{7-47}$$

上述的公式推导得出了并矢格林函数所包含的强奇异性积分公式解析表达式，该表达式能够降低由强奇异积分带来的数值积分误差等问题。

7.2.2　有限元－积分耦合算法公式推导

以公式(7－10)作为控制方程，采用Galerkin法推导有限元系统方程，设余量R为：

$$\boldsymbol{R} = \nabla\times\nabla\times\boldsymbol{E}^s + \zeta_0\chi\boldsymbol{E}^s - \zeta_0(\chi_0-\chi)\boldsymbol{E}^n \tag{7-48}$$

采用矢量形函数，余量R在求解区域Ω满足下面方程：

$$\iiint_\Omega\boldsymbol{N}\cdot\boldsymbol{R}\mathrm{d}v = 0 \tag{7-49}$$

公式(7－48)代入到公式(7－49)中，可知：

$$\iiint_\Omega\boldsymbol{N}\cdot[\nabla\times\nabla\times\boldsymbol{E}^s + \zeta_0\chi\boldsymbol{E}^s - \zeta_0(\chi_0-\chi)\boldsymbol{E}^n]\mathrm{d}v = 0 \tag{7-50}$$

对公式(7－50)进行矢量恒等变换，其表达式简化为：

$$\iiint_\Omega\nabla\times\boldsymbol{N}\cdot\nabla\times\boldsymbol{E}^s\mathrm{d}v + \iint_{\partial\Omega}\boldsymbol{N}\cdot\boldsymbol{n}\times\nabla\times\boldsymbol{E}^s\mathrm{d}s + \zeta_0\chi\iiint_\Omega\boldsymbol{N}\cdot\boldsymbol{E}^s\mathrm{d}v$$

$$= \zeta_0(\chi_0-\chi)\iiint_\Omega\boldsymbol{N}\cdot\boldsymbol{E}^n\mathrm{d}v \tag{7-51}$$

其中：$\partial\Omega$为计算区域边界；n为边界区域的单位外法向，当采用有限元对公式(7

-51）进行求解时，常需要进行扩边处理以满足二次电场$\boldsymbol{E}^s$ 在边界值为零，从而使得面积分项$\iint_{\partial\Omega}\boldsymbol{N}\cdot\boldsymbol{n}\times\nabla\times\boldsymbol{E}^s\mathrm{d}s$可以忽略不计，这一处理往往增加方程求解的计算量、降低求解精度。为此，本书结合积分方程法无截断边界效应的优势，利用其来减少截断边界的影响，在边界 $\partial\Omega$ 采用的完全精确的边界条件为：

$$\boldsymbol{E}^s(r_\alpha) = (\chi-\chi_0)\sum_{n=1}^{M}\iiint_{V_a}\overline{\overline{\boldsymbol{G}}}^E(\boldsymbol{r}_\alpha\mid\boldsymbol{r}')\cdot\boldsymbol{E}(r')\mathrm{d}v' \tag{7-52}$$

其中：$\boldsymbol{r}_\alpha$ 表示计算区域外边界上的观测点（将其设置在边上的中点）；$\boldsymbol{E}^s(\boldsymbol{r}_\alpha)$ 表示外边界的二次电场；$\boldsymbol{E}(\boldsymbol{r}')$ 表示计算区域内部单元观测点$\boldsymbol{r}'$处的电场，$\overline{\overline{\boldsymbol{G}}}^E(\boldsymbol{r}_\alpha\mid\boldsymbol{r}')$为电并矢格林函数。故任意单元 e 内某点 $\boldsymbol{r}'$ 处的电场$\boldsymbol{E}(\boldsymbol{r}')$ 可表示为：

$$\boldsymbol{E}(r') = \sum_{i=1}^{J}\boldsymbol{N}_i(r')[E_{ib}+E_{is}] \tag{7-53}$$

其中：J表示某单元e的棱边数；四面体的棱边数为6；i的取值为1 ~ 6；矢量基函数$\boldsymbol{N}_i$ 可写为[199]：

$$\boldsymbol{N}_i^e = l_i(L_{i1}^e\nabla L_{i2}^e - L_{i2}^e\nabla L_{i1}^e)l_i^e \tag{7-54}$$

其中：四面体单元的节点数为4；其标号如图3 -3 所示；l_i 为某棱边的长度；L_{i1}^e 与 L_{i2}^e 为对应节点的节点基函数；其相应的编号如图 3 - 3 所示。

将公式(7 - 53）代入到公式(7 - 52）中，可知：

$$\boldsymbol{E}^s(\boldsymbol{r}_\alpha) = (\chi-\chi_0)\sum_{n=1}^{M}\iiint_{V_a}\overline{\overline{\boldsymbol{G}}}^E(\boldsymbol{r}_\alpha\mid\boldsymbol{r}')\cdot\left\{\sum_{i=1}^{J}\boldsymbol{N}_i(\boldsymbol{r}')[\boldsymbol{E}_{in}+\boldsymbol{E}_{is}]\right\}\mathrm{d}v' \tag{7-55}$$

其中：E_{in}，E_{is} 分别表示一次场和二次场。

采用矢量有限元求解时，公式(7 - 51）形成的线性系统可以写成为：

$$\boldsymbol{K}\boldsymbol{E}^s = \boldsymbol{b} \tag{7-56}$$

其中：$\boldsymbol{K}$ 是对称的稀疏矩阵；$\boldsymbol{b}$ 是右端项，采用 MKL 中 Pardiso[181] 直接求解器对上述方程进行求解，可得到地下单元二次电场，然后加上一次场可得到任一点的总场。如前所述，采用二次场算法，虽然降低源奇异性问题，但同样不可避免截断边界效应；而采用积分方程法进行三维电磁数值模拟时，其形成的系统矩阵是密实矩阵，密实矩阵的求解需要消耗更长的求解时间，总体效率偏低，积分方程求解的优势在于避免源的奇异性以及截断边界的影响。为了结合有限元和积分方程法的优点，将矢量有限元外边界二次场通过公式(7 - 55）映射到内部边单元，故采用狄利克雷边界条件的公式(7 - 56）组装成下面的线性系统：

$$\begin{pmatrix}\boldsymbol{K}_{ii} & \boldsymbol{K}_{i\alpha}\\ \boldsymbol{K}_{\alpha i} & \boldsymbol{K}_{\alpha\alpha}\end{pmatrix}\begin{pmatrix}\boldsymbol{E}_i^s\\ \boldsymbol{E}_\alpha^s\end{pmatrix} = \begin{pmatrix}\boldsymbol{b}_i\\ \boldsymbol{b}_\alpha\end{pmatrix} \tag{7-57}$$

其中：$\boldsymbol{E}_i^s$，$\boldsymbol{E}_\alpha^s$ 分别表示内部边单元和边界边单元的二次场；$\boldsymbol{K}_{ii}$，$\boldsymbol{K}_{i\alpha}$，$\boldsymbol{K}_{\alpha i}$，$\boldsymbol{K}_{\alpha\alpha}$ 分

别表示为相应的系统子矩阵；$\boldsymbol{b}_i$，$\boldsymbol{b}_\alpha$ 分别表示内部单元、边界单元的背景场的积分项，取公式(7 - 57)上半部分，可得

$$\boldsymbol{K}_{ii}\boldsymbol{E}_i^s+\boldsymbol{K}_{i\alpha}\boldsymbol{E}_\alpha^s=\boldsymbol{b}_i \tag{7-58}$$

公式(7 - 55)可以简化为：

$$\boldsymbol{E}_\alpha^s=\boldsymbol{G}\boldsymbol{E}_i^s+\boldsymbol{b}^\beta \tag{7-59}$$

然后，将公式(7 - 59)代入到公式(7 - 58)中，可得：

$$(\boldsymbol{K}_{ii}+\boldsymbol{K}_{i\alpha}\boldsymbol{G})\boldsymbol{E}_i^s=\boldsymbol{b}_i-\boldsymbol{K}_{i\alpha}\boldsymbol{b}^\beta \tag{7-60}$$

其中：$\boldsymbol{G}$ 是一个密实的积分矩阵，其只与边界点和异常体单元有关；$\boldsymbol{b}^\beta$ 是额外的源矢量。求解式(7 - 60)可得到求解区域的二次电场$\boldsymbol{E}_i^s$，然后通过并矢格林函数进行反算，获取任意位置的散射场并结合背景场，即可获得任意观测点的电磁场。

7.3 数值算例

7.3.1 奇异积分算法验证

为了验证本书推导解析表达式的正确性，设计四面体单元如图7 - 3所示，针对矢量$\chi_2(k_1=i)$，观测点为四面单元的重心，对比分析本书推导出的解析表达式与高阶高斯数值积分(N 为阶数)计算结果(标量解)。从表 7 - 1 中可知，随着阶数 N 的增加，χ_2 的实部值在小数点后七位变化相对较小，而虚部达到了小数点后 12 位，说明高斯数值积分是逐渐收敛的。与解析表达式结果对比，实部值的相对误差为1. 86 $\frac{0}{0000}$，虚部值的精度更高。结果表明本书推导出的解析表达式计算结果正确且精度高，并为本章后续工作奠定扎实的基础。

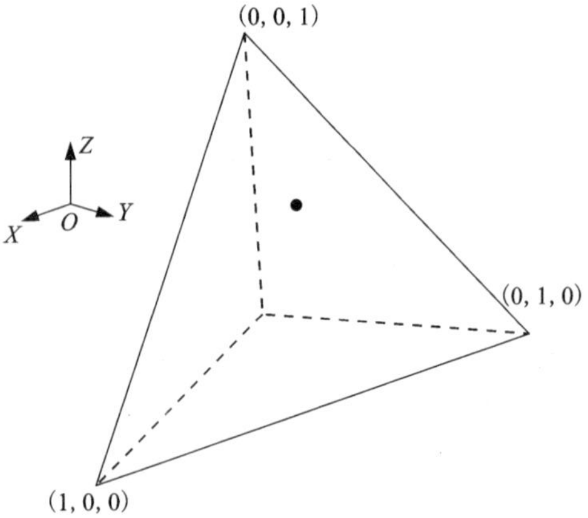

图 7 - 3　四面体单元

表7－1　χ_2 高斯数值积分与解析表达式对比

阶数	高斯数值积分	解析表达式
$N=5$	5.048587103129E－02 －i＊2.05981688157E－03	5. 294477572958E－02 －i＊2.05539460448E－03
$N=10$	5.277983276466E－02 －i＊2.05537892983E－03	
$N=50$	5.292200474061E－02 －i＊2.05539505921E－03	
$N=100$	5.294869283848E－02 －i＊2.05539457053E－03	
$N=200$	5.294316330768E－02 －i＊2.05539460650E－03	
$N=300$	5.294437086207E－02 －i＊2.05539460458E－03	
$N=400$	5.294487425947E－02 －i＊2.05539460439E－03	

7.3.2　算法正确性测试

1）有限元－积分方程耦合算法

首先，设计块状低阻异常体测试模型，如图7－4所示。电阻率为5 Ω·m的异常体被置于50 Ω·m的均匀半空间中，异常体尺寸为120 m×200 m×400 m，中心点坐标为(1000 m，0 m，300 m)，整个求解区域大小为500 m×400 m×600 m。沿着x方向布设有限长导线源，源长度为100 m，源中心坐标为(50 m，0 m，0 m)，发射电流1A，发射频率为3 Hz。沿着x方向布设一条测线，测线起点位置(400 m，0 m，0 m)，终点位置为(1400 m，0 m，0 m)。利用Si[186]公开的Tetgen程序实现求解区域的离散，将求解区域离散成1942个，3037个以及5846个四面体单元进行试算，其中内部单元的未知数以及最终合成矩阵所需要的时间如表7－2所示，采用MKL中的Pardiso直接求解器进行求解，并与公开结果进行对比，结果如图7－5所示。

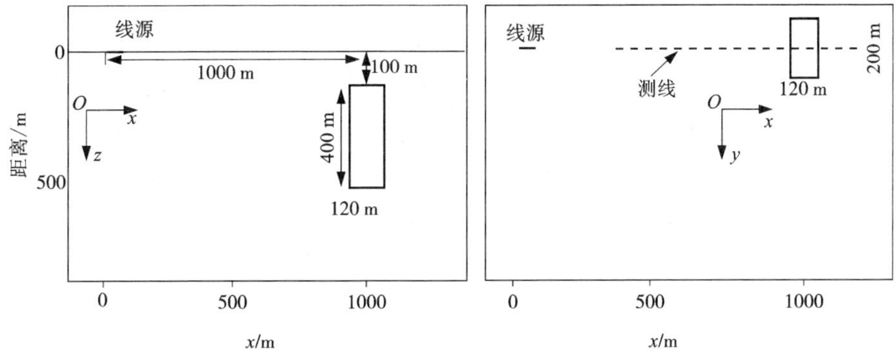

图7－4　块状低阻异常体模型

本书计算的电场 E_x 分量分别与采用四面体网格(1155 个单元) 的积分方程解[78]，采用六面体网格(512 个单元) 积分方程的解[185] 以及非结构化矢量有限元的解[136] 进行对比分析。从图7 –5 中可知，本书的计算结果与前人的结果吻合度高。同时，单元数为 1942 的电场 E_x 分量的实部和虚部的结果相对积分方程法的相对误差在3% 以下[图7 –5(c) 和图7 –5(d)]，从而验证了本书算法的正确性。然后，分析不同网格单元求解精度以及合成最后的系数矩阵$\boldsymbol{K}_{ii}+\boldsymbol{K}_{ii}G$ 的求解时间。从图6 –9 中可知，不同单元的解在异常体正上方存在细微差别，并随着网格密度的增加，计算精度得到改善。表6 –2 的结果表明，随着网格密度的增加，合成最终需要的系数矩阵$\boldsymbol{K}_{ii}+\boldsymbol{K}_{ii}G$ 所需要的时间逐渐变长，其主要原因在于精确的边界条件涉及格林函数积分，该部分消耗较多的时间，而线性矩阵的求解所消耗的时间较少。另外，与基于非结构化四面体网格开发的积分方程法相比，对于网格单元为1155 时，Tang 等(2018) 文献中的积分方法在4 个线程的 OpenMP 并行求解消耗的时间约 2143 s，而本书的算法求解时间在 1600 s 左右。最后，从图7 –5 中的结果还可以了解到在异常体上方电场的实部与虚部存在下凹的现象，说明异常体存在使得电流发生明显变化，使电流趋于低阻体方向流动，导致流经地表电流密度降低。

表7 –2　混合算法不同网格单元总矩阵$\boldsymbol{K}_{ii}+\boldsymbol{K}_{ii}G$ 合成时间及求解时间

四面体单元数	异常体单元数	内部边单元数	矩阵$\boldsymbol{K}_{ii}+\boldsymbol{K}_{ii}G$ 的时间 /s	方程组求解时间 /s	内存需求 /MB
1942	245	1988	211.187	0.204	50
3037	787	3295	660.854	1.1271	120
5846	1084	6355	1673.798	3.976	300

表7 –3 展示该模型(如图7 –4) 下不同网格尺寸下有限元数值解与混合算法的对比情况，以积分方程法的数值解作为参考值。在有限元求解电磁问题时，需要考虑截断边界的影响，常处理的技术即扩边处理，从表7 –3 中可知，随着尺度的大小增加，精度在不断提高，混合算法采用积分方程技术解决了有限元截断边界的影响，在小区域能够达到较好的求解精度，混合算法具有一定的优势。

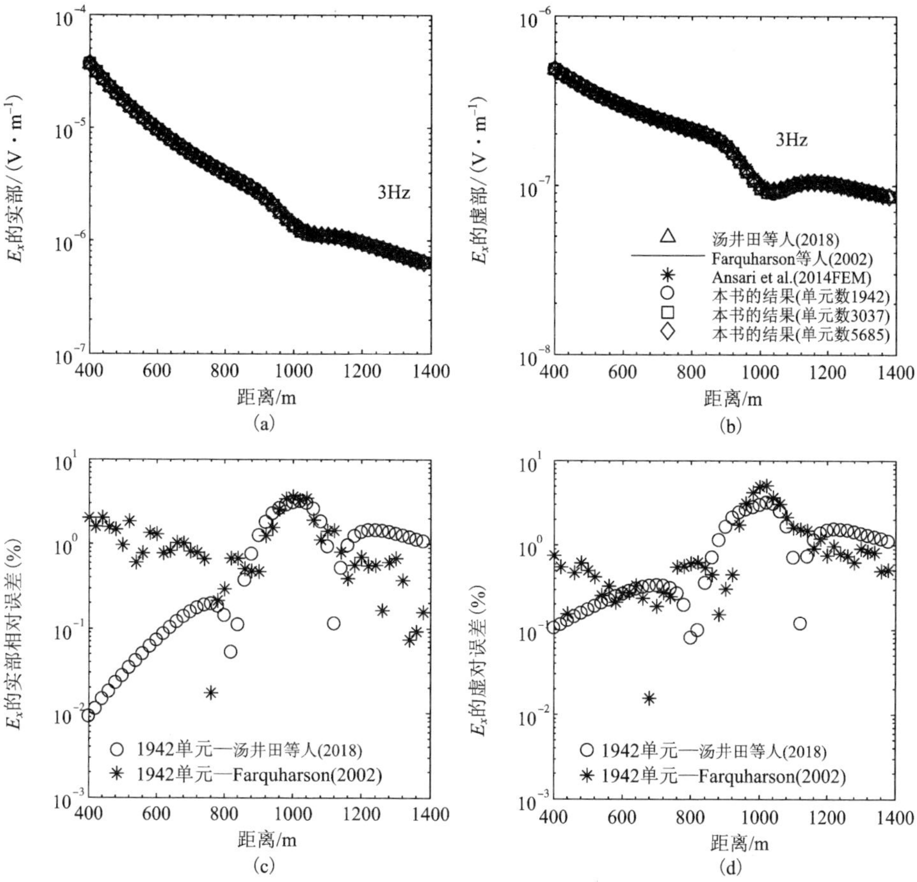

图7－5 均匀半空间下块状模型的电场 E_x 分量实部和虚部对比曲线

表7－3 混合算法与Laplace $A-\Phi$ 有限元方法对比

方法	求解区域尺度	单元数	E_x 振幅平均相对误差	方程组求解时/s	内存需求/MB
$A-\Phi$FEM	5 km × 5 km × 5 km	98105	7.38%	17.8145	300
	10 km × 10 km × 10 km	96996	4.91%	18.8071	400
	35 km × 35 km × 35 km	179914	1.18%	63.1046	1400
FEM－IEM	500 m × 400 m × 600 m	1942	2.14%	0.204	50

2）积分方程法算法

将本书的电场分量的二次场计算结果与采用六面体网格(512 单元）的积分方程结果(Farquharson 和 Oldenburg，2002）、非结构化有限元(713542 单元）的结果（Ansari 和 Farquharson，2014）和程序 DCIP3D（Li 和 Oldenburg，1999）的计算结果进行对比。图7－6分别表示为 E_x 分量的总场及二次场对比曲线。从图7－5中可以看出，本书的结果与前人的结果高度吻合，验证了本书算法的正确性。同样地，由图7－6二次电场结果可知，本书的结果与基于磁矢势的 Helmholtz 方程的有限元的结果具有高度吻合性，与 Farquharson 的积分方程结果存在一定误差，但误差相对较小，验证本书算法的正确性。

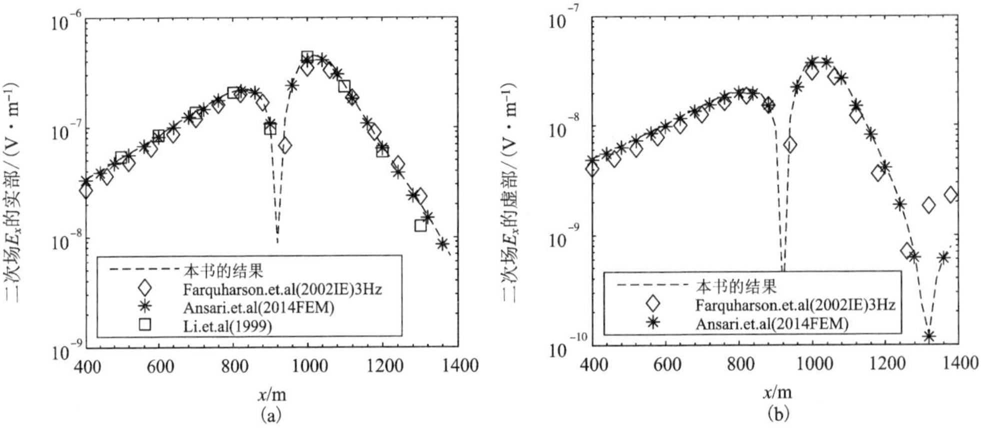

图7－6　块状低阻体置于均匀半空间下的 E_{sx} 二次场分量

（a）实部；（b）虚部

7.3.3　积分方程法模型测试

1）收敛性和对比度分析

设置球状异常体模型分析本书算法收敛性情况如图7－7所示。球体的半径为225 m，球体的中心位置为(0 m，0 m，450 m)。沿 x 方向放置长接地导线，导线长度为1 km，发射电流为1A，源的中心坐标为(0 m，6000 m，0 m)。以坐标原点为中心，沿着异常体主剖面 x 布设19个测点，测点 x 方向的坐标范围为(－1000 ~ 1000 m)，y 与 z 等于0 m。发射频率为16 Hz。球状异常体被置于均匀半空间中，电阻率为1 Ω·m，背景电阻率为100 Ω·m。图7－8展示了不同异常体单元剖分数视电阻率曲线变化图。从图7－8结果中可知，视电阻率曲线能够较明显体现低阻异常响应，同时随着网格数的增加，视电阻率值未发现明显的变化，说明了本书编制的3D CSEM程序收敛且正确。

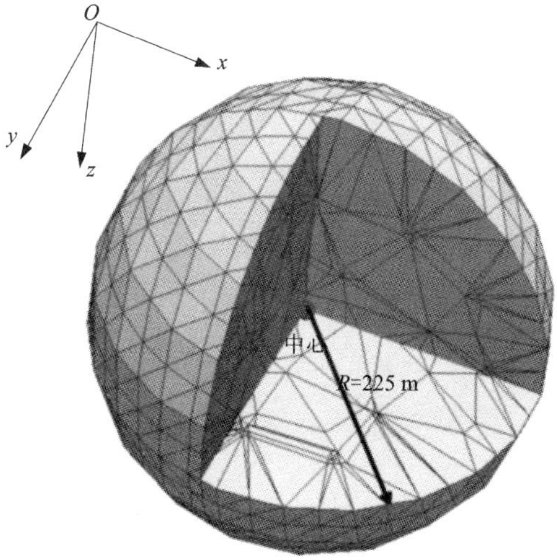

图7－7　球状模型示意图

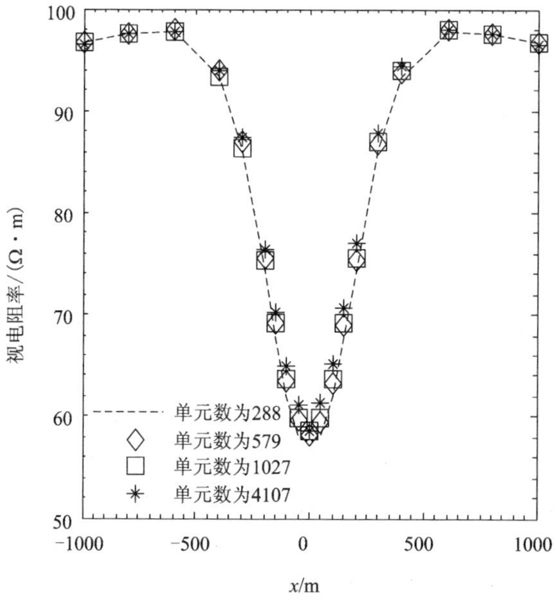

图7－8　球状异常体模型不同网格剖分收敛性分析

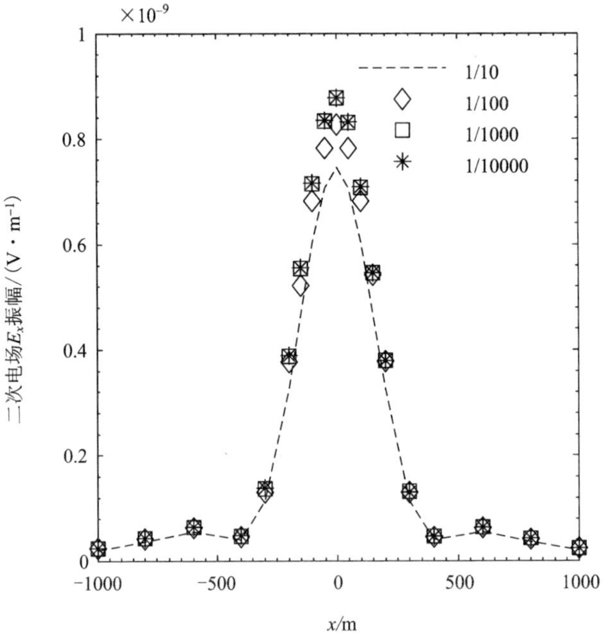

图 7 – 9　不同电导率对比二次电场振幅 E_{sx} 对比值

对比度测试。设置背景电导率与异常电导率的比值为 1/10、1/100、1/1000、1/10000，其二次电场振幅如图 7 – 9 所示。图 7 – 9 所示的结果为不同电导率对比度下二次电场振幅曲线。其结果表明，随着电导率对比度由 1/1000 增加到 1/10000 时，二次电场振幅几乎没有变化，在本书设计的地电模型中，电导率比值为 1/1000 与 1/10000 的情况时，两者的二次电场振幅响应基本无差异，从这一现象可知，当电导率对比度大于一定数值时，得到的响应信息无法反映真实的电导率产生的结果。总之，上述数值结果分析为后期设计电导率地电模型及网格单元的剖分提供一定依据。

2）倾斜板状的影响

设计倾斜板状异常体模型如图 7 – 10 所示，异常体被置于电阻率为 100 Ω · m 的均匀半空间中，异常体的电阻率分别为 1 Ω · m 和 3 Ω · m，异常区尺度为 400 m × 400 m × 800 m，x 方向的坐标范围为：顶部[– 200 ~ 200 m]，底部[– 400 ~ 0 m]；y 方向的坐标范围为：[– 200 ~ 200 m]；z 方向的坐标范围为：[100 ~ 900 m]。沿着 x 方向布设电偶源，偶极子源长度为 10 m，源的中心坐标为(0 m，1000 m，0 m)，发射电流 100A，激发频率分别为 1 Hz 和 32 Hz，沿着 y 方向布设 5 条测线(y = 100 m，0 m，– 100 m，– 200 m，– 300 m)，每条测线的长度为 2000 m，每条测线上有 29 个测点，如图 7 – 10 所示。从图 7 – 11 所示的结果可见，

电场分量 E_x 随着收发距增大而逐渐减小，这一现象也满足电磁场能量随距离增大而逐渐衰减的规律。地下不存在板状异常体（均匀半空间）时，电场 E_x 振幅关于 y 轴对称；当地下存在倾斜板状体时，电场 E_x 振幅不关于 y 轴对称，其明显受到倾斜高导板状异常体的影响。从不同高导异常体电场 E_x 振幅等值线图7－11(b)～图7－11(f)可知，电阻率为3 Ω·m电场 E_x 振幅等值线凹陷程度明显大于电导率为0.1S·m^{-1}。

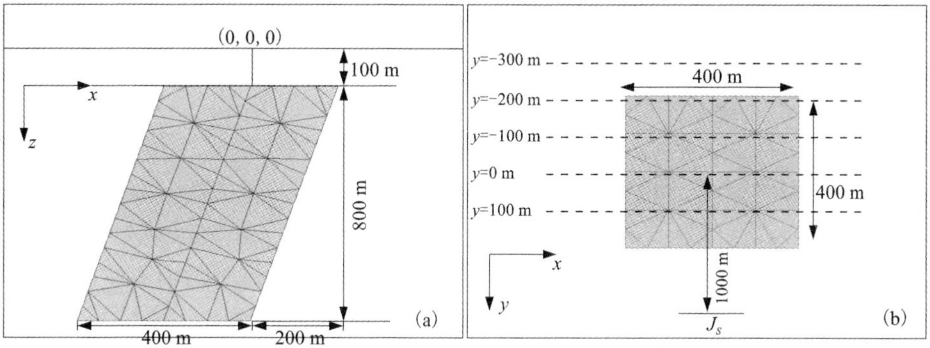

图7－10　倾斜板状低组异常体

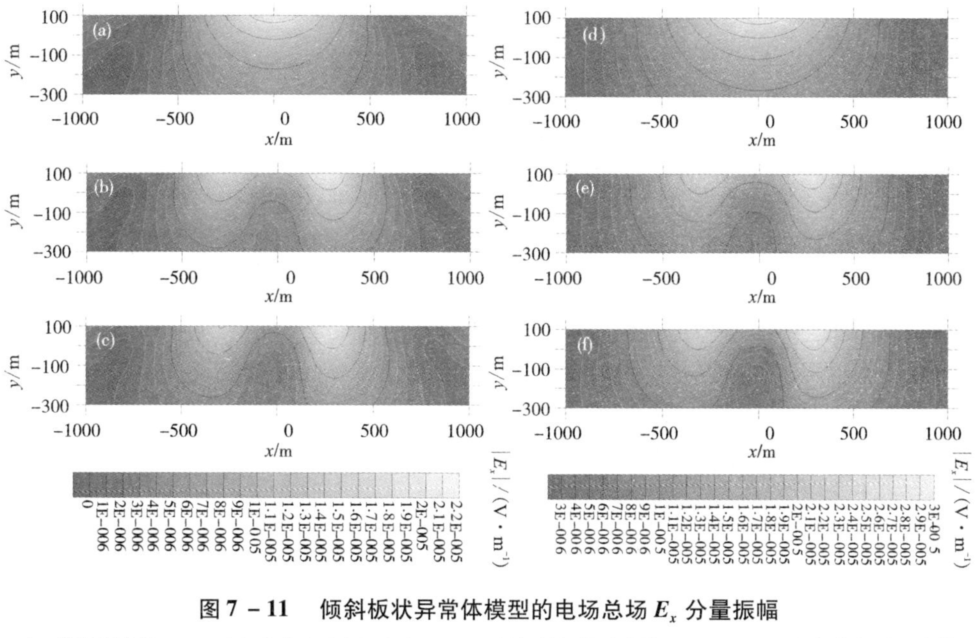

图7－11　倾斜板状异常体模型的电场总场 E_x 分量振幅

1)：激发频率为1 Hz，(a) 均匀半空间；(b) 1 Ω·m的倾斜板状异常体；(c) 3 Ω·m的倾斜板状异常体

2)：激发频率为32 Hz，(d) 均匀半空间；(e) 1 Ω·m的倾斜板状异常体；(f) 3 Ω·m的倾斜板状异常体

3）异常体组合模型

设计组合异常体模型如图7－12所示，异常体被置于电导率为100 Ω·m 的均匀半空间中，图7－12(a)中的从左到右的异常体的电导率分别为1000 Ω·m，10 Ω·m，500 Ω·m，异常区尺度为600 m×200 m×400 m，x方向的坐标范围为：[－300 m，300 m]；y方向的坐标范围为：[－100 m，100 m]；z方向的坐标范围为：[200 m，600 m]。在x轴线以及y轴线上分别布设有限长导线源，源长为1000 m，源的坐标分别为(5000 m，0 m，0 m)和(0 m，5000 m，0 m)，激发频率分别为1 Hz，2 Hz和4 Hz，激发电流1A，测量了主剖面y = 0 m，共计算了53测点。图7－13和图7－14分别表示源点坐标为(5000 m，0 m，0 m)激发时，电场E_x总场与二次场的实部与虚部曲线。由图7－13(a)、图7－13(b)可以看出，在异常体正上方曲线发生明显弯曲的变化，并在低阻异常体正上方曲线向下弯曲，体现了低阻异常体吸引电流的现象，而在高阻异常体的正上方曲线有明显向上凸的趋势，说明高阻异常体具有排斥电流的现象。同时随着测点距离源越远，电场幅值逐渐衰减。而从纯二次电场E_{sx}曲线(图7－14)中可知，在异常区上方出现明显的三个极值点，极值点的位置区域能够很好地对应各异常体区的正上方。从图7－14中可知，受场源的影响，在异常体电导率为500 Ω·m的正上方电场峰值明显要大于其他两个区域，这一现象与源点位于(0 m，5000 m，0 m)激发产生的二次电场E_{sx}的曲线存在明显不同。图7－15中可知，异常体区域同样出现明显的三个异常极值点，且可与异常体相对应，与图7－14不同之处为异常体的电导率在1000 Ω·m得到的幅值最大，然后依次减小。

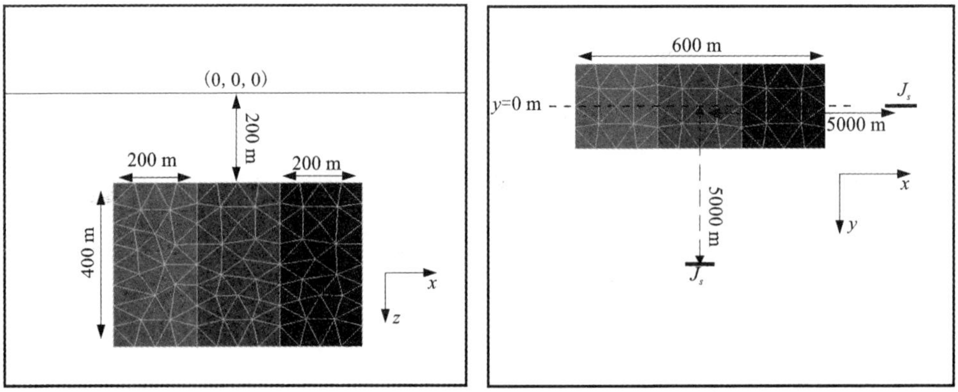

(a)　　　　　　　　　　　(b)

图7－12　组合模型示意图

(a)x－z平面断面；(b)x－y平面断面

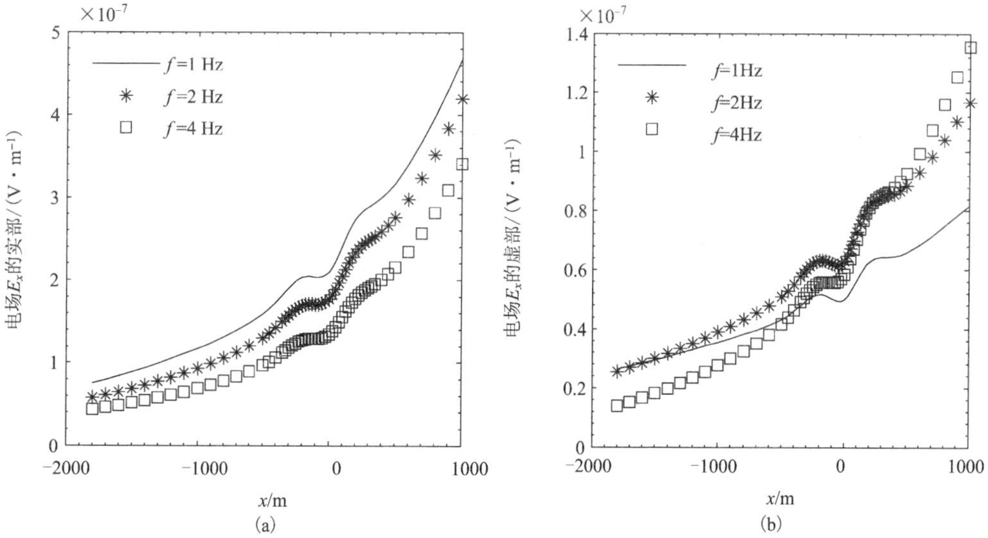

图 7-13　源 J_s 的坐标为(5000 m, 0 m, 0 m)激发时，组合异常体 E_x 总场分量

(a) 实部；(b) 虚部

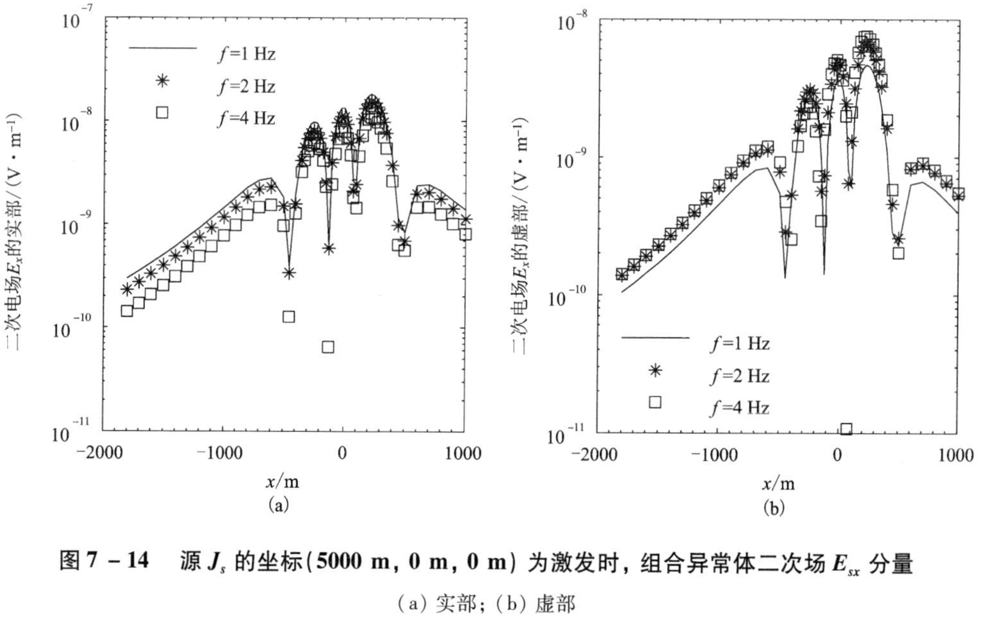

图 7-14　源 J_s 的坐标(5000 m, 0 m, 0 m)为激发时，组合异常体二次场 E_{sx} 分量

(a) 实部；(b) 虚部

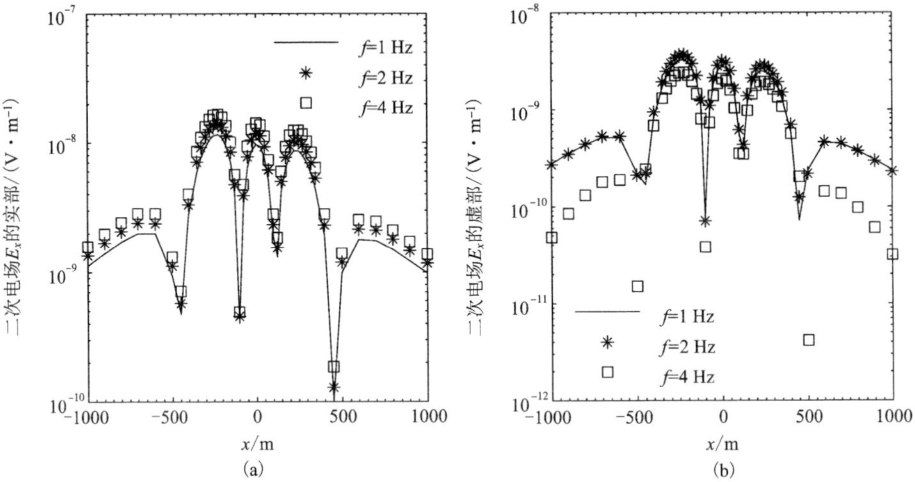

图7-15 源J_s的坐标(0 m, 5000 m, 0 m)为激发时，组合异常体二次场E_{sx}分量

(a) 实部；(b) 虚部

7.3.4 有限元-积分方程耦合算法模型测试

1) 海洋油藏模型

设计圆盘模型如图7-16所示，海洋层状介质模型下存在一个高阻的圆盘油藏模型，海水层的厚度为1000 m，海水的电阻率为0.3 Ω·m，基底的电阻率为1 Ω·m，圆盘的中心坐标为(3000 m, 0 m, 2000 m)，圆盘的半径为2 km，厚度为100 m，上底距离海底埋深为950 m，下底距离海底埋深1050 m，在距离圆盘中心3 km处放置一个沿x水平方向电偶源，电偶源的坐标为(0 m, 0 m, 900 m)，发射频率为1 Hz，发射电流为1A，偶极源的长度为1 m，圆盘油藏模型的电阻率为100 Ω·m。计算的区域大小为6 km×6 km×4 km，图7-16(b)为三维模型网格示意图。沿x方向布置于海底观测点，观测点的范围为-2～8 km，根据模型的对称性，因为E_y，H_x，H_z等于零，故只测量了E_x，E_z以及H_y分量。

图7-17分别展示了圆盘模型E_x，E_z，H_y各分量的数值解，黑色实线为层状介质的背景场，圆圈为本书的计算结果，并与Ye等[137]的有限元解进行对比分析，对比结果表明本书算法的结果与其结果一致性很好，进一步验证了本书算法的正确性。同时，从图7-17中可知，异常体正上方各分量均能够产生明显的异常响应。当收发距小于2 km时，背景场与总场基本重合，表明圆盘模型产生的二次场极小，可忽略不计，从而导致类似圆盘的高阻油藏模型与不含油藏模型很难实现区分；当收发距超过7 km时，同样的现象发生在E_x和H_y分量。另外，本书开发的有限元-积分方程耦合的算法求解区域大小明显要小于有限元的求解区域

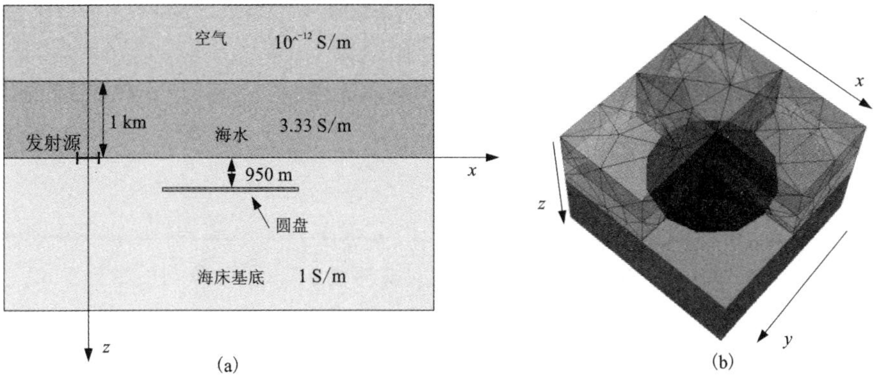

图 7 － 16　圆盘模型

(a) 模型剖面；(b) 实际网格剖分三维示意图

(Ye 等求解区域为66 km ×66 km ×66 km)。同时并矢格林函数的后处理技术较好地避免了单元梯度计算带来的精度误差降低的风险，在一定程度上改善了后处理技术求解精度。

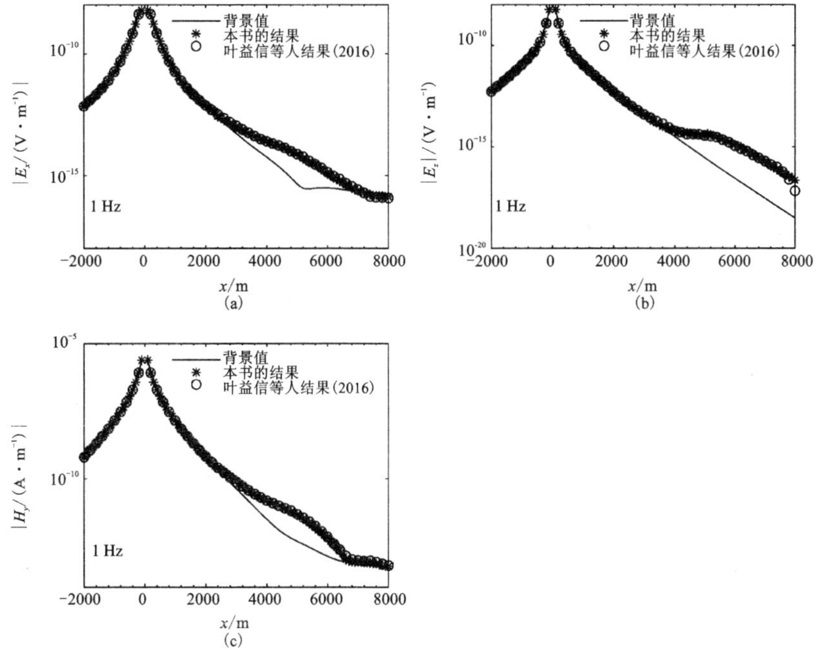

图 7 － 17　圆盘模型总场分量(E_x，E_z，H_y) 耦合算法的解

黑色实线为背景场，“ * ” 为本书的计算结果，圆圈为参考的结果

2）海洋地形影响

设计油藏模型如图 7 – 18 所示。在不考虑梯形山的情况下：海洋层状介质模型下存在一个高阻的圆盘油藏模型，海水层的厚度为 1000 m，海水的电阻率为 0.3 Ω · m，基底的电阻率为 1 Ω · m，圆盘的中心坐标为(3000 m，0 m，2000 m)，圆盘的半径为 2 km，厚度为 100 m，上底距离海底埋深为 950 m，下底距离海底埋深 1050 m，在距离圆盘中心 3 km 处置于一个沿 x 水平方向电偶源，电偶源的坐标为(0 m，0 m，900 m)，发射频率为 1 Hz，发射电流为 1A，偶极源的长度为 1 m，圆盘的中心坐标为(3000 m，0 m，2000 m)，圆盘的半径为 2 km，厚度为 500 m，上底距离海底埋深为 950 m，圆盘油藏模型的电阻率为 100 Ω · m；对于梯形山模型，该梯形山模型被加载在油藏模型的正上方，梯形山下底的范围为：z = 1000 m，$x \in$ [1000 m，5000 m]，$y \in$ [– 2000 m，2000 m]；梯形山上顶面的范围为：z = 500 m，$x \in$ [1500 m，4500 m]，$y \in$ [– 1500 m，1500 m]，在距离圆盘中心 3 km 处置于一个沿 x 水平方向电偶源，电偶源的坐标为(0 m，0 m，900 m)，发射频率分别为 0.1 Hz 和 1 Hz，发射电流为 1 A，偶极源的长度为 1 m，测线被置于 z = 400 m 处，并沿 x 方向布置观测点，观测点的范围为 – 2000 ~ 8000 m，y = 0 m。图 7 – 18(b) 展示了实际求解区域大小的三维立体图，求解区域的大小为 5 km × 5 km × 3 km，分别分析了无梯形山地形的油藏模型、纯梯形山模型以及含梯形山的油藏模型的 E_x 电磁响应。

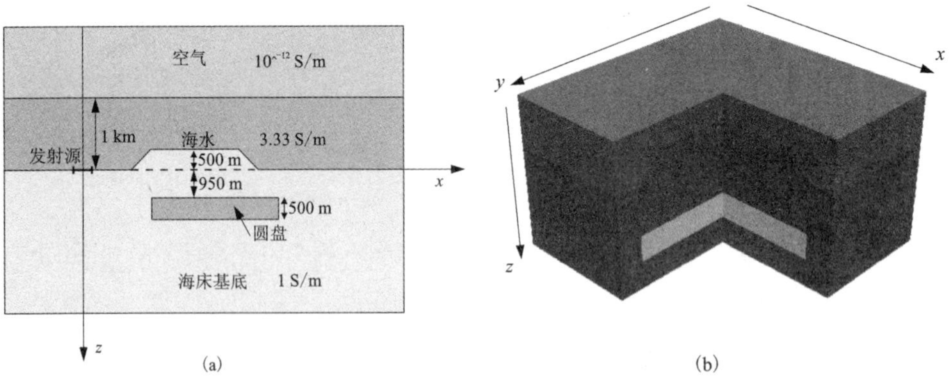

图 7 – 18　带梯形山的油藏模型

(a) 模型剖面；(b) 实际剖分区域三维立体图

从图 7 – 19 分别展示了 1 Hz，0.1 Hz 的平地形油藏模型、纯梯形山模型以及含梯形山的油藏模型的场分量响应曲线，从图中可知，不同模型下响应曲线相对背景值都存在明显变化。在无地形情况下，观测得到的 E_x 总场是由背景场和油藏

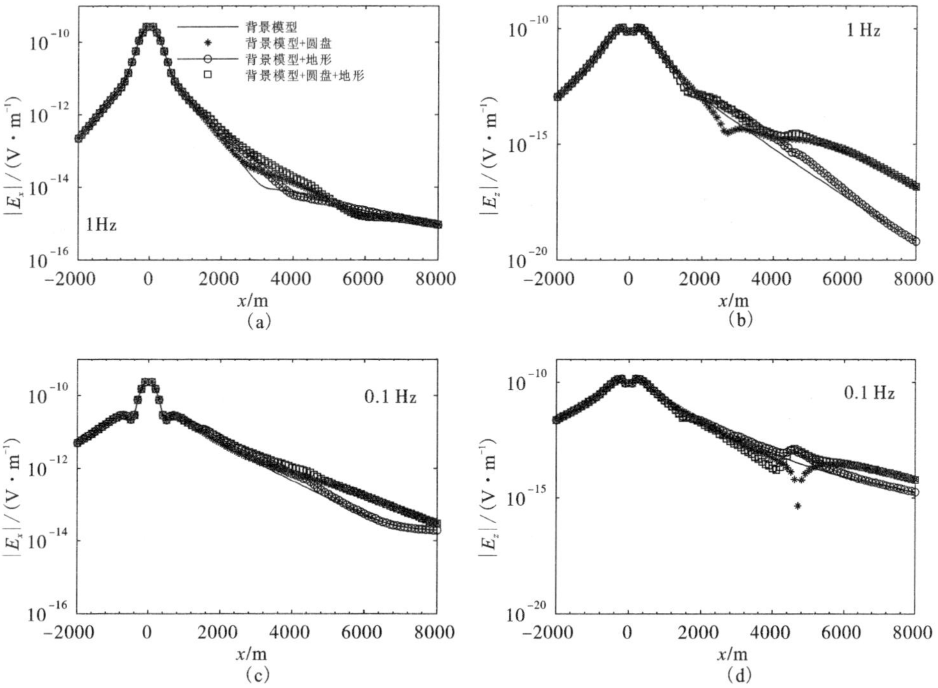

图 7 - 19　不同模型总场与背景场电场分量对比图

(a)1.0 Hz E_x 分量；(b)1 Hz E_z 分量；(c) 0.1 Hz E_x 分量；(d)0.1 Hz E_z 分量

模型的散射场叠加而来，很明显在异常体正上方存在明显的异常响应，当收发距小于 2 km，二次场散射场要远远小于背景场值，以至于总场值与背景场值基本重合。对于纯地形，电场各分量存在明显畸变现象，在地形起伏阶段，电场幅值明显强于背景场。对于含地形的油藏模型的响应曲线可以知道，电场 E_x 分量受地形和油藏模型的综合作用，曲线形态同样受到明显畸变影响。另外，不同激发频率下，地形的影响程度也存在明显的差异，说明了地形对不同频率的响应程度不同。总之，海底地形会对海底观测到的电场各分量产生较大的影响，因此，对于进行海洋可控源电磁法勘探和资料解释时，有必要考虑地形这一关键因素。

7.4　小结

本章实现了基于非结构化四面体网格的矢量有限元 - 积分方程法耦合的 3D CSEM 正演模拟。通过算例测试结果表明，有限元 - 积分耦合算法相比于体积分方程法求解三维电磁正演问题上，正演效率能够得到了明显提高。具体结论如下：

（1）本书给出的任意多面体的张量格林函数奇异性去除的解析表达式与高阶（400 阶）高斯积分结果具有高度吻合性，误差精度达到万分之一数量级，高斯数值积分随着积分阶数的增加求解效率将大大降低，而本书的解析解表达式不存在此类问题。同时，相比于规则六面体网格奇异性处理技术（扣点法）传统积分方程法，本书的方法更具有一般性且求解精度较高。

（2）书中采用了非结构化四面体的网格剖分技术离散复杂异常体，弥补了传统规则网格不能准确模拟复杂异常体的不足，提高计算精度。

（3）块状异常体模型测试结果展示了本书研发的矢量有限元－积分方程法耦合算法在很小的求解区域下得到较高求解精度，相对误差在 3% 以内。同时，耦合算法相对体积分方程法提高正演求解效率，只有当地下异常体单元过密，才会面临求解效率降低的问题，但积分方程法具有半解析解的精度，异常体位置不需要像其他微分方法一样需要足够网格密度才能保证正演求解精度。基于并矢格林函数的后处理技术，一定程度上避免了非结构化网格求解梯度带来精度下降风险，提高场分量求解的精度。

（4）海洋油藏模型测试结果表明，在进行海洋可控源电磁法勘探时，海底地形会对观测数据产生严重畸变影响，因此在进行海洋电磁法勘探与资料解释非常有必要考虑海底地形的影响。

参考文献

[1]汤井田，任政勇，周聪，等. 浅部频率域电磁勘探方法综述[J]. 地球物理学报，2015，58(8)：2681 -2705.

[2]董树文，李廷栋，陈宣华，等. 深部探测揭示中国地壳结构、深部过程与成矿作用背景[J]. 地学前缘，2014，21(3)：201 -225.

[3]吕庆田，董树文，汤井田，等 多尺度综合地球物理探测：揭示成矿系统、助力深部找矿——长江中下游深部探测进展[J]. 地球物理学报，2015，58(12)：4319 -4343.

[4]底青云，王若. 可控源音频大地电磁数据正反演及方法应用[M]. 北京：科学出版社，2008.

[5]何继善. 广域电磁法和伪随机信号电法[M]. 北京：高等教育出版社，2010

[6]汤井田，何继善. 可控源音频大地电磁法及其应用[M]. 长沙：中南大学出版社，2005.

[7]何继善. 可控源音频大地电磁法[M]. 长沙：中南工业大学出版社，1990.

[8]Grant F S. Interpretation theory in applied geophysics[J]. Geophysical Journal of the Royal Astronomical Society，2010，11(5)：566 -566.

[9]Lajoie J J，West G E. The electromagnetic response of a condcutive inhomogenity in a layer earth [J]. Geophysics，1976，41(9)：1133 -1156.

[10]Meju M A，Fontes S L，Ulugergerli E U，et al. A joint TEM - HLEM geophysical approach to borehole sitting in deeply weathered granitic terrains[J]. Groundwater，2010，39(4)：554 -567.

[11]Everett M E，Meju M A. Near - Surface Controlled - Source Electromagnetic Induction [J]. Water Science & Technology Library，2005，50：157 -183.

[12]Oldenburg D W. Applications of geophysical inversions in mineral exploration [J]. Seg Technical Program Expanded Abstracts，1998，15(1)：461 -465.

[13]Dalan R A. Defining Archaeological Features with Electromagnetic Surveys at the Cahokia Mounds State Historic Site [J]. Geophysics，1991，56(8)：1280 -1287.

[14]Bevan B W. Electromagnetics for Mapping Buried Earth Features [J]. Journal of Field Archaeology，1983，10(1)：47 -54.

[15]Finn C A，Deszcz - Pan M，Anderson E D，et al. Three - dimensional geophysical mapping of rock alteration and water content at Mount Adams，Washington：Implications for lahar hazards [J]. Journal of Glaciology Research：Solid Earth，2007，112(B10)：1 -21.

[16]Kerry K，Matthew R，Siegfried. The feasibility of imaging subglacial hydrology beneath ice streams with ground - based electromagnetics[J]. Journal of Glaciology，2017，63(241)：755

-771.

[17] Key K. Marine Electromagnetic Studies of Seafloor Resources and Tectonics[J]. Surveys in Geophysics, 2011, 33(1): 135-167.

[18] 刘长胜. 海底可控源电磁探测数值模拟与实验研究[D]. 吉林: 吉林大学, 2009.

[19] 赵宁. 三维海洋可控源电磁法矢量有限元与耦合势有限体积数值模拟[D]. 成都: 成都理工大学, 2014.

[20] 李刚. 海洋可控源电磁与地震资料构造联合反演方法研究[D]. 青岛: 中国海洋大学, 2015.

[21] 杜润林. 海洋可控源电磁场和地震波场联合反演方法研究[D]. 青岛: 中国石油大学(华东), 2015.

[22] Yoon D, Zhdanov M S, Mattsson J, et al. A hybrid finite-difference and integral-equation method for modeling and inversion of marine controlled-source electromagnetic data. [J]. Geophysics, 2016, 81(5): E323-E336.

[23] Yang D, Oldenburg D W. Survey decomposition: A scalable framework for 3D controlled-source electromagnetic inversion[J]. Geophysics, 2016, 81(2): E69-E87.

[24] MacGregor L, Tomlinson J. Marine controlled-source electromagnetic methods in the hydrocarbon industry: A tutorial on method and practice[J]. Interpretation, 2014, 2(3): SH13-SH32.

[25] Ray A, Alumbaugh D L, Hoversten G M, et al. Robust and accelerated Bayesian inversion of marine controlled-source electromagnetic data using parallel tempering[J]. Geophysics, 2013, 78(6): E271-E280.

[26] Everett M E.海底电性源频率域 CSAMT 勘探建模及水深影响分析[J]. 地球物理学报, 2010, 53(8): 1940-1952.

[27] Constable S. Ten years of marine CSAMT for hydrocarbon exploration[J]. Geophysics, 2010, 75(5): 75A67-75A81.

[28] 沈金松, 陈小宏. 海洋油气勘探中可控源电磁探测法(CSAMT)的发展与启示[J]. 石油地球物理勘探, 2009, 44(1): 119-127.

[29] 何展翔, 王志刚, 孟翠贤, 等. 基于三维模拟的海洋 CSAMT 资料处理[J]. 地球物理学报, 2009, 52(8): 2165-2173.

[30] 付长民, 底青云, 王妙月. 海洋可控源电磁法三维数值模拟[J]. 石油地球物理勘探, 2009, 44(3): 358-363.

[31] Kong F N, Johnstad S E, Røsten T, et al. A 2.5D finite-element-modeling difference method for marine CSAMT modeling in stratified anisotropic media[J]. Geophysics, 2008, 73(1): F9-F19.

[32] Tompkins M J, Srnka L J. Marine controlled-source electromagnetic methods — Introduction[J]. Geophysics, 2007, 72(2): WA1-WA2.

[33] Li Y, Key K. 2D marine controlled-source electromagnetic modeling: Part 1 — An adaptive

finite – element algorithm[J]. Geophysics, 2007, 72(2): WA51 – WA62.

[34]Li Y, Constable S. 2D marine controlled – source electromagnetic modeling: Part 2 — The effect of bathymetry [J]. Geophysics, 2007, 72(2): WA63 – WA71.

[35]Gribenko A, Zhdanov M. Rigorous 3D inversion of marine CSAMT data based on the integral equation method[J]. Geophysics, 2007, 72(2): WA73 – WA84.

[36]Constable S, Srnka L J. An introduction to marine controlled – source electromagnetic methods for hydrocarbon exploration[J]. Geophysics, 2007, 72(2): WA3 – WA12.

[37]Puzyrev V, Koldan J, Del P J, et al. A parallel finite – element method for three – dimensional controlled – source electromagnetic forward modelling[J]. Geophysical Journal International, 2013, 193(2): 678 – 693.

[38] Avdeev D B. Three – dimensional electromagnetic modelling and inversion from theory to application [J]. Surveys in Geophysics, 2005, 26(6): 767 – 799.

[39] Avdeeva A. Three – dimensional magnetotelluric inversion [D]. the National University of Ireland 2008.

[40]Bakker J G. Novel multi – response 3 – D MT inverse solution: concept and development[D]. ETH Zurich. 2015.

[41]陈小斌, 胡文宝. 有限元直接迭代算法及其在线源频率域电磁响应计算中的应用[J]. 地球物理学报, 2002, 45(1): 119 – 130.

[42]张博. 基于非结构有限元的频率/时间域航空电磁系统仿真研究[D]. 长春: 吉林大学, 2017.

[43]陈辉. 地面频率域电磁法三维有限体积正演与截断牛顿法反演[D]. 长春: 吉林大学, 2017.

[44]秦策. 基于自适应矢量有限元法的三维大地电磁法正反演研究[D]. 成都: 成都理工大学, 2018.

[45]任秀艳. 基于有限体积法时间域航空电磁三维正反演研究[D]. 长春: 吉林大学, 2018.

[46]Dmitriev V, Pozdnyakova E. A method and an algorithm for computing the electromagnetic field in a stratified medium with a local nonhomogeneity in an arbitrary layer [J]. Computational Mathematics and Modeling, 1992, 3(2): 181 – 188.

[47]Raiche A. An integral equation approach to three – dimensional modelling [J] . Geophysical Journal International, 1974, 36(2): 363 – 376.

[48]Raiche A, Coggon J. Analytic Green's tensors for integral equation modelling [J]. Geophysical Journal of the Royal Astronomical Society, 1975, 42(3): 1035 – 1038.

[49]Hohmann G W. Three – dimensional induced polarization and electromagnetic modeling [J]. Geophysics, 1975, 40(2): 309 – 324.

[50]Ting S C, Hohmann G W. Integral equation modeling of three – dimensional magnetotelluric response [J]. Geophysics, 1981, 46(2): 182 – 197.

[51]Weiss C J, Newman G A. Electromagnetic induction in a fully 3 – D anisotropic earth [J].

Geophysics, 2000, 67(4): 1104 - 1114.

[52]Xiong Z. Symmetry properties of the scattering matrix in 3 - D electromagnetic modeling using the integral equation method [J]. Geophysics, 1992, 57(9): 1199 - 1202.

[53]Xiong Z. Electromagnetic modeling of 3 - D structures by the method of system iteration using integral equations [J]. Geophysics, 1992, 57(12): 1556 - 1561.

[54]Habashy T M, Groom R W, Spies B R. Beyond the Born and Rytov approximations: A nonlinear approach to electromagnetic scattering [J]. Journal of Geophysical Research: Solid Earth, 1993, 98(B2): 1759 - 1775.

[55] Singer B S, Fainberg E. Generalization of the iterative dissipative method for modeling electromagnetic fields in nonuniform media with displacement currents [J]. Journal of Applied Geophysics, 1995, 34(1): 41 - 46.

[56]Abubakar A, Habashy T M. A green function formulation of the extended born approximation for three - dimensional electromagnetic modelling [J]. Wave motion, 2005, 41(3): 211 - 227.

[57]Gao G, Torres - Verdin C, Habashy T M. Analytical techniques to evaluate the integrals of 3D and 2D spatial dyadic Green's functions [J]. Progress In Electromagnetics Research, 2005, 52: 47 - 80.

[58] Song L P, Şimşek E, Liu Q H. A fast 2D volume integral - equation solver for scattering from inhomogeneous objects in layered media [J]. Microwave and Optical Technology Letters, 2005, 47(2): 128 - 134.

[59]Zhdanov M S, Fang S. Quasi - linear approximation in 3 - D electromagnetic modeling [J] Geophysics, 1996, 61(3): 646 - 665.

[60] Zhdanov M, Fang S. Quasi - linear series in 3 - D electromagnetic modeling [J]. Radio Science, 1997, 32(6): 2167 - 2188.

[61] Zhdanov M S, Dmitriev V I, Fang S, et al. Quasi - analytical approximations and series in electromagnetic modeling [J]. Geophysics, 2000, 65(6): 1746 - 1757.

[62] Hursan G, Zhdanov M S. Contraction integral equation method in three - dimensional electromagnetic modeling [J]. Radio Science, 2002, 37(6): 1 - 13.

[63]Mehanee S, Zhdanov M. A quasi - analytical boundary condition for three - dimensional finite difference electromagnetic modeling[J]. Radio Science, 2004, 39(6), RS6014, doi: IO.1029/2004RS003029.

[64] Zhdanov M S, Lee S K, Yoshioka K. Integral equation method for 3D modeling of electromagnetic fields in complex structures with inhomogeneous background conductivity [J]. Geophysics, 2006, 71(6): G333 - G345.

[65]陈久平，陈乐寿，王光锷. 层状介质中三维大地电磁模拟[J]. 地球物理学，1990，33(4): 480 - 488.

[66]鲍光淑，张宪润，张碧星. 三维电磁响应积分方程法数值模拟[J]. 中南大学学报(自然科学版)，1999，(5): 472 - 474.

[67]张辉，李桐林，董瑞霞，等. 利用高斯求积和连分式展开计算电磁张量格林函数积分[J]. 地球物理学进展，2005，20(3)：667－670.

[68]张辉，李桐林，董瑞霞. 体积分方程法模拟电偶源三维电磁响应[J]. 地球物理学进展，2006，21(2)：386－390.

[69]徐凯军，李桐林，张辉，等. 利用积分方程法的大地电磁三维正演[J]. 地震工程学报，2006，28(2)：104－107.

[70]汤井田，任政勇，化希瑞. 地球物理学中的电磁场正演与反演[J]. 地球物理学进展，2007，22(4)：1181－1194.

[71]陈桂波，汪宏年，姚敬金，等. 用积分方程法模拟各向异性地层中三维电性异常体的电磁响应[J]. 地球物理学报，2009，52(8)：2174－2181.

[72]陈桂波，汪宏年，姚敬金，等. 各向异性海底地层海洋可控源电磁响应三维积分方程法数值模拟[J]. 物理学报，2009，58(6)：3848－3857.

[73]陈桂波，汪宏年，姚敬金，等. 利用积分方程法的各向异性地层频率测深三维模拟[J]. 计算物理，2010，27(2)：274－280.

[74]李帝铨，底青云，王妙月. 电离层－空气层－地球介质耦合下大尺度大功率可控源电磁波响应特征研究[J]. 地球物理学报，2010，53(2)：411－420.

[75]李帝铨，谢维，程党性. E－E_x 广域电磁法三维数值模拟[J]. 中国有色金属学报，2013，(9)：2459－2470.

[76]霍振华，戴世坤，蒋奇云. 地球物理学中的电磁场积分方程正演[J]. 地球物理学进展，2014，(2)：742－747.

[77]任政勇，陈超健，汤井田，等. 一种新的三维大地电磁积分方程正演方法 [J]. 地球物理学报，2017，60(11)：4506－4515.

[78]汤井田，周峰，任政勇，等. 复杂地下异常体的可控源电磁法积分方程正演 [J] 地球物理学报，2018，61(4)：1549－1562.

[79] Yee. Numerical solution of initial boundary value problems involving maxwell′s equations in isotropic media [J]. IEEE Transactions on Antennas and Propagation, 1966, 14(3): 302－307.

[80] Mackie R L. Three－dimensional magnetotelluric modeling using difference equations—Theory and comparisons to integral equation solutions[J]. Geophysics, 1993, 58(2): 215－226.

[81] Mackie R L, Madden T R. Conjugate direction relaxation solutions for 3－D magnetotelluric modeling [J]. Geophysics, 1993, 58(7): 1052－1057.

[82] Mackie R L, Torquil S J, Madden T R. Three－dimensional electromagnetic modeling using finite difference equations: The magnetotelluric example [J]. Radio Science, 1994, 29(4): 923－935.

[83] Smith J T. Conservative Modeling of 3－D Electromagnetic fields: II. Biconjugate gradient solution and an accelerator[J]. Geophysics, 1996, 61(5): 1319－1324.

[84] Farquharson C G, Miensopust M P. Three－dimensional finite－element modelling of magnetotelluric data with a divergence correction[J]. Journal of Applied Geophysics, 2011, 75

(4): 699 - 710.

[85] Newman G A, Alumbaugh D L. Frequency - domain modelling of airborne electromagnetic responses using staggered finite differences[J]. Geophysical Prospecting, 2010, 43(8): 1021 - 1042.

[86] Hou J, Mallan R K, Torresverdín C. Finite - difference simulation of borehole EM measurements in 3D anisotropic media using coupled scalar - vector potentials [J] Geophysics, 2006, 71(5): G225.

[87] Weiss, C. J. Project APhiD: A Lorenz - gauged $A - \Phi$ decomposition for parallelized computation of ultra - broadband electromagnetic induction in a fully heterogeneous Earth [J]. Computers & Geosciences, 2013, 58: 40 - 52.

[88] 沈金松. 用交错网格有限差分法计算三维频率域电磁响应[J]. 地球物理学报, 2003, 46(2): 280 - 288.

[89] 谭捍东, 余钦范, J. Booker, 等. 大地电磁法三维交错采样有限差分数值模拟[J]. 地球物理学报, 2003, 46(05): 130 - 136.

[90] 邓居智, 谭捍东, 陈辉, 等. CSAMT 三维交错采样有限差分数值模拟[J]. 地球物理学进展, 2011, 26(6): 2026 - 2032.

[91] 陈辉, 殷长春, 邓居智. 基于 Lorenz 规范条件下磁矢势和标势耦合方程的频率域电磁法三维正演 [J] 地球物理学报, 2016, 59(8): 3087 - 3097.

[92] 张烨, 汪宏年, 陶宏根, 等. 基于耦合标势与矢势的有限体积法模拟非均匀各向异性地层中多分量感应测井三维响应[J]. 地球物理学报, 2012, 55(6): 2141 - 2152.

[93] 李焱, 胡祥云, 杨文采, 等. 大地电磁三维交错网格有限差分数值模拟的并行计算研究 [J]. 地球物理学报, 2012, 55(12): 4036 - 4043.

[94] 杨波, 徐义贤, 何展翔, 等. 考虑海底地形的三维频率域可控源电磁响应有限体积法模拟 [J]. 地球物理学报, 2012, 55(4): 1390 - 1399.

[95] 孙怀凤, 李貅, 李术才, 等. 考虑关断时间的回线源激发 TEM 三维时域有限差分正演 [J]. 地球物理学报, 2013, 56(3): 1049 - 1064.

[96] 彭荣华, 胡祥云, 韩波, 等. 基于拟态有限体积法的频率域可控源三维正演计算[J]. 地球物理学报, 2016, 59(10): 3927 - 3939.

[97] 彭荣华, 胡祥云, 李建慧, 等. 基于二次耦合势的广域电磁法有限体积三维正演计算[J]. 地球物理学报, 2018, 61(10): 4160 - 4170.

[98] Du H K, Ren Z Y, Tang J T. A finite - volume approach for 2D magnetotellurics modeling with arbitrary topographies [J]. Studia Geophysica et Geodaetica, 2016, 60(2): 332 - 347.

[99] 周建美, 李貅, 戚志鹏. 耦合势有限体积法模拟海洋移动导线源三维频率域电磁响应[J]. 石油地球物理勘探, 2018, 53(03): 587 - 596.

[100] 周建美, 张烨, 汪宏年, 等. 耦合势有限体积法高效模拟各向异性地层中海洋可控源的三维电磁响应 [J]. 物理学报, 2014, 63(15): 440 - 449.

[101] 张双狮. 海洋可控源电磁法三维时域有限差分数值模拟[D]. 成都: 成都理工大学, 2013.

[102]董浩，魏文博，叶高峰，等. 基于有限差分正演的带地形三维大地电磁反演方法[J]. 地球物理学报，2014，57(03)：535－541.

[103] Yoshimura R, Oshiman N. Edge－based finite element approach to the simulation of geoelectromagnetic induction in a 3－D sphere [J]. Geophysical Research Letters, 2002, 29 (3)：9－1 － 9－4.

[104]Jin J. The Finite Element Method in Electromagnetics [M]：Wiley, 2002.

[105]李勇. 电导率各向异性频率域可控源电磁法有限元数值模拟[D]. 合肥：中国科学技术大学，2017.

[106]贲放. 海洋可控源电磁法三维正反演理论与各向异性影响机制研究[D]. 长春：吉林大学，2016.

[107] Nédélec J C. A new family of mixed finite elements in $\mathbb{R}^3$[J]. Numerische Mathematik, 1986, 50(1)：57－81.

[108] Coggon J H. ELECTROMAGNETIC AND ELECTRICAL MODELING BY THE FINITE ELEMENT METHOD [J]. GEOPHYSICS, 1971, 36(1)：132－155.

[109] Reddy I K, R J Phillips, J H Whitcomb, et al. Electrical structure in a region of the Transverse Ranges, southern California [J]. Earth & Planetary Science Letters, 1977, 34(2)：313－320.

[110]Pridmore D F, Hohmann G W, Ward S H, et al. An investigation of finite - element modeling for electrical and electromagnetic data in three dimensions [J]. Geophysics, 1981, 46(7)：1009－1024.

[111]Mitsuhata Y. 2－D electromagnetic modeling by finite－element method with a dipole source and topography [J] . Geophysics, 2000, 65(2)：465－475.

[112]闫述，陈明生. 电偶源频率电磁测深三维地电模型有限元正演 [J]. 煤田地质与勘探，2000，28(3)：50－56.

[113]闫述. 基于三维有限元数值模拟的电和电磁探测研究[D]. 西安：西安交通大学，2003.

[114]黄临平，戴世坤. 复杂条件下 3D 电磁场有限元计算方法[J]. 地球科学，2002，27(6)：775－779.

[115]Ansari S. Three dimensional finite－element numerical modeling of geophysical electromagnetic problems using tetrahedral unstructured grids[D]. Memorial University of Newfoundland, 2014.

[116] Nam M J, Kim H J, Song Y, et al. Three－dimensional topography corrections of magnetotelluric data [J]. Geophysical Journal International, 2007, 174(2)：464－474.

[117]张继锋，汤井田，喻言，等. 基于电场矢量波动方程的三维可控源电磁法有限单元法数值模拟[J]. 地球物理学报，2009，52(12)：3132－3141.

[118] Schwarzbach C, Börner R U, Spitzer K. Three－dimensional adaptive higher order finite element simulation for geo－electromagnetics—a marine CSAMT example [J]. Geophysical Journal International, 2011, 187(1)：63－74.

[119] Ren Z, Tang J. A goal－oriented adaptive finite－element approach for multi－electrode

resistivity system [J]. Geophysical Journal International, 2014, 199(1): 136 - 145.

[120] Ren Z, Kalscheuer T, Greenhalgh S, et al. A goal - oriented adaptive finite - element approach for plane wave 3 - D electromagnetic modelling [J]. Geophysical Journal International, 2013, 194(2): 700 - 718.

[121] 蔡红柱, 熊彬. 电导率各向异性的海洋电磁三维有限单元法正演[J]. 地球物理学报, 2015, 58(8): 2839 - 2850.

[122] 杨军, 刘颖, 吴小平. 海洋可控源电磁三维非结构矢量有限元数值模拟[J]. 地球物理学报, 2015, 58(8): 2827 - 2838.

[123] 杨军. 地球电磁场的连续与间断有限元三维数值模拟[D]. 合肥: 中国科学技术大学, 2016.

[124] 李建慧, 胡祥云, 曾思红. 基于电场总场矢量有限元法的接地长导线源三维正演[J]. 地球物理学报, 2016, 59(4): 1521 - 1534.

[125] Yin C, Zhang B, Liu Y, et al. A goal - oriented adaptive finite - element method for 3D scattered airborne electromagnetic method modeling [J]. Geophysics, 2016, 81(5): E337 - E346.

[126] 张林成, 汤井田, 任政勇, 等. 基于二次场的可控源电磁法三维有限元 - 无限元数值模拟 [J]. 地球物理学报, 2017, 60(9): 3655 - 3666.

[127] 殷长春, 张博, 刘云鹤, 等. 面向目标自适应三维大地电磁正演模拟[J]. 地球物理学报, 2017, 60(1): 327 - 336.

[128] 彭荣华. 频率域可控源电磁法三维正反演研究[D]. 武汉: 中国地质大学, 2016.

[129] 李勇, 吴小平, 林品荣. 基于二次场电导率分块连续变化的三维可控源电磁有限元数值模拟[J]. 地球物理学报, 2015, 58(03): 1072 - 1087.

[130] 韩波. 频率域可控源电磁法并行化三维正反演算法研究[D]. 武汉: 中国地质大学, 2015.

[131] 张钱江. 全区观测多次覆盖可控源电磁法观测系统模拟研究[D]. 长沙: 中南大学, 2016.

[132] 曹晓月, 殷长春, 张博, 等. 面向目标自适应有限元法的带地形三维大地电磁各向异性正演模拟[J]. 地球物理学报, 2018, 61(6): 448 - 458.

[133] Mitsuhata Y. 3D magnetotelluric modeling using the T - Ω finite - element method [J]. Geophysics, 2004, 69(1): 108 - 119.

[134] 徐志锋, 吴小平. 可控源电磁三维频率域有限元模拟[J]. 地球物理学报, 2010, 53(8): 1931 - 1939.

[135] Puzyrev V, J Koldan J. de la Puente, et al. A parallel finite - element method for three - dimensional controlled - source electromagnetic forward modelling [J]. Geophysical Journal International, 2013, 193(2): 678 - 693.

[136] Ansari S, Farquharson C G. 3D finite - element forward modeling of electromagnetic data using vector and scalar potentials and unstructured grids [J]. Geophysics, 2014, 79(4): E149 - E165.

[137] 叶益信, 李予国, 刘颖, 等. 基于局部加密非结构网格的海洋可控源电磁法三维有限元

正演[J]. 地球物理学报, 2016, 59(12): 4747 -4758.

[138]Ren Z, Kalscheuer T, Greenhalgh S, et al. A finite - element - based domain - decomposition approach for plane wave 3D electromagnetic modeling [J]. Geophysics, 2014, 79(6): E255 - E268.

[139] Ren Z, Kalscheuer T, Greenhalgh S, et al. A hybrid boundary element - finite element approach to modeling plane wave 3D electromagnetic induction responses in the Earth [J]. Journal of Computational Physics, 2014, 258(2): 705 -717.

[140]Kordy M, Wannamaker P, Maris V, et al. 3 - D magnetotelluric inversion including topography using deformed hexahedral edge finite elements and direct solvers parallelized on SMP computers - Part I: forward problem and parameter Jacobians [J]. Geophysical Journal International, 2016, 204(1): 74 -93.

[141]Chung Y, Son J S, Lee T J, et al. Three - dimensional modelling of controlled - source electromagnetic surveys using an edge finite - element method with a direct solver [J]. Geophysical Prospecting, 2015, 62(6): 1468 -1483.

[142]Grayver A V, Bürg M. Robust and scalable 3 - D geo - electromagnetic modelling approach using the finite element method[J]. Geophysical Journal International, 2014, 198(1): 110 -125.

[143] Usui Y. 3 - D inversion of magnetotelluric data using unstructured tetrahedral elements: applicability to data affected by topography[J]. Geophysical Journal International, 2015, 202 (2): 828 -849.

[144]陈汉波, 李桐林, 熊彬, 等. 基于混合阶矢量基函数的海洋可控源电磁三维谱元法数值模拟[J]. 地球物理学报, 2019, 62(01): 343 -353.

[145]赵宁, 王绪本, 余刚, 等. 面向目标自适应海洋可控源电磁三维矢量有限元正演[J]. 地球物理学报, 2019, 62(02): 339 -348.

[146]陈汉波, 李桐林, 熊彬, 等. 基于微增模型的海洋可控源电磁法三维非结构化矢量有限元数值模拟[J]. 地球物理学报, 2018, 61(06): 2560 -2577.

[147]李勇, 吴小平, 林品荣, 等. 电导率任意各向异性海洋可控源电磁三维矢量有限元数值模拟[J]. 地球物理学报, 2017, 60(05): 1955 -1978.

[148]刘颖, 李予国, 韩波. 可控源电磁场三维自适应矢量有限元正演模拟 [J]. 地球物理学报, 2017, 60(12): 4874 -4886.

[149]韩波, 胡祥云, 黄一凡, 等. 基于并行化直接解法的频率域可控源电磁三维正演 [J]. 地球物理学报, 2015, 58(08): 2812 -2826.

[150]韩波, 胡祥云, A. SCHULTZ, 等. 复杂场源形态的海洋可控源电磁三维正演 [J]. 地球物理学报, 2015, 58(03): 1059 -1071.

[151]杨军, 刘颖, 吴小平. 海洋可控源电磁三维非结构矢量有限元数值模拟 [J]. 地球物理学报, 2015, 58(08): 2827 -2838.

[152]殷长春, 贲放, 刘云鹤, 等. 三维任意各向异性介质中海洋可控源电磁法正演研究 [J].

地球物理学报, 2014, 57(12): 4110 -4122.

[153]付长民, 底青云, 王妙月. 海洋可控源电磁法三维数值模拟[J]. 石油地球物理勘探, 2009, 44(03): 358 -363.

[154]Franke A, Börner R U, Spitzer K. Adaptive unstructured grid finite element simulation of two - dimensional magnetotelluric fields for arbitrary surface and seafloor topography [J]. Geophysical Journal of the Royal Astronomical Society, 2007, 171(1): 71 -86.

[155]Schenk O, Gärtner K. Solving Unsymmetric Sparse Systems of Linear Equations with PARDISO [M]: Springer US, 2002.

[156] Amestoy P, Buttari A, Duff I, et al. Mumps [M]: Springer US, 2011.

[157] Varilsüha D, Candansayar M E. 3D magnetotelluric modeling by using finite - difference method: Comparison study of different forward modeling approaches [J]. Geophysics, 2018, 83 (2): 1 -38.

[158] Irons T, Li Y, McKenna J R. 3D Frequency - Domain Electromagnetics Modeling Using Decoupled Scalar and Vector Potentials[C]. SEG Annual Meeting. Las Vegas, Nevada, Society of Exploration Geophysicists, 2012.

[159]Haber E, Ascher U M, Aruliah D A, et al. Fast simulation of 3D electromagnetic problems using potentials [J]. Journal of Computational Physics, 2000, 163(1): 150 -171.

[160]Jahandari H, Farquharson G C. Finite - volume modelling of geophysical electromagnetic data on unstructured grids using potentials [J]. Geophysical Journal International, 2015, 202(3): 1859 -1876.

[161]Fujiwara K, Nakata T, Ohashi H. Improvement of convergence characteristic of ICCG method for the A -φ method using edge elements [J]. Magnetics IEEE Transactions on, 1996, 32(3): 804 -807.

[162]Mukherjee S, Everett M E. 3D controlled - source electromagnetic edge - based finite element modeling of conductive and permeable heterogeneities [J]. Geophysics, 2010, 76(4): F215 - F226.

[163]Ansari S M, Farquharson C G, MacLachlan S P. A gauged finite - element potential formulation for accurate inductive and galvanic modelling of 3 - D electromagnetic problems [J]. Geophysical Journal Internati - onal, 2017, 210(1): 105 -129.

[164] Everett M E, Schultz A. Geomagnetic induction in a heterogenous sphere: Azimuthally symmetric test computations and the response of an undulating 660 - km discontinuity[J]. Journal of Geophysical Research: Solid Earth, 1996, 101(B2): 2765 -2783.

[165]Badea E A, Everett M E, Newman G A, et al. Finite - element analysis of controlled - source electromagnetic induction using Coulomb - gauged potentials [J]. Geophysics, 2001, 66(3): 786 -799.

[166] Ribaudo J T. Flexible Finite - Element Modeling of Global Geomagnetic Depth Sounding [D]: Dissertations & Theses - Gradworks, 2011.

[167]周建美，刘文韬，刘航，等. 多频可控源电磁法三维有理函数 Krylov 子空间模型降阶正演算法研究［J］. 地球物理学报，2018，61(06)：2525－2536.

[168]陈汉波，李桐林，熊彬，等. 基于 Coulomb 规范势的电导率呈任意各向异性海洋可控源电磁三维非结构化有限元数值模拟[J]. 地球物理学报，2017，60(08)：3254－3263.

[169]Key K. 1D inversion of multicomponent, multifrequency marine CSAMT data: Methodology and synthetic studies for resolving thin resistive layers [J]. Geophysics, 2009, 74(2): F9－F20.

[170] Ward S H, Hohmann G W. Electromagnetic theory for geophysical applications in Electromagnetic methods in applied geophysics[J]. International Association of Geomagnetism & Aeronomy, 1988, 131(1－2): 9－29.

[171]Chave A D. Numerical integration of related Hankel transforms by quadrature and continued fraction expansion[J]. Geophysics, 1983, 48(12): 1671－1686.

[172]Walter L Anderson. Computer Program Numerical integration of related Hankel transforms of orders 0 and 1 by adaptive digital filtering[J]. Geophysics, 1979, 44(7): 1287－1305.

[173]D. Guptasarma Singh B. New digital filters for Hankel J0 and J1 transforms[J]. Geophysical Propecting, 1997, 45, 745－762.

[174]Key K. Is the fast Hankel transform faster than quadrature? [J]. Geophysics, 2012, 77(3): F21－F30.

[175]Kong F N, Johnstad S E, Røsten T, et al. A 2. 5 D finite－element－modeling difference method for marine CSEM modeling in stratified anisotropic media[J]. Geophysics, 2007, 73(1): F9－F19.

[176]胡双贵. 考虑电磁耦合效应的复电阻率法正演研究[D]. 长沙：中南大学，2015.

[177]Brenner S C, Scott L R. The Mathematical Theory of Finite Element Methods [J] Texts in Applied Mathematics, 2002, 3(298): 263－291.

[178]Ciarlet P G The finite element method for elliptic problems [M]: North－Holland Publishing Company, 1978.

[179]Si, H TetGen, a Delaunay－Based Quality Tetrahedral Mesh Generator[J]. Acm Transactions on Mathematical Software, 2015, 41(2): 1－36.

[180]徐世浙. 地球物理中的有限单元法［M］：科学出版社，1994.

[181]Kalinkin A, Anders A, Anders R. Schur Complement Computations in Intel? Math Kernel Library PARDISO [J]. Applied Mathematics, 2015, 6(2): 304－311.

[182] Saad Y. Iterative Methods for Sparse Linear Systems [M]: PWS Pub. Co., 1996.

[183]刘建新. 大地电磁测深法勘探：资料处理、反演与解释[M]. 北京：科学出版社，2012.

[184]张继锋. 基于电场双旋度方程的三维可控源电磁法有限单元法数值模拟[D]. 长沙：中南大学，2008.

[185]Farquharson C G, Oldenburg D W. Chapter 1 An integral equation solution to the geophysical electromagnetic forward－modelling problem [J] . Methods in Geochemistry & Geophysics, 2002, 35(02): 3－19.

[186] Hormoz J, SeyedMasoud A, Farquharson C G. Comparison between staggered grid finite volume and edge based finite element modelling of geophysical electromagnetic data on unstructured grids[J]. Journal of Applied Geophyics, 2017, 185 – 197.

[187] Zhdanov M S, Varentsov I M, Weaver J T, et al. Methods for modelling electromagnetic fields Results from COMMEMI—the international project on the comparison of modelling methods for electromagnetic induction[J]. Journal of Applied Geophysics, 1997, 37(3): 133 – 271.

[188] Lee K H, Pridmore D F, Morrison H F. A hybrid three – dimensional electromagnetic modeling scheme [J]. Geophysics, 1981, 46(5): 796 – 805.

[189] Best M E, Duncan P, Jacobs F J, et al. Numerical modeling of the electromagnetic response of three - dimensional conductors in a layered earth [J]. Geophysics, 1984, 50(4): 123 – 126.

[190] Xie G, Li J, Majer E L, et al. 3 – D electromagnetic modeling and nonlinear inversion [J]. Geophysics, 2000, 65(3): 804 – 822.

[191] Tang W, Li Y, Swidinsky A, et al. Three - dimensional controlled - source electromagnetic modelling with a well casing as a grounded source: a hybrid method of moments and finite element scheme[J]. Geophysical Prospecting, 2015, 63(6): 1491 – 1507.

[192] Zhou F, Tang J, Ren Z, et al. A hybrid finite – element and integral equation method for forward modeling of 3D controlled – source electromagnetic induction [J]. Applied Geophysics, 2018, 15(3): 536 – 544.

[193] Liu R, Guo R, Liu J, et al. A hybrid solver based on the integral equation method and vector finite – element method for 3D controlled – source electroma – gnetic method modeling [J]. Geophysics, 2018, 83(5): E319 – E333.

[194] Van Bladel J G. Electromagnetic fields[M]: John Wiley & Sons, 2007.

[195] 王亚璐, 底青云, 王若. 三维 CSAMT 法非结构化网格有限元数值模拟[J]. 地球物理学报, 2017, 60(03): 1158 – 1167.

[196] Harrington R F, J L Harrington Field computation by moment methods [M]: Oxford University Press, 1996.

[197] Tang J T, Zhou F, Ren Z Y, et al. Three – dimensional forward modeling of the controlled – source electromagnetic problem based on the integral equation method with an unstructured grid [J]. Chinese Journal of Geophysics, 2018, 61(4): 1549 – 1562.

[198] Ren Z, Chen C, Pan K, et al. Gravity Anomalies of Arbitrary 3D Polyhedral Bodies with Horizontal and Vertical Mass Contrasts [J]. Surveys in Geophysics, 2016: 1 – 24.

[199] Jin J. The Finite Element Method in Electromagnetics [J]. Journal of the Japan Society of Applied Electromagnetics, 2002(1): 39 – 40.